与最聪明的人共同进化

CHEERS

HERE COMES EVERYBODY

U0336119

如何理解建筑

How
Architecture
Works

[美] 维托尔德·雷布琴斯基 著

金政延 译

Witold
Rybczynski

浙江教育出版社·杭州

HOW ARCHITECTURE WORKS

建筑开始于你小心翼翼地将两块砖
放在一起的那一刻。

密斯·凡德罗
Mies van der Rohe

引言

建筑是如何运作的

测一测　　你对建筑有多了解?

1. 下列几栋建筑中，哪一栋不是将单一概念贯穿始终的典型?（　）
    A. 万神庙
    B. 古根海姆博物馆
    C. 塞恩斯伯里视觉艺术中心
    D. 大英图书馆

2. "平面布局是建筑的根本"是哪位建筑师说过的话?（　）
    A. 路易斯·康
    B. 勒·柯布西耶
    C. 弗兰克·劳埃德·赖特
    D. 埃罗·沙里宁

3. 下面哪栋建筑使用了"纱幕"表皮?（　）
    A. 布雷根茨美术馆
    B. 塞恩斯伯里视觉艺术中心
    C. 美国电话电报公司大楼
    D. 金贝尔艺术博物馆

4. 以下哪个选项不属于建筑的细部?（　）
    A. 门和门框
    B. 窗户和窗框
    C. 平面布局
    D. 照明灯具

扫码下载"湛庐阅读"App，
搜索"如何理解建筑"，
获取答案。

　　我对建筑的第一次近距离体验是，在高中时参观一座英国詹姆斯一世时代复兴风格的小礼拜堂：木拱结构、暗镶板、描绘悲惨故事的彩色玻璃，还有教堂特有的硬木长椅。雕刻精美的布道台就像一艘大船的艄楼，从上面可以俯瞰我们这些永不疲倦的孩子。

　　很难确定是什么因素让建筑给人留下了深刻的印象。当然，仅仅满足使用功能的建筑不足以达成这样的目标，毕竟所有的建筑都是为了满足某种特定的功能而存在的。那难道是因为外观好看吗？虽然我们很少像对待戏剧、书籍和绘画那样，投入那么多的注意力在建筑上，但是无法否认，建筑确实是一门艺术。大部分建筑作为我们日常生活的背景而存在。在这样的背景下，人们通常会感受到一些零散的建筑片断，如远处高高的尖塔、带有复杂花式的铸铁栏杆，以及火车站候车大厅的高耸空间。有时候，引起人们注意的可能仅仅是一个细节。例如，一个形状好看的门把手，一个框住美好风景的窗户，或者教堂硬木长椅上雕刻着的一个玫瑰花纹。我们不禁感叹："太棒了！有人真的仔细考虑过这些细节！"

　　除了这种熟悉的感觉，大多数人在体验建筑的过程中都缺乏一种对建筑的整体概念。那么问题来了——我们在何处能找到这种对建筑的整体概念呢？在建筑师的意图和理论中，还是在建筑评论家的声音中，或是在单纯的审美判断中，又或者是在我们自己对建筑的体验中？

　　建筑师所给出的答案通常是不可靠的，他们只是为了说服你，而不是在解释这个问题。评论家的判断往往具有倾向性。建筑术语也没有给出一个清楚的解释，不论是历史风格建筑中的齿状装饰、内角拱或者双弯曲线，还是现代先锋派那些令人费解的后解构主义术语，都不能给出一个让人满意的答案。当然，不可否认，所有的专业都有自己的专业术语。电视和电影的存在使人们熟知了法律和医学方面的术语，但是很少有机会出现在大屏幕上的建筑师，则很难给人们带来启发。无论是电影《源泉》（*The Fountainhead*）中虚构的霍华德·罗克（Howard Roark），还是《红丝绒秋千里的女孩》（*The Girl in the Red Velvet Swing*）中真实的斯坦福·怀特（Stanford White），都对此束手无策。

　　为什么从整体概念出发去了解建筑很重要？因为建筑在很大程度上来说是一种公共艺术。尽管媒体大肆宣扬"明星"建筑，但是建筑并不是一种个人崇拜，或者说至少不应该是个人崇拜。哥特式大教堂不是为了建筑爱好者或者行家而建造的，而是为了中世纪大街上的人们而存在的。他们可以目瞪口呆地凝视那些奇形怪状的装饰，或者受到刻有虔诚圣徒的雕塑的启示，再或者惊叹那些精细的玫瑰窗，以及沉浸在教堂中庭回荡的圣歌中。一座好的建筑会向所有人传递建造者想传递的信息。

体验建筑

什么样的建筑才能称得上是真正的建筑？在中世纪，这个问题的答案其实很简单：大教堂、礼拜堂、修道院，还有一些公共建筑都可以被称为建筑（architecture），剩下的只能被称为建筑物（building）。而现在，建筑的范围被拓宽了，它被定义为可以提供人类日常活动的场所。这种场所可大可小，可以很简朴，也可以很奢华，可以很特别，也可以很普通。究其根源，这种变化是因为我们开始认识到了建筑的精神。这种精神存在于任何建筑中，以一种连贯的视觉语言呈现在大家面前。正如密斯·凡德罗所说的："建筑开始于你小心翼翼地将两块砖放在一起的那一刻。"

建筑语言不是一门外语，你不需要一本短语手册或者用户指南去了解它。然而，它是复杂的，因为建筑必须满足诸多要求才可以实现，集实用性与艺术性于一身。建筑师需要同时考虑多个方面，比如，功能和灵感，施工和视觉表现，还有细节和空间效果。他必须考虑到建筑物的长期使用和即时印象，还要考虑它的外部环境和内部环境。丹麦建筑师兼规划师斯滕·埃勒·拉斯姆森（Steen Eiler Rasmussen）曾这样写道："建筑师其实是一个戏剧制作人，他为我们的生活设定了剧本。当这个剧本得以实现时，他就像一位让客人舒适又满意的完美主人，让人们觉得与这样的主人生活在一起是一种相当愉悦的体验。"

这段话是拉斯姆森在他的经典著作《建筑体验》（*Experiencing Architecture*）中写到的。这是一本看似很简单的书。他还在书中发表过这样的言论："我的目的是用尽一切手段让大家知道建筑师手上演奏的是什么乐器，并向大家展示这种乐器有多么广的音域，从而唤醒大家对音乐的感知。"作为一个写过很多有关城市和城市历史书的作者，以及卡伦·布利克森（Karen Blixen）的朋友，拉斯姆森显然不是一个辩论的行家。他在书中写道："我的目的不是告诉人们什么是对的，什么是错的，什么是美的，什么是丑的。"他参观过书中所提及的几乎所有建筑。同时，书中的大部分照片都是他自己拍摄的。《建筑体验》这本书将读者带到了建筑的幕后，换句话说，这本书揭示了建筑是如何运作的。

我之所以知道《建筑体验》这本书，是因为诺伯特·舍瑙尔（Norbert Schoenauer）的推荐。舍瑙尔是我在麦吉尔大学读建筑专业时最喜欢的老师。他是一位匈牙利的战后难民，曾在哥本哈根丹麦皇家艺术学院师从拉斯姆森。这段经历让舍瑙尔变成了一个十足的斯堪的纳维亚半岛的人文主义者。他在教我建筑工艺，如平面绘制和设计方案的时候，总是提醒我永远不要忘记建筑是人类日常生活中最重要的环境。

当我开始构思一本有关建筑体验的工具书时，便追随了拉斯姆森和舍瑙尔的脚步。这样的工具书应该反映我们日常对建筑的体验，既实用，又有美学价值。这本书在这两者之间徘徊，有时候强调这个，有时候强调那个。我需要时不时地改变关注的焦点，比如缩小到一个小小的细节，或者放大到建筑所在的整体环境。一直以来，我都致力于用具体的实例来回答理论性的问题，或者阐释詹姆斯·伍德（James Wood）的问题——从评论家角度提出问题，并给出建筑师的答案。例如，一种特定的建筑形式的背后有什么样的意义？建筑中的细节是如何构建建筑整体的？一座建筑触动我们的原因是什么？

有些读者一直在寻找他们最喜爱的建筑，但这是徒劳的。就像拉斯姆森一样，我也通常把自己局限在参观过的建筑物上，还有那些触动我的建筑，因此我的建筑范围是不全面的。因此无论如何，这本书并不是一个有关建筑物和建筑师的清单，而是一个关于思想的列表。我的书更像是我个人的探索经历的记录，而拉斯姆森则是坚定的现代主义者，同时，他又将功能主义者的敏感带到了设计中。我经历了现代主义建筑的衰败和复兴，也就是现代主义建筑在形式上的改变。在我前进的道路上，这样的改变颠覆了很多我年轻时笃信的东西。我把历史看作一份礼物，而不是一种强加于自己的事情。例如，我发现许多历史学家比建筑思想家更可靠。作为一个建筑从业者，我觉得很难用实验的名义来解释技术上的无能，或为了艺术的纯洁而忽略功能上的不足。建筑是一门应用性的艺术，建筑师经常在实践的过程中获得灵感。我承认自己偏爱那些直面这一挑战的建筑师，而不是那些把自己封闭在理论世界或只注重个人表达的建筑师。

垂直美学

《建筑体验》有一个明显的遗漏。拉斯姆森没有对 20 世纪最独特的建筑词汇——摩天大楼发表任何言论，除了对洛克菲勒中心（Rockefeller Center）做了简短且不明原因的暗示，并将它称为"巨大的重复"以外。这是一个出乎意料的疏忽。不可否认，在 1959 年的欧洲，高层建筑寥寥无几，但是他至少应该提一下 KBC 大楼（KBC Tower）。这栋位于安特卫普的具有装饰艺术风格的 26 层建筑，是欧洲的第一栋摩天大楼。或者拉斯姆森也可以提一下有趣的维拉斯加塔楼（Torre Velasca），这是一座位于米兰的战后修建的中世纪风格的高层建筑。他也没有提到在自己家乡哥本哈根建造的摩天大楼，即丹麦现代主义的领军人物阿尔内·雅各布森（Arne Jacobsen）设计的斯堪的纳维亚航空皇家酒店（SAS Royal Hotel）。

拉斯姆森曾担任麻省理工学院的客座教授。在任教期间，他参观了美国的很多地方，其中包括他书里提到过的一些美国建筑。但他并没有参观过给雅各布森带来灵感的利华大厦（Lever House），也没有拜访过 20 世纪 50 年代人们谈论最多的摩天大楼——密斯·凡德罗设计的西格拉姆大厦（Seagram Building）。尽管拉斯姆森更倾向于传统的现代主义建筑，但是同时也是一位传统的城市规划师。

我有理由相信，他之所以没有提及这些在当时享有盛誉的高层建筑，是因为他本身不赞成以商业高层建筑为主导的城市形态。

如今，我们的城市到处是高楼大厦。摩天大楼变得如此普遍，以至于我们认为它们的存在是理所当然的，而且很容易忘记它们的结构是多么地不同寻常。这种结构旨在抵御风力和地震，整合环境和通信系统，并快速有效地将数百人运到空中。从功能上讲，没有什么比办公大楼或公寓大楼更简单的建筑了，说白了摩天大楼就是围绕电梯核心筒的重复楼层的堆叠。

但摩天大楼却带来了一些棘手的建筑问题。一方面，它们的体量非常大。你可以退一步欣赏比萨斜塔或者大本钟，却不能这样欣赏摩天大楼。建筑师经常与高楼设计的模型合影：弗兰克·劳埃德·赖特（Frank Lloyd Wright）曾在一个两米高的旧金山中央大楼（San Francisco Call Building）的模型前摆造型；《生活》杂志形容密斯·凡德罗站在芝加哥湖滨大道公寓（Lake Shore Drive Apartment）的两栋模型中间，像《格列佛游记》中的巨人一样；还有《时代周刊》的封面照片，菲利普·约翰逊（Philip Johnson）像一位骄傲的父亲，抱着美国电话电报公司大楼（AT&T Building）的模型。但真实的摩天大楼太大了，不可能给人们带来完整的体验。我们通常用两种不同的方式感知摩天大楼：从很远的距离，把它当作城市天际线的一部分；或者靠近一点，将它看成街道的一部分。

另一方面，就是摩天大楼在建筑形式上很单一。按照惯例，建筑师通常会借助大小不同的窗户、突出的飘窗、阳台、山墙、角楼、天窗和烟囱之间的不同组合，来构建一栋大型建筑。但是高层办公楼是由一层又一层的空间堆叠而成的，层与层之间并没有什么实质性的变化。建筑师要花费一段时间才能找到一个满意的解决方案。1896 年，芝加哥建筑师路易斯·沙利文（Louis Sullivan）发表了一篇突破性的论文，论文的题目叫作《高层办公大楼的艺术考量》（*The Tall*

Office Building Artistically Considered）。这篇论文发表于第一栋电梯办公楼——7
层的纽约公平人寿大厦（Equitable Life Assurance Building）建成 26 年之后。该
大厦像是一栋被拉高的巴黎公寓。沙利文所构想的摩天大楼是技术和经济的结
合。技术方面是指电梯和钢结构的应用。经济方面是指在有限的场地内，将更多
的可出租空间安置于建筑之中。

沙利文在文章中用华丽的散文式笔调进行提问："对于那些建立于低级和不
灭的激情之上，同时又具备高级的感性和文明的建筑群，我们该如何将永恒的竞
争力和亲和力，赋予这些缺乏创造性的拙劣、粗糙且呆板的建筑群呢？"他给出
的答案，简单地说，就是把高楼大厦分割成不同的部分。最下面的两层应该进行
充分的装饰，从而在视觉上与街道相呼应；上面的部分应该充分展现沙利文的
"形式追随功能"的理论。他解释说："除此之外，在重复的典型办公层的部分，
我们从独立的单元得到了灵感，每个办公单元都需要一个带有窗间壁的窗户，还
有窗台和过梁，所以我们就不用费心把它们都设计成一样的，因为它们本来就
一样。"

沙利文还建议，在大楼的顶部应该安置阁楼、檐壁或者檐口，并且明确表明
一层层堆叠的办公大楼到了该终结的时候了。沙利文在写这篇文章的时候，已经
在圣路易斯温赖特大楼（Wainwright Building）的方案中实践了自己的理念。这
座 10 层的红砖建筑，搭配赤陶的装饰，并不是我们想象中的标准摩天大楼的样
子。尽管如此，它还是被认为是现代高层办公楼的典范。一排排窗间壁从底端不
间断地一直延伸到屋顶上的檐壁，从而创造出沙利文所谓的"垂直美学"。

沙利文创造的基于古典主义建筑秩序的三段式设计理念，影响了后来许多
摩天大楼的设计，其中就包括沙利文在芝加哥的同事丹尼尔·伯纳姆（Daniel
Burnham）设计的熨斗大厦（Flatiron Building）。沙利文设计的有机装饰与欧

洲的新艺术形式类似，而伯纳姆则青睐历史上的范例。拿伯纳姆和约翰·鲁特（John Root）共同设计的芝加哥共济会大厦（Masonic Temple Building）举个例子，它曾经是世界上最高的建筑，建筑中最高的塔楼很明显是都铎王朝时期的坡屋顶。但是他们共同设计的卢克丽大厦（Rookery Building）却又包含了拜占庭、威尼斯和罗马式的装饰图案。

哥特式建筑风格在纽约伍尔沃斯大厦（Woolworth Building）等早期摩天大楼中很常见，如奥克兰的大教堂和芝加哥论坛报大厦（Chicago Tribune Tower）。垂直哥特式的比例和简化的装饰是专门为高层建筑量身定做的，主要原因是它们要强调垂直且直插云霄的感觉。拿芝加哥论坛报大厦来说，它顶部的那些飞扶壁和尖塔都是根据鲁昂大教堂的巴特尔塔楼设计的。建筑师雷蒙德·胡德（Raymond Hood）在后来设计的商业大楼中，虽然逐步减少了装饰，但还是保留了明显的垂直体量感。他在洛克菲勒中心设计的 RCA 大楼[1]，是一座像高耸的石笋的宏伟建筑，至今仍然是曼哈顿最出色的摩天大楼之一。

如果要对现代的高楼大厦进行非严格地分类，仍然可以分为古典式和哥特式。这取决于这些高楼如何处理结构。回想一下由罗伯特·A. M. 斯特恩（Robert A. M. Stern）设计的费城康卡斯特中心（Comcast Center）。从远处看，这栋全玻璃质地的大楼看起来像一个锥形的方尖碑。大厦的裙楼面对行人广场，正面是一个高高的通往大堂的冬季花园。斯特恩最初是因为木瓦风格的房屋和乔治亚风格的校园建筑而被人熟知的，然而康卡斯特中心却成为现代主义的经典之作，并秉承了沙利文三段式（冠 - 基 - 轴）的典型特点。

从康卡斯特中心的光滑玻璃墙面来看，我们无从知道是什么在支撑着整栋大

---

① RCA 大楼后来改名为通用电气大楼（GE Building）。——译者注

楼。事实上，它是由钢结构和高强度的钢筋混凝土核心筒支撑的（这是"9·11"事件之后采取的安全措施），同时在建筑的顶部安装了世界上最大的调谐质量阻尼器。这是一种能在大风天气中使建筑物摇摆幅度最小化的充满水的钟摆。但这些设备都是被隐藏的。

香港汇丰银行总部则相反，诺曼·福斯特（Norman Foster）在该项目的设计中显露了核心筒的元素。他将核心筒部分置于建筑的外部，主要结构部件如成群的柱子、巨大的桁架、十字交叉梁等也同样暴露在外。这与香港的大多数摩天大楼不同，它们大多具备严谨且扎实的建筑形式。而汇丰银行总部是由几个不同高度的退台构成的，从而给人一种建筑仍在建设中的印象。英国建筑评论家克里斯·埃布尔（Chris Abel）如是说："在所有这些结构和空间的魔法中，哥特式的元素比古典主义元素普遍得多。如果'中世纪'的办公大楼，以及建筑的'飞扶壁'和'未完成'的外观都不能清楚地诠释这个观点的话，那么高耸的中庭和半透明的东方式窗户总能充分体现'商业大教堂'的流行度了。"

"商业大教堂"是伍尔沃斯大厦的别称，由建筑师卡斯·吉尔伯特（Cass Gilbert）设计而成。吉尔伯特在大楼的大厅里创造性地加入了石像鬼的设计元素。他这样做是为了与建筑物中的人物相呼应。这些石像鬼的原型还包括他自己，手拿一把计算尺；还有弗兰克·伍尔沃斯（Frank Woolworth），就是那个"5分、10分商店"的大富豪，正数着硬币。吉尔伯特的风格比福斯特的更轻盈一点，福斯特的质朴风格从不含糊，但至少埃布尔将哥特式和古典主义拿出来比较的出发点是正确的。像中世纪大教堂一样，这家香港银行也因其建筑赢得了声誉。

在美国纽约时报大厦（New York Times Building）的设计中，伦佐·皮亚诺（Renzo Piano）实现了一些不寻常的想法。他将古典主义和哥特式结合在一起。从远处看，高大的建筑似乎是一个简单的十字轴。这个全玻璃的体块几乎完全被一整面遮阳板覆盖，使大楼呈现出一种奇怪且虚幻的外观。但是，当你从街道的视角体验建筑时，又会发生很微妙的变化。从悬挑至人行道上方突出的钢条玻璃雨棚，到暴露的柱子和横梁以及角落里交叉的张拉构件，纽约时报大厦将其弯曲结构的构件全部展现出来。自乔治·华盛顿大桥之后，曼哈顿就没有如此结构张扬的建筑了。

这三栋建筑既是企业的符号，也是办公场所。玻璃表面的康卡斯特中心大楼，光滑且平静得像一个电脑芯片，容纳了一家高科技通信公司；香港汇丰银行总部那均匀亚光的灰色立面，正如银行家的条纹西装一样；纽约时报大厦是美国权威报纸的根据地，其建筑则强调了开放和透明的新闻特质。这些企业大楼的象征意义，意味着大型商业建筑并不是建筑师个人在视觉上的表达。当然，斯特恩对历史的兴趣，福斯特对技术的迷恋，以及皮亚诺对技艺的尊敬都影响着他们各自的设计。但是这些建筑同时也诉说了很多关于企业本身的故事，甚至还诉说了它们所诞生的社会背景。皮亚诺在谈到纽约时报大厦时说："我个人很喜欢这样一种观点，在当下这个世纪，人们正在公开探索地球和环境的脆弱面。与地球和环境同呼吸，脆弱也成为新兴文化的一部分。我认为纽约时报大厦应该具备的品质有轻盈、活力、透明、无形。"这就是建筑的不同之处，比雕塑或绘画更有趣的地方。有时候，建筑也可以是密斯·凡德罗曾经所说的"时代意志"的表达。

这三栋摩天大楼也提醒人们，当建筑物对经济和文化力量做出响应时，是以当地的经济和文化作为主导的。它们建立在具体的城市——费城、香港、纽约；它们对所在的城市环境有所回应；它们位于截然不同的场地。康卡斯特中心紧邻一座长老会教堂，同时面对着一个大广场。广场位于大楼的南边，这并不是偶然的：因为建筑的入口都会被尽可能地安排在阳光充足的地方，这样主要立面才会拥有最大的优势。边界清晰的阴影线和明暗对比，以及康卡斯特中心的阳光充足的冬季花园都说明了这一点。香港汇丰银行总部也面对着一个雕塑广场，这个广场与九龙码头相连，因此福斯特设计的大楼在城市中占据着非常独特的位置。从远处看，你在渡轮的甲板上就可以远远地望见它；然后，当你穿过公园时，会以另一种视角看到它；最后，当你置身于广场之上，又会获得不一样的体验。相比之下，皮亚诺的纽约时报大厦几乎消失在高楼林立的曼哈顿市中心。第八大道的高楼之间形成狭窄的视野，或者四十街和四十一街之间更加狭窄的缝隙，使得我们对这栋大楼的体验就是无数次匆忙的一瞥。

这三栋摩天大楼展示了不同的建筑师如何使用相似的建筑材料去表达建筑。康卡斯特中心的全玻璃表面使整个立面呈现出一种紧绷感。两种类型的玻璃，一种透明度高一些，另一种透明度低一些，共同定义了这个"方尖碑"。相比之下，透过香港汇丰银行总部的玻璃墙，你可以清晰地看到玻璃之间的钢槽，其中大大小小的结构组件创造出一个具有丰富层次的立面。全玻璃的纽约时报大厦则被遮阳板覆盖着。这几位建筑师对细节的处理方式也全然不同。斯特恩的细节是微妙的，并不引人注目；福斯特的细节是光滑且精确的，像豪华汽车一样；皮亚诺的细节则是精密的，如精心制作的螺母和螺栓。

我们通常用独特和新鲜来形容令人兴奋的新建筑。事实上，评价一栋建筑物是具有开创性的，才是对该建筑最高形式的赞美。似乎建筑与时尚一样，应该避免任何对过去的参照。然而，正如菲利普·约翰逊所说的："你不可以对历史一无所知。"当面对康卡斯特中心大楼时，我不由自主地想到它所模仿的古埃及纪念碑。当第一次看到香港汇丰银行总部时，我想起维多利亚时代的工程和钢制铁路桥。纽约时报大厦让我想起了附近的西格拉姆大厦，以及皮亚诺如何通过简单地增加一个遮阳板，改变了密斯经典钢和玻璃的风格。这三栋建筑都不能被定义为历史主义建筑，却没有哪一个能够逃避历史。

工具书

这本工具书致力于帮助人们理解建筑师所做的事情以及建筑是如何运作的，无论是在实用方面，还是在美学方面。在本书中，我描述了建筑涉及的 10 个基本要素，以及当代建筑师如何用不同的方式来处理这些基本要素，或者如何故意不做任何处理。

这本书的前三章论述了建筑设计的基本原理。我先讨论了建筑如何表达一个单一的或者非常简单的想法。但建筑不仅仅是理性创造的产物，正如弗兰克·劳埃德·赖特对菲利普·约翰逊所说的话："为什么菲利普，作为一个成年人，盖好了建筑，却将它们留在雨中。"其实，所有的建筑都被留在雨中，也就是说，建筑是气候、地理、特定地点的一部分。建筑师所说的环境（setting），在建筑设计中起着至关重要的作用。然而，有些建筑与周边环境很契合，有些则显得有点突兀。有时候，还必须加上环境中已有的建筑。同样重要的还有场地（site），但两者又不完全是一回事。场地影响着从远处看到建筑的样子、走近时看到建筑的样子、建筑提供的视角，以及阳光照射进来的位置。

这本书的中间三章探讨了建筑师在各个方面的建造工艺。就大多数建筑物来说，场地及其周围环境的解决方案通常体现在建筑的平面上，平面也是设计师的主要组织工具。一个建筑作品，无论它开始于多么深邃的想法，总归要被建起来。即便在数字时代，建筑仍然坚持着砖块和砂浆搭建起来的真实感。我还在书中提及建筑存在的三个基本要素：结构、表皮和细部。对于非建筑行业的人来说，这些似乎是纯粹的技术问题，是由客观科学所决定的，或者至少是由工程学所决定的。但事实上，这些要素与建筑师的草图一样，是主观的、个人的。

在本书的最后三章，我拓宽了讨论的范围。对于大多数人来说，建筑风格是最有趣且令人愉悦的，这仿佛是人们在欣赏建筑时得到的奖励。然而，对于许多建筑师而言，特别是现代主义建筑师，风格是一个很微妙的主题，有时他们甚至刻意回避这个字眼，更多时候直接将其否认。勒·柯布西耶（Le Corbusier）曾表示："风格就像女人帽子上的羽毛，仅此而已。"然而，正如他自己的作品所呈现的，风格是所有成功建筑的重要体现。历史是建筑师们永远关注的问题，因为建筑会存在很长时间，这意味着新建筑几乎总是有老建筑做伴。此外，新的设计还必须考虑到建筑之所以以某种特定的形式存在了这么久是有它的道理的，因此才有了耐用的前门和后门，楼上和楼下，室内和室外。与此同时，业内还存在一种意见上的分歧，有些人把历史当成一种灵感，有些人则把它当作一种累赘。在品位方面也同样存在争议，毕加索把品位称作"可怕的事情……创造力的敌人"，而歌德却写道："没有什么比缺乏品位的想象力更可怕的事情了。"

建筑追忆过去的方式、使用的材料和细节上的处理方式都非常不一样，正如我之前讨论三栋摩天大楼所展示的那样。我们该庆幸的是，虽然有许多错误的设计方式，但并不存在一种正确的设计方式。我用"庆幸"这个词，是因为我鼓励建筑的多样性。尽管如此，建筑从业者仍需要在一个坚实的概念基础上进行创作。了解这个基础很重要，因为只有了解它，你才能更好地欣赏建筑。我不认为正确的建筑设计方法只有一种，正如拉斯姆森所说，某种方法"对一位艺术家来说也许是对的，对另一位艺术家来说可能就是错的"。

实际的情况与激烈的争论并不一致，使得当今的建筑世界陷入了困境。世纪之交，音乐、绘画、文学方面的经典形式都曾经历过衰败，随之而来的是艺术理论的繁荣。建筑也试图效仿，产生了一些文章比其建筑作品更出名的建筑师，以及对其作品做了冗长且吃力不讨好的解释的从业者。然而，与音乐、绘画和文学不同（它们可以完全存在于想象之中），建筑离不开现实世界：楼板必须是水平的，门必须打得开，楼梯就是楼梯。牢牢扎根在地上的建筑并不是一门学术学科，试图将学术理论强加于建筑会遭到来自实践的令人恼怒的挑战。

我没有宏大的理论，也不是在争辩什么，更不是要拥护什么流派。建筑，好的建筑，还远远不够；我认为没有必要制造人为的分裂。不管怎样，我始终相信建筑是从实践中产生的；如果理论真的存在的话，那也是学者们的嗜好，并不是从业者的必需品。所有建筑师，无论宣扬什么样的思想体系，都要关注设计、地点、材料和建造。说得更好听一些，所有建筑师都在追求一种不言而喻的东西，那就是品质。正如保罗·克雷（Paul Cret）所说："建筑的精髓就是它的品质。"如何理解这种精髓，就是本书所要探讨的问题。

HOW ARCHITECTURE WORKS

如果你对建筑没有信仰，就不会知
道建筑到底是什么。

路易斯·康
Louis I. Kahn

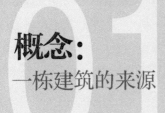

概念：
一栋建筑的来源

　　19 世纪和 20 世纪早期，统领建筑教育的巴黎美术学院制定了一种非常严苛的教学方法，来告诉学生该如何设计建筑。学生在拿到设计任务之后，被隔离在一个小房间里，没有书籍的帮助和外界的指导。他们需要在 12 个小时之内完成一份草稿或者初步的设计草图。这个练习的主要目的是，让学生在最开始就确定建筑设计的整体方案，在接下来的两个月里，学生将对方案进行更深入地设计。一本学生指导手册上这样写道："针对一个问题给出一个建筑设计的总体构图，是一种面对问题直击结果的态度。希望通过这种方式，学生可以依照这个计划，使建筑呈现出最好的解决方案。"虽然我们现在不再使用"草图"（esquisse）这个词了，但是"总体构图"（parti）却沿用至今，因为它体现了一个永恒的真理：伟大的建筑物往往是从一个单一的，有时是非常简单的想法发展而来的。

　　当你踏进罗马万神庙（Pantheon）的那一刻，整栋建筑尽收眼底：一个大圆桶支撑起来的格子穹顶，阳光从正上方的穹顶圆窗照射进来（见图1-1）。没有什么设计比这个更简单的了，但没有人会小看万神庙。万神庙由罗马皇帝哈德良于公元1世纪建造，是西方建筑中最具影响力的建筑之一。万神庙启发多纳托·布拉曼特（Donato Bramante）设计出了圣彼得大教堂（St. Peter's Basilica），启发克里斯托弗·雷恩（Christopher Wren）设计出了圣保罗大教堂（St. Paul's Cathedral），还启发托马斯·尤斯蒂克·沃尔特（Thomas Ustick Walter）设计出了美国国会大厦（U. S. Capitol Building）。

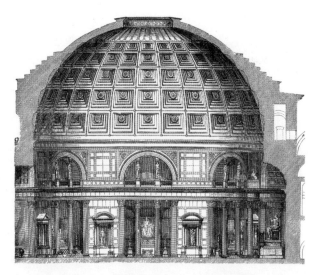

图1-1　万神庙，罗马，公元126年

　　由亨利六世（Henry VI）于1446年开始建造的剑桥大学国王学院礼拜堂（King's College Chapel），是另外一个由单一概念统领整栋建筑的例子。在该建筑中，围合最大空间的墙体几乎都是由彩色玻璃构成的。国王学院礼拜堂参考了其他大教堂，将高度设为24.5米，长几乎有90米。其中没有间歇，没有交叉，没有玫瑰窗，只有一个神秘且高耸的大空间。建筑内部的细节也都强调着这个唯一的概念。万神庙的圆桶强调着圆顶的坚固和厚重，从而将人们的视线吸引到顶端的圆环；国王学院垂直哥特式礼拜堂的扇形拱顶，则与窗户上的精美花纹相呼应。

举一个更新一点的例子，弗兰克·劳埃德·赖特设计的纽约的所罗门·R.古根海姆博物馆（Solomon R. Guggenheim Museum），就是一个将单一概念贯穿于整栋建筑的典型（见图 1-2）。赖特考虑到曼哈顿昂贵的地价，认为这座博物馆必须是垂直的。他设计出了四个方案，其中一个是八边形的体块被固定在一个被螺旋式的坡道围绕的高耸空间，并在顶端设计有天窗。参观者可以乘坐电梯到达坡道的顶端，边向下走边欣赏沿途展出的艺术品。这个构思是如此简单，但无论我去多少次都会被震撼，并且每次都像第一次见到它一样兴奋。赖特把建筑的细节融到背景中，比如，螺旋坡道的栏杆是一片顶部为圆形的混凝土矮墙，坡道的地面就是简单的漆面混凝土。他解释说："整栋建筑在视觉上没有突然的变化，它就像海边不间断的海浪一样，让你的视线慢慢随之移动。"

图 1-2　弗兰克·劳埃德·赖特，古根海姆博物馆，纽约，1959

还有一个将单一的概念贯穿始终的现代博物馆，即位于诺维奇东安格利亚大学的塞恩斯伯里视觉艺术中心（Sainsbury Center for Visual Arts）。该建筑由诺曼·福斯特于20世纪70年代中期设计并建成。这栋建筑需要容纳很多功能区域，包括若干个展览空间、一个艺术史学院、一个学生食堂，还有一个教师俱乐部。福斯特把这些功能区域都安置在一个大棚底下，就像一个巨大的飞机库。

福斯特在这个长长的空间两端加了透明的玻璃，长空间并没有让建筑的内部看上去像个隧道，这多亏了屋顶上透光的天窗。塞恩斯伯里视觉艺术中心的设计在建筑行业中是没有先例的。这栋建筑就是福斯特曾经问自己的问题的答案："如果大学中不同的功能区都包含在同一个大空间里会是什么样子？"

概念住宅

密斯·凡德罗在伊利诺伊州普莱诺（Plano）为伊迪丝·范斯沃斯（Edith Farnsworth）医生设计的住宅（见图1-3），与菲利普·约翰逊在康涅狄格州新迦南（New Canaan）的自宅有着异曲同工之处（见图1-4）。这两栋住宅都提出了一个非比寻常的问题：如果住宅所有的墙都是玻璃会怎么样？它们都是建于20世纪40年代的周末度假屋，并且都是单层的长方形盒子。范斯沃斯住宅长23.5米，宽8.5米。约翰逊自宅长17米，宽9.5米。两栋建筑都是工字钢结构。考虑到透明的房子应该尽可能地开放，因此两栋住宅的内部都没有柱子，分隔内部空间的就只有一个包含壁橱、厨房柜、浴室等生活必需空间的独立单元。这里并不存在传统意义上所谓的房间。

图 1-3　密斯·凡德罗，范斯沃斯住宅，伊利诺伊州普莱诺，1951

图 1-4　菲利普·约翰逊，玻璃屋，康涅狄格州新迦南，1949

　　尽管约翰逊先完成了他的住宅，但是他总是将最初的想法归功于密斯。[①] 约翰逊把这位德国建筑师当成自己的偶像，他曾跟耶鲁大学的学生们讲："我曾经

────────────

① 　范斯沃斯住宅设计于 1946 年，但直到 5 年后才完工。

被人叫作'密斯·凡德·约翰逊',这丝毫没有困扰到我。"当他谈论起自己的住宅时说道:"我不认为我的住宅是在模仿密斯,因为这两栋住宅完全不同。"约翰逊并不仅仅是在辩护——密斯设计的住宅场地位于河漫滩上,因此被抬高了1.5 米,架在空中,这也是为什么它看起来像是悬停在地面之上;而约翰逊的住宅是扎扎实实建在地面上的。除此之外,它们还存在其他差异。密斯选用的都是奢华的材料,如凝灰石的地面和热带硬木镶板,而约翰逊选用的就是普通的红砖。约翰逊的浴室是一个圆柱形的体量,他说:"这对于密斯来说是最无法忍受的事情了。"密斯故意将玻璃房子的外立面设计得不对称,屋顶和地板在一端被延伸形成一个有屋顶的露台,而约翰逊则将他的四个立面设计得基本相同,每个立面的中心都开了一道门。最后一个区别是:密斯将工字钢涂成有光泽的白色,也就是传统花园亭子的颜色,而约翰逊的工字钢是亚光的黑色,这使他的房子看上去像一个在自然景观中存在的现代机器。

建筑师兼作家的彼得·布莱克(Peter Blake)观察到,其实约翰逊的住宅在概念上是很欧洲化的,像一个迷你的古典宫殿;而范斯沃斯住宅那种自由,以及光照和通风的方式都决定了它更美国化,尽管密斯从柏林搬到芝加哥只是 10 年前的事情。当他们一起设计西格拉姆大厦的时候,密斯去约翰逊的玻璃房拜访过好多次。约翰逊回忆起密斯最后一次到访时,他本来是要密斯在客房过夜的,傍晚时密斯却说:"我不要在这里过夜,帮我另找个住处吧。"约翰逊不知道是什么把密斯赶走的,要么是他们之前有过的一点小小的争执,要么就是他单纯地不喜欢这栋建筑。

菲利普·约翰逊是一位艺术收藏家。他在自宅里摆放了两件艺术品:一件是尼古拉斯·普桑(Nicolas Poussin)的画作《福基翁的葬礼》(*Burial of Phocion*),另一件是埃利·纳德尔曼(Elie Nadelman)的雕塑。而密斯则相反,他明确指出不允许在白桃花心木镶板的墙面上挂任何艺术作品。我的朋友马丁·波利

（Martin Pawley）在范斯沃斯住宅住过一夜。他回忆说，当时的业主是一位伦敦开发商，彼得·帕伦博（Peter Palumbo）。他非常尊重建筑师的意愿，因此仅在卫生间里挂了几幅保罗·克利（Paul Klee）的画作。然后在门上挂了一个牌子，要求客人在洗完澡离开浴室的时候一定要把门敞开，以免造成冷凝破坏了艺术品。马丁还描述了一件他在访问期间发生的难忘的事。福克斯河在那天发生了洪水，河水蔓延到了岸上，这基本上每年都会发生一次。然而，在第二天早上，他看到管家从附近的主房（帕伦博住的地方）乘坐独木舟送来了早餐。在那种情形下，露台变成了码头，承担起了双重职责。

密斯的传记作者弗朗兹·舒尔策（Franz Schulze）针对范斯沃斯住宅，这样写道："它比起住宅来说，更像是一座神殿，在满足内需之前，更注重审美方面的思考。"这是在用一种比较委婉的方法阐述玻璃住宅不太实用的观点。造成玻璃住宅不实用的关键不是缺乏私密性，因为范斯沃斯住宅和约翰逊自宅都在乡下，不存在距离很近的邻居。问题也不是没有单独的房间，因为这两栋住宅都只是一个人在住。这些玻璃住宅的主要缺陷是室内环境问题：没有遮挡的平板玻璃，也没有空调，夏天室内过热，冬天则很难控制热量的流失。[①]密斯和约翰逊只进行了最低标准的通风设计：范斯沃斯住宅卧室的尽头有两个外推的窗户；约翰逊自宅压根儿就没有可开启的窗户，它的通风是通过打开那四扇门完成的。因为两栋住宅都没有防虫网，蚊子和苍蝇也是一个困扰，尤其是在晚上，蚊虫会被光亮吸引过来。

20世纪20年代，密斯在捷克斯洛伐克设计了一栋住宅——图根哈特别墅（Tugendhat House）。其中，他设计了一个落地窗，用的是一整块玻璃墙。通过这种方式，他将起居室完全对室外敞开。同样，这栋住宅也没安装防虫网。难道欧洲的蚊子、飞蛾、苍蝇没有美国的讨人厌吗？或许，钢丝防虫网是美国人发明

---

① 当房子变得太热或太冷，约翰逊就会搬到他的更常规一些的住宅去居住。

的，于 19 世纪后期被广泛使用，当时防虫网已然成为室内家具的一部分。我见过最聪明的安装防虫网的方式是在佛罗里达州的维罗海滩（Vero Beach），那里有一座由休奇·纽厄尔·雅各布森（Hugh Newell Jacobsen）设计的住宅。其中窗户和防虫网都安装在墙体的凹槽里，并且防虫网可以任意滑动，这样就可以选择是关着窗户，还是开着防虫网，或者二者同时完全打开。

玻璃房子里没有地方可以安装窗框的凹槽。当然，密斯和约翰逊可以轻而易举地解决安装防虫网的问题，但是他们将面临一个美学层面的问题：金属质地的防虫网相较于玻璃，呈现出一种不透明感，这样就有悖于密斯常常提及的玻璃建筑的特殊品质——反射性。这正是两位建筑师对于设计执着的体现，或者说是固执。总之，他们都拒绝妥协。这也是建筑概念一个强有力的特性：它具有强加于这个概念之上的规则性。建筑师要么遵守这些规则，要么从头来过。

最终，密斯勉强同意了伊迪丝·范斯沃斯的请求，在露台上加装了防虫网。约翰逊在他的玻璃房子里住了将近 60 年，直至他离开人世。他自始至终都没有安装过防虫网，或者用其他什么简单的方法来对付那些麻烦的小虫子。他有一次在耶鲁大学讲课时说道："我宁愿睡在沙特尔大教堂里，使用距离那里三个街区的厕所，也不想住在哈佛大学的宿舍里，忍受那种联排的厕所。"建筑的宏伟壮丽可以战胜实用性吗？约翰逊的观点虽然听起来很傲慢，但是他的论点却很严肃。对于伟大建筑的体验是罕见且宝贵的，然而便利于建筑而言，却是司空见惯的，并且可以取而代之。

我居住在一个古老的石头住宅中，这栋建筑由费城建筑师小路易斯·杜林（H.Louis Duhring Jr.）于 1907 年设计而成。在过去的几年中，其中的一面墙壁一直有渗水的问题，原因是室外楼梯的栏杆会在大雨天渗入很多雨水。这栋房子给我每天的生活带来了很多欢乐，但因为渗水，我总要不定期地修补和重新刷漆。

毕竟，生活本身就是不完美的。

　　弗兰克·劳埃德·赖特比传说中的更注重实用性，他在设计流水别墅（Fallingwater）时安装了纱门和纱窗。这栋著名的住宅是他为埃德加·J. 考夫曼（Edgar J. Kaufmann）设计的，位于宾夕法尼亚州阿勒格尼山脉（见图 1-5）。流水别墅同样是一个周末度假的居所，但是在功能上却比密斯和约翰逊的玻璃住宅要求更加严格，因为住在这里的是一个三口之家，还有经常到访的客人。[①] 赖特的新奇想法是把整栋建筑建在一块露出地表的巨大岩石上，利用悬臂结构将建筑悬挂于瀑布之上。据说他在某一个早上偶然地设计出了流水别墅，但是我认为他一定酝酿了很长一段时间，因为无论是处理场地中交错的地势，还是建筑本身互相交叠的复杂空间，都不是一件容易的事。可供选择的材料也很有限：边缘圆滑的奶油色钢筋混凝土，粗糙的石墙和地面，还有就是被漆成切诺基红色的钢制窗框。据说这是赖特最喜欢的颜色。就这样，这位"老魔术师"用如此简单的一组配色施展了他的魔法。"老魔术师"是赖特的传记作者布伦丹·吉尔（Brendan Gill）给他起的绰号。

图 1-5　弗兰克·劳埃德·赖特，流水别墅，熊跑溪，宾夕法尼亚州，1935

---

① 　流水别墅不是一座大房子，封闭区域的面积只有范斯沃斯住宅的一半。

　　历史上最著名的概念性住宅其实是文艺复兴时期的圆厅别墅（Villa Rotonda），它坐落于意大利维琴察（Vicenza）的郊区（见图1-6）。因为圆厅别墅有一个位于中心的圆形穹顶，所以也被称为"迷你万神庙"。大多数文艺复兴时期的建筑师倾向于轴对称的平面设计。也就是说，如果假想一条穿过建筑中心的线，右侧的所有房间都是左侧的镜像。安德烈亚·帕拉第奥（Andrea Palladio）在这种轴对称平面的基础上更进了一步，创造了两条垂直相交的轴线，从而设计出四个立面完全相同的正方形住宅。与此同时，帕拉第奥为每个立面都配备了一个柱门廊。由于该住宅地处山顶，因此从每个门廊看出去都有不一样的景色。这样一个严格对称的平面并不像它听起来那么不实用。八个房间都可以直接通向室外。位于中心的带有穹顶的会客室可以通过四个门廊的任意一个抵达。同时，无论会客室内发生什么，都不会影响到其他房间的正常使用。

图1-6　安德烈亚·帕拉第奥，圆厅别墅，维琴察，1571

　　圆厅别墅建成之后，就成了其他建筑师的灵感来源。帕拉第奥的学生温琴佐·斯卡莫齐（Vincenzo Scamozzi），在帕拉第奥过世之后帮助他完成了圆厅别墅的建造。斯卡莫齐的第一个大胆尝试就是设计了坐落于山顶、同样有四个相同立面的拉罗卡别墅（Villa La Rocca）。英国建筑师伊尼戈·琼斯（Inigo Jones）非常欣赏帕拉第奥，因此也设计了很多双轴线的住宅。遗憾的是，这些建筑都没有建成。18世纪，有四栋非常著名的英国住宅与圆厅别墅非常相似，其中一栋出自苏格兰建筑师科伦·坎贝尔（Colen Campbell）之手。另外一栋是奇斯威克庄园（Chiswick House），由第三代百灵顿伯爵（Lord Burlington）设计。毋庸置疑，它是一栋典型的帕拉第奥式建筑。时至今日，许多建筑师仍着迷于帕拉第奥的设计理念。例如，在巴勒斯坦西岸橄榄树梯田之间，就矗立着一个与圆厅别墅非常相似的仿制品。

作曲家和画家常常从前辈那里得到灵感：勃拉姆斯（Brahms）追随海顿，李斯特和里姆斯基 - 科萨科夫（Rimsky-Korsakov）追随巴赫，毕加索画戈雅的绘本，而且毕加索和弗兰西斯·培根都追随委拉斯开兹（Velázquez）。建筑师也倾向于追随前辈的脚步，在旧主题上不断变化出新的作品。这样的创造方式是天才们的一个共同点，同时也是对前人的一些创造性概念的认可，比如一个带有四个前门的住宅，就已经足够丰富并值得进一步探索了。

获胜的想法

出于对知名度的考虑，建筑师，甚至是知名建筑师经常被要求参加一些建筑设计竞赛。在我看来，这其实就是一场选美比赛。美国第一个建筑竞赛于1792年举办，此次竞赛的主题是设计位于华盛顿特区的总统府。竞赛的评委会大多由建筑师组成，也有可能包括甲方代表或者赞助商代表。因此在此次竞赛中，评委由三个新联邦城市的专员和这栋建筑未来的使用者——乔治·华盛顿总统共同担任。托马斯·杰弗逊是当时建筑界公认的权威人士，凭借类似于圆厅别墅的设计位居第二名。竞赛的获胜者是詹姆斯·霍本（James Hoban），一位爱尔兰的建筑师，他碰巧成为评委会主席的宠儿。

　　该总统府设计竞赛当时只有九件参赛作品，而近代的建筑设计竞赛都有数以百计的参赛者。这类竞赛的评选过程都遵循一个完整的模式。评委们会先快速浏览所有的参赛作品，着眼于淘汰那些不满足竞赛要求的、未完成的、有明显缺陷的，或者看起来平淡乏味的作品。一旦将长长的名单删减到可控的范围，评委将利用余下的时间仔细研究剩下的设计作品，以便了解它们如何满足竞赛中的各项要求。评选的大部分时间可能都在讨论最后被筛选下来的两三件参赛作品。有些竞赛是分阶段的，在第一阶段被选中的参赛者会进入第二阶段来展示他们的作品。通常情况下，公开竞赛的参赛者都是匿名的。相反，如果是非公开竞赛或者邀请赛，评委都会被告知谁是参赛者。一般被邀请参加竞赛的人都会得到相应的报酬；公开竞赛的参赛者，除了获奖者和入围者以外，通常不会有任何报酬。

　　参与竞赛的最大挑战不是设计出一个经得起推敲的方案，而是如何在第一关不被淘汰出局。也就是说，赢得竞赛的关键是如何在人群中脱颖而出。最好的策略就是给评委展现一个易于理解，同时具备说服力的解决方案。这也是为什么竞赛的获胜者总是那些简单且具备出众想法的方案。悉尼歌剧院就是近代最著名的案例之一。1956 年举办公开竞赛对外征集设计方案，在国际范围内征集了 200 多个参赛作品。所有入围的作品都在着力于满足两个大演奏厅复杂的功能要求（毕竟除了名字以外，这的确是一个相当复杂的多用途艺术表演综合体），但只有获胜者，丹麦建筑设计师约恩·乌松（Jørn Utzon）针对这个戏剧性的场地给出了一个抒情诗般的解决方案——大地像海浪一样翻腾着进入悉尼港（见图 1-7）。38 岁的乌松当时没有任何建成的建筑作品，但是他跟随阿尔瓦尔·阿尔托（Alvar Aalto）和弗兰克·劳埃德·赖特系统地学习并掌握了他们的设计方法。大多数入围悉尼歌剧院设计竞赛的作品都采用现代主义的方形体块来处理这两个演奏厅，唯独乌松将它们置于一组如波浪般的混凝土外壳之中。

悉尼歌剧院竞赛的评委包括当时新南威尔士州公共工程部门的主管，一位当地的建筑学教授，还有两位知名的建筑师：一位是莱斯利·马丁（Leslie Martin）先生，他是当时非常受尊敬的英国建筑师，代表作品是伦敦皇家节日音乐厅；另外一位就是埃罗·沙里宁（Eero Saarinen）。除此之外，评委会还包括几位当时美国年轻一代建筑师的领军人物。沙里宁是在第一轮项目筛选结束之后才到达评选现场的。他在翻阅那些被淘汰的参赛作品时一眼就看到了乌松的方案，并宣布："先生们，这就是获胜者。"

图 1-7　约恩·乌松，悉尼歌剧院，悉尼，1973

沙里宁本人对混凝土外壳非常感兴趣，他当时刚刚开始肯尼迪国际机场 TWA 航站楼的设计，有可能是这个原因使他更倾向于乌松与众不同的设计。尽

管悉尼歌剧院在施工过程中有一段劳神的过往：开支严重超出预算、方案被折中
修改、建筑师退出，但这些都没有影响这座矗立在基座上的帆船式建筑的落成，
并且它还成为 20 世纪伟大的标志性建筑之一。[①]

  沙里宁作为评委在评审过程中强加个人意愿的故事并不是虚构的。在悉尼歌
剧院竞赛一年之后，他又被邀请担任多伦多新市政厅国际竞赛的评委。其他评
委会成员还包括：意大利著名建筑设计师埃内斯托·罗杰斯（Ernesto Rogers），
来自温哥华汤普森、贝里克及普拉特建筑事务所（Thompson, Berwick & Pratt）
的内德·普拉特（Ned Pratt），来自伦敦的规划专家威廉·霍尔福德（William
Holford），还有出生于英国、生活在多伦多的规划师戈登·斯蒂芬森（Gordon
Stephenson）。

  然而，沙里宁又一次迟到了。他在第一轮评选结果确定一天半之后才赶到评
选现场。在此之前，其他评委已经从 520 个参赛作品中挑选出 8 个作品，进入下
一轮的评选了。8 个被选入第二轮的参赛作品大多是方方正正的低层建筑。与一
年前一样，沙里宁再一次要求浏览那些被淘汰的作品，并且又被一个标新立异的
设计所吸引：两个弯曲的高层平板建筑，围绕着一个圆形的市政厅会议室。他说
服评委会将这个项目加入第二轮的评选中。两位英国规划师依然对此心存疑惑，
但是沙里宁最终说服了罗杰斯和普拉特，并宣布该项目就是此次竞赛的获胜作
品。事实上，维尔约·雷维尔（Viljo Revell）的这件设计作品在功能上是存在缺
陷的：它将政府机构一分为二，削弱了两个体块之间在功能上的联系。然而，这
座建筑和建筑前的广场已然成为多伦多独一无二的标志（见图 1-8）。

———————

[①] 乌松后来获得了普利兹克建筑奖，悉尼歌剧院被宣布为世界遗产地，都证明了他的设计是最好
   的，尽管他不曾回到澳大利亚一睹完成后的歌剧院。

图 1-8　维尔约·雷维尔，多伦多市政厅，多伦多，1965

　　建筑师对竞赛的态度是非常矛盾的。在现实层面上，竞赛是极其昂贵的：参加一个大型的竞赛可能会花费数百万美元。更重要的是，竞赛迫使建筑师在脱离现实的环境下工作。贝聿铭（I. M. Pei）晚年时拒绝参加竞赛，因为他认为最好的建筑只会产生于建筑师和甲方之间的深度对话。竞赛的评委通常喜欢"引人注目"多过"深思熟虑"，喜欢"单纯"多过"周全"，喜欢"吸引眼球"多过"含蓄精妙"。一方面，建筑物如博物馆类建筑，一个简单的想法可以统领整个方案，支撑它们去参加竞赛；另一方面，当功能或场地需要一个细致入微的解决方案时，基于单一想法的建筑通常只是纸上谈兵的空想。基于单一想法设计的建筑物，如万神庙，可以是美好的，但是那些为了引起评委注意的想法被建成时，通常是缺乏立体感的。

尽管如此，公众喜欢竞赛，因为竞赛给青年建筑师提供了在这个领域得到认可的机会。这些机会可以使他们享有与成熟、有经验的建筑师一样的特权。甲方喜欢竞赛，因为竞赛为甲方提供了更多的选择方案，以及选择建筑师的机会，同时赞助商也可以借助项目本身提高自己的知名度。这种情况就好比每个人都喜欢赛马，但大概只有马本身不喜欢赛马吧。

非裔美国人历史与文化国家博物馆

2008 年 7 月，史密森尼学会公开宣布，他们需要一位建筑师来设计一座造价 5 亿美元的国家博物馆——非裔美国人历史与文化国家博物馆（The National Museum of African American History and Culture）。博物馆将坐落于华盛顿特区的国家广场上。这次评选的过程分为两个阶段。第一阶段是，感兴趣的建筑师或建筑师团队提交他们的专业资格和博物馆设计的相关经验；第二阶段是，由史密森尼学会选出六个团队参加竞赛。这类封闭式的竞赛之所以越来越普遍，是因为甲方在寻找设计方案的同时，想要避免现实和财务上的问题。在公开的建筑竞赛中，如果获胜者是新手，或者是一些没有资源和资金来完成大项目的小公司，就通常会引发这些方面的问题。不过，小公司或者年轻建筑师也可以通过与大公司或者更成熟的公司组队的方式来参加封闭式的建筑竞赛。

在史密森尼学会编写的 16 页的参赛资格说明中，包括一段对获奖项目预期的描述。大部分文字是在任何竞赛简述中都可以看到的陈词滥调："我们要求的是一个真正意义上的总体设计，平衡美学、成本、施工的价值和可靠度，同时为员工和参观者创造一个环境上可靠且优越的场所。"但其中有一个要求吸引了我的注意："详细说明你将如何分享和展示你对非裔美国人历史与文化的体会。"这表明史密森尼学会正在寻找一个特别的博物馆设计，在某种程度上要反映它的特殊功能。

从传统意义上讲，美国国家广场上的博物馆都被寄予厚望。人们希望这些博物馆是出色的建筑。当企业家查尔斯·兰·弗里尔（Charles Lang Freer）委托查尔斯·亚当斯·普拉特（Charles Adams Platt）为他那些华丽的东方收藏品设计一座博物馆时，他想要的只是一幢漂亮的建筑，在 1918 年就意味着是一座意大利文艺复兴时期风格的宫殿。当史密森尼学会任命乔·奥巴塔（Gyo Obata）设计美国国家航空航天博物馆时，吩咐他要尊重国家广场上的其他建筑物。于是，奥巴塔设计了一栋由中庭连接的四个并排的立方体。这恰好呼应了广场对面那座由田纳西州的大理石建造的国家美术馆。

第一个从根本上背离这种既有的尊重式设计的建筑是赫施霍恩博物馆与雕塑园（Hirshhorn Museum and Sculpture Garden），它在 20 世纪 70 年代中期开放。建筑师是来自 SOM 建筑事务所（Skidmore, Owings & Merrill）的戈登·邦沙夫特（Gordon Bunshaft）。他的设计是一个惊人的没有窗户的混凝土桶，被建筑评论家埃达·路易丝·赫克斯特布尔（Ada Louise Huxtable）比作煤箱，或者说是油桶。她这样评论道："这里就缺一个炮台，或者一个埃克森石油公司的标志。"

当道格拉斯·卡迪纳尔（Douglas Cardinal）被委托设计美国印第安人国家博物馆时，他也选择了另辟蹊径："我不想将这座博物馆设计成在华盛顿的又一座希腊罗马风格的建筑。"这有点危险，因为卡迪纳尔的风格是疯狂的表现主义。他解释道："我看到了美洲的自然形态，这才是建筑的基础。"最后他呈现的是一个曲线的设计，为的是寻求一种可以体现辽阔平原和印第安人精神的方式。虽然它看起来有些笨重，但至少不会被人误以为是希腊罗马风格的建筑。

在卡迪纳尔尝试设计了几个不同的博物馆之后，他觉得一座非裔美国人博物馆必须要呈现一种独特的东西。但是这种独特的东西是什么呢？许多美国黑人的祖先来自非洲中部和西部，但大多数美国人来自非洲以外的地方。美国非洲裔首先选择定居在南方，其原因难道是亚特兰大比芝加哥或者纽约更具备黑人文化吗？还有就是，带有图案的肯特布已成为非洲文化遗产的流行符号，但是这些来自加纳和科特迪瓦的产品和美国黑人又有什么关系呢？此外，虽然黑人文化的特征在音乐、艺术、宗教和民权运动方面都非常明显，但是从来没有一栋典型的黑人建筑存在。想要为非裔美国人历史与文化国家博物馆寻找一个引人注目的形象，无疑将是一个巨大的挑战。

22 家建筑公司对史密森尼学会的邀请做出了回应。最后被筛选出来的 6 支参赛队伍可以说代表了各个层次，从明星建筑师到后起之秀都有。其中包括国际知名建筑师诺曼·福斯特和摩西·萨夫迪（Moshe Safdie），还有当时不怎么出名的安托万·普雷多克（Antoine Predock），但他在业界已享有原创设计师的声誉。除此之外，还有贝聿铭成立的贝考弗及合伙人建筑事务所（Pei Cobb Freed），称得上是建筑界声誉卓著的公司，坚实可靠。还有两个后起之秀：一个是纽约的迪勒·斯科菲迪奥＋兰弗洛设计事务所（Diller Scofidio + Renfro），他们的理论著作和艺术装置比建筑作品更出名；另外一个是一支由非裔美国人组成的团队，团队的首席设计师是一位英国和加纳混血的年轻建筑师大卫·阿贾耶（David Adjaye）。6 支入围的团队均得到主办方提供的 5 万美元设计费和一份详细的博物馆需求列表，并限定在两个月的时间内拿出设计方案。

2009 年 4 月，在此次竞赛的获胜者被宣布之前，这 6 组方案的图纸和模型在史密森尼学会中心的总部展出。对我个人而言，最让我好奇的部分是不同的参赛者如何处理这个极具挑战性的场地，毕竟这栋建筑即将成为华盛顿纪念碑的"邻居"。除此之外，他们如何创造一个非裔美国人的文化标志也非常关键，无论这个标志背后隐藏着什么样的意义。

在我的印象中，福斯特及合伙人建筑事务所提交的方案是最新颖的。卷曲的椭圆形像一个巨大的软体动物，还附有一个螺旋形的坡道（隐约有赖特设计的古根海姆博物馆的影子）。坡道穿过画廊，以被框住的华盛顿纪念碑这种引人入胜的画面作为结尾。中心的椭圆形玻璃屋顶空间中陈列着一座奴隶船的复制品，这是博物馆展览的关键部分。福斯特与法国著名景观设计师米歇尔·德维涅（Michel Desvigne）合作，用花园覆盖屋顶，并创造出一个下沉的入口庭院，从而减少了建筑物主体的体量。这是一个经典的参赛作品：引人注目，易于理解，并且利用装饰解决了一系列问题。酷似软体动物的圆桶是很抓人眼球的。还有一点很有意思，它像书立一样与位于广场另一端的三角形美国国家美术馆东馆遥相呼应。如果非要给福斯特的方案找一个缺点的话，那可能就是这种没有窗的形式给人一种压抑的感觉。这一点也使得它很不幸地跟赫施霍恩博物馆与雕塑园有点相似。

摩西·萨夫迪设计的是一个被曲面一分为二的巨大的方形建筑。绿树成荫的中庭，同样面向华盛顿纪念碑。萨夫迪的这套框架式的建筑曾在耶路撒冷大获成功，也就是由他设计的著名的亚德 - 瓦舍姆大屠杀纪念馆（Holocaust History Museum at Yad Vashem）。但是同样的东西在华盛顿显然并没有奏效。中庭由两个巨大的抽象结构围合而成，但这种抽象的形式不足以让这栋相当普通的建筑看起来充满活力。此外，这栋建筑的形式过于古怪和随意了，虽然独特却难以理解：应该理解成一个船头，一只裂了缝的大茶壶，还是一块巨大的骨头碎片？

安托万·普雷多克与赖特一样，也是一个在建筑行业特立独行的人，并以极具个人风格的建筑设计而闻名。为了这次竞赛，他可以说是使出了浑身解数。普雷多克将很多元素组合成了一个生动的作品，比如凹凸不平的建筑形式、一层层的水面、夸张的内饰，还有一些特殊的材料，如云母和石英构成的石英岩、东非黑黄檀木等。这座建筑物看上去好像被一场强烈的地震挤出了地面。我能感觉到普雷多克在努力寻找一种适合非裔美国人博物馆的建筑语言，也可以想象这栋建筑在自然环境中的构造形态，比如沙漠中或者岩石台地上。然而，它只是看起来不太适合美国国家广场罢了。

　　来自贝考弗及合伙人建筑事务所的亨利·科布（Henry Cobb）曾设计过位于费城的美国国家宪法中心（National Constitution Center）。这是我本人很欣赏的一栋建筑。从表面上看，他在此次竞赛中好像占有一定的优势，毕竟他的合伙人在附近设计了两栋相当优秀的建筑：贝聿铭设计了美国国家美术馆东馆，詹姆斯·英戈·弗里德（James Ingo Freed）设计了美国大屠杀纪念馆（National Holocaust Memorial Museum）。[①]但是科布为非裔美国人历史与文化国家博物馆设计的方案却让人非常失望。他在一个石灰岩表面的方盒子里设计了一个自由曲面的玻璃体块，这是一场新古典主义的华盛顿（方盒子）与现代主义（玻璃曲面）的对话。20年前，加拿大建筑师亚瑟·埃里克森（Arthur Erickson）就曾经尝试将古典主义与现代主义结合，并将其作为设计加拿大大使馆（位于宾夕法尼亚大道上）的主要概念。这个想法在埃里克森那里没有奏效，在科布这里也行不通。

　　竞赛有时可以发掘新的人才，比如悉尼的乌松和多伦多的雷维尔。伊丽莎白·迪勒（Elizabeth Diller）和她的丈夫里卡多·斯科菲迪奥（Ricardo Scofidio）是一支团队，后来又加入了查尔斯·兰弗洛（Charles Renfro）。这支团队因先锋派的建筑风格而著名，但是在当年参加竞赛的时候，他们仅有一个已建成的作品，那就是波士顿海滨的当代艺术学院——一栋强有力悬挑于水面之上的悬臂式建筑。[②]他们设计非裔美国人历史与文化国家博物馆的想法同样很大胆，同时还以其知性的设计方法而闻名。其参赛作品引用了历史学家杜波依斯（Du Bois）的名言"两个交战的灵魂，两种思想，两边永不停歇的努力"，来展现美国黑人的精神。双曲面代表两个交战的灵魂。悬索支撑的玻璃表皮依

---

① 　贝聿铭于1990年从贝考弗及合伙人建筑事务所退休，弗里德于2005年逝世。

② 　迪勒·斯科菲迪奥＋兰弗洛设计事务所当时与费城的克林斯塔宾斯事务所（Kling Stubbins）组队。后者是一家大型建筑事务所，有很多分支机构，在华盛顿特区也有。

附在石灰岩覆盖的盒子上，呈现出一种正在融化的状态。这种膨胀的有机形式有时被称为"流体建筑"。在计算机生成的绘图中，流线看起来很令人兴奋，但从在史密森尼中心展出的粗糙的模型来看，很难保证这样一个古怪的建筑是否应该被建出来，或者说从现实的角度讲，它能不能被建出来。

在本次竞赛中最没有名气，人数却最庞大的团队，是一支由非裔美国人组成的团队。这支团队包括被称为非洲裔建筑师"前辈"的小马克斯·邦德（J. Max Bond Jr.），来自北卡罗来纳州达勒姆市（Durham）最大的美国少数族裔建筑企业——弗里龙建筑公司（Freelon Group），还有分公司遍布全美的大型建筑工程企业——史密斯集团，以及来自伦敦的阿贾耶建筑事务所。弗里龙建筑公司和邦德曾参与过史密森尼学会的原始博物馆项目，这也让他们在竞赛中具备一定的优势。史密斯集团也曾参与美洲印第安人国家博物馆的施工。但是，他们中没有一个人的设计可以像福斯特、萨夫迪或者普雷多克的设计一样，给人留下深刻的印象。这就是大卫·阿贾耶加入这个团队的原因。[①] 当时这位 42 岁的建筑师 8 年前才在伦敦成立了自己的公司，但是他简约的现代主义设计和那些富有魅力的甲方早已把他推到国际聚光灯下（他为几位电影明星设计了住宅）。因此，他的加入增加了这个团队赢得竞赛的可能性。他曾多次在国际建筑竞赛中获胜，获奖作品包括奥斯陆的诺贝尔和平中心，还有最近的丹佛现代艺术博物馆，在那次竞赛中他击败了包括普雷多克在内的几位著名建筑师。

阿贾耶的设计是 6 个参赛作品中最传统的一个：其整体就是一个矗立在长方形基座上的方盒子（见图 1-9）。博物馆的大厅被安排在石灰岩表皮的基座内，同时主要的展厅都被安置在方盒子里。这个盒子其实是用建筑包裹着建筑的，玻璃画廊的外面是青铜色多孔的表皮，在白天会反射出不同的天色，在夜晚则宛如

---

① 　邦德在竞赛期间去世。

灯塔。整个设计没有曲线，没有扭转，也没有施工层面上的难度可言。

图 1-9　弗里龙－阿贾耶－邦德团队／史密斯集团，
非裔美国人历史与文化国家博物馆，华盛顿特区，2015

　　大众对这 6 个参赛作品的反应是不同的。《华盛顿邮报》的评论家认为阿贾耶的设计"太低调"。另外，该报纸还写道："只有迪勒·斯科菲迪奥＋兰弗洛设计事务所的设计超出了其他几个作品。"博客上也对此事展开了激烈的讨论，有的人倾向于其中某个参赛作品，还有许多人觉得 6 件参赛作品没有一个符合他们的期许。与此同时，竞赛评委会开始对这 6 件作品展开评审。评委会共有 10 位成员，包括 3 名史密森尼学会的董事会成员，4 名博物馆相关的工作人员，1 位国家艺术基金会设计总监，以及仅有的 2 位建筑师——麻省理工学院建筑学院院长阿代勒·桑托斯（Adèle Santos）和《波士顿环球报》的建筑评论家罗伯特·坎贝尔（Robert Campbell）。[①] 整个评委会被业界称为"没有建筑大腕儿的团队"。

---

① 　10 个人的评委会是比较大型的了。参加过多次竞赛，也担任过多次评委的保罗·克雷认为，理想的评委会应该是 3 个人，5 个人以上就是"一大群"了。较理想的情况是，其中大多数成员是建筑师，因为"他们具有平衡各种方案优缺点所要求的专业能力"。

建筑师唐·斯塔斯特尼（Don Stastny）作为竞赛的专业顾问曾表示："这个评委会中并没有一个强烈的声音来影响其他评委的判断。"他认为，一个多元、和谐的评委会应该能够更公平地做出最后的决定。显然，在这个竞赛中不会有"沙里宁时刻"了。

新博物馆的负责人朗尼·G. 邦奇（Lonnie G. Bunch）曾对我表示："我希望所有的评委能够自由地质疑和讨论这些方案。"邦奇一度主持竞赛评委会，但是在评委会选出这 6 件决赛作品的时候，他故意缺席了。他解释说："我告诉他们，我召集了这么多建筑师，并不仅仅是因为可以有许多不一样的选择，而是主要想了解一下不一样的建筑方案。"在参赛资格要求中加入"尊重非裔美国人的历史和文化"这句话的人就是他。邦奇还强调说："我不知道这个博物馆应该是什么样子的，但是我想知道不同的建筑师是如何对这句话做出回应的。"

根据邦奇的这段话，以下四个问题可以概括出评委们的讨论方向：1. 建筑师眼中的非裔美国人博物馆是什么样子的；2. 建筑师的团队成员是如何看待非裔美国人博物馆的；3. 建筑和国家广场的关系，尤其是对广场上已经存在的华盛顿纪念碑是如何处理的；4. 建筑师和博物馆之间的关系是怎样的。邦奇认为参赛作品中有三个是一流的作品，但是他不想指出设计师的名字。评委们被弗里龙 - 阿贾耶 - 邦德团队的方案深深吸引。邦奇补充道："我们喜欢阿贾耶对华盛顿纪念碑的处理方式。虽然他之前并没有做过如此大规模的项目，但是史密斯集团的存在让我们消除了对这个团队的顾虑。"评委会用三天的时间做出了最后的决定，但是一周之后邦奇才宣布结果。他解释说："我想让评委们再仔细考虑一下，我不希望有任何人对结果犹豫不决或保持中立。"最终，弗里龙 - 阿贾耶 - 邦德团队以全票赢得了此次竞赛。

在竞赛刚刚开始的阶段，6 支入围的团队都亲自展示过各自的作品。当设计完成之后，每支团队针对项目的细节又做了进一步的解释。邦奇回忆道："阿贾耶真的很擅长展示方案，他清楚的表达吸引了我们的注意。他当时重点提及了建筑的角度，并向我们展示了一张图片。图片中是一位在教堂里祷告的南方女性，手臂举起的角度与建筑相近。我觉得这场景很迷人。"换句话说，阿贾耶直接解决了竞赛的关键性问题，也就是，是什么让这栋建筑看起来就是非裔美国人博物馆。

从古至今，建筑都是通过具象的装饰来传递思想的。例如，华盛顿特区的几栋联邦大楼：美国国家建筑博物馆是内战之后房产局为了安顿退伍军人而建的，建筑立面装饰了一圈士兵和水手的浮雕；美国邮政办公大楼的装饰雕塑的灵感来自邮件系统；农业部大楼上的浮雕描绘的是美国本土的动物，以及一位一手拿着桃子一手拿着葡萄的女子。

作为一位坚定的现代主义设计师，阿贾耶摒弃了具象的装饰，而是用其他方式来传递非裔美国人的历史和文化。在国家广场旁边，他设计了一个很大的门廊。这个门廊在设计上虽然用的是很现代的手法，但能够勾起人们对典型南方建筑的回忆。青铜色表皮上那些用孔洞组成的图案，其灵感来自新奥尔良铸铁细工艺。最不可思议的是，围合展厅空间的那个盒子的形状像一个光环或者王冠。它是基于约鲁巴（Yoruba）部落艺术而创造的叠层的斜口篮子。同时，这种抽象的建筑形式也让我想起布朗库西的雕塑《无止境的圆柱》（*Endless Column*）。换言之，这个设计将历史与现代、具象与抽象、工艺与技术融为一体。所有的这些要素都与邦奇在思想上产生了共鸣。邦奇曾告诉我说："我在寻找一个可以在精神上鼓舞人，同时又能体现文化价值的建筑。"

在接下来的两年时间里，弗里龙－阿贾耶－邦德团队又对方案进行了几次修改。修改方案参考了当地和联邦机构的意见，包括美术委员会、美国国家公园管理局和历史保护咨询委员会。他们要求将建筑形式简化，于是一多半的功能被调整到地下的部分，原本长方形的基座也被去掉了。但是他们保留了门廊的部分，还有那个王冠的建筑形式，用以强调视觉上的重要性。后期的方案修改在建筑竞赛中是很常见的，之前没有露面的甲方会出来发表自己的意见，从而在原有设计方案的基础上进一步完善。一些现实因素也会对最后的方案产生一定程度的影响，因为这些激动人心的草图必须要面对现实——它需要被建起来。但问题的关键是，无论在设计过程中被改动了多少，在非裔美国人博物馆这个案例中，最初的那个强有力的想法最终还是被保留到了最后。

刺猬和狐狸

哲学家以赛亚·伯林（Isaiah Berlin）基于古希腊诗人阿尔基罗库斯（Archilochus）的名言写了一篇非常著名的论文，论文中写道："狐狸知道很多事情，但刺猬只知道一件非常重要的事情。"这里的狐狸和刺猬，比喻的是作家和思想家。伯林把柏拉图、尼采、普鲁斯特比作刺猬，把莎士比亚、歌德、普希金比作狐狸。这种隐喻同样适用于建筑师。

按照伯林的理论，多米尼克·佩罗（Dominique Perrault）绝对是一只刺猬。1989 年，佩罗在法国国家图书馆的国际建筑竞赛中脱颖而出，并赢得了此次竞赛。这也是法国前总统弗朗索瓦·密特朗（François Mitterand）任职期间的最后一个重大项目。近 250 名参赛者参加了这次竞赛，包括普利兹克奖获得者詹姆斯·斯特林（James Stirling）、理查德·迈耶（Richard Meier），未来普利兹克奖获得者槙文彦（Fumihiko Maki）、阿尔瓦罗·西扎（Álvaro Siza）和雷姆·库哈斯（Rem Koolhaas），还有相比之下不怎么出名的多米尼克·佩罗。佩罗曾经设计过一栋非常引人注目的建筑——4 座 25 层的玻璃大楼矗立在一个庞大的基座之上。他非常崇拜密斯·凡德罗，因此他设计法国国家图书馆的方案有点类似于密斯的极简主义风格（见图 1-10）。他将图书库置于高层中，将公共阅览室和研究办公室置于底部的裙楼中。高塔在平面上形成一个 L 形，像 4 本翻开一半的书，寓意着一览无余的知识，这是一个相当吸引人的概念。

图 1-10　多米尼克·佩罗，法国国家图书馆，巴黎，1996

　　但是，佩罗这个看起来了不起的概念并没有想象中的那么简单。垂直层叠结构的概念在现代建筑中早有先例：在 20 世纪 30 年代，伟大的比利时建筑师亨利·范德费尔德（Henry van de Velde）为根特大学设计了一栋 20 层的图书大楼，保罗·克雷为美国得克萨斯州大学奥斯汀分校设计了一栋 31 层的图书大楼。但是范德费尔德和克雷的大楼的墙几乎都是实体的，只偶尔有几个狭长的窄窗。佩罗的全玻璃图书大楼激怒了图书管理员，他们抱怨这样的设计把书全部暴露在阳光下。虽然后来在建筑内部安装了木质百叶窗，解决了光照的问题，但同时也严重破坏了佩罗方案的核心概念——透明性。最后，一些书被转移到了裙楼里，图书馆的办公室则被调换到玻璃大楼中。

　　建筑建成之后，大家对此褒贬不一。虽然地下阅览室面对着一个景观花园，但许多阴暗的公共空间像极了地下室。正如多伦多市政厅的政府机构不得不分裂成两个部分一样，法国国家图书馆的藏书被分成了 4 个部分。一位信息专家这样描述道："因为一个建筑师的设计就要将所有的书籍重新分类，这件事引起了法国教育与知识界的骚动。"这座全世界最大的图书馆被简称为 TGB（très grande bibliothèque，非常大的图书馆），类似于 TGV（train à grande vitesse，法国高速列车），但是最嘲讽的一种说法是将其称为一个"重大的错误"（très grande bêtise）。

如果说佩罗是一只刺猬的话，那么设计大英图书馆新馆的建筑师，已故的科林·圣约翰·威尔逊（Colin St. John Wilson）就是一只狐狸。1962 年，他和莱斯利·马丁先生一起参与了大英图书馆扩建项目的设计。这个项目被一拖再拖，随后英国政府做出改变，将建筑的功能扩大为一个全方位的国家图书馆。与此同时，建筑的场地从布卢姆斯伯里（Bloomsbury）转移到了国王十字区。到 1982 年项目开始施工的时候，马丁退休了，之后威尔逊参与了图书馆的第三次设计。他深受现代浪漫主义建筑师阿尔瓦尔·阿尔托的影响，形成了一种低调的建筑设计方法，与理查德·罗杰斯（Richard Rogers）和诺曼·福斯特等当代高技派建筑师的作品相比，他的设计看起来有些过时（见图 1-11）。

这个设计迎来了一片骂声。现代主义建筑师们不喜欢这个设计的原因是，该建筑为了与毗邻的维多利亚哥特式建筑和谐共处，建筑主体大部分采用了砖墙。他们觉得这样太古板了。保守的传统主义者也不喜欢这个设计，比如查尔斯王子觉得它太现代了，并且很不恰当地把它比作"秘密警察学院的礼堂"。威尔逊变得越来越不受欢迎，以至于他的公司因为缺乏项目而被迫停业。这些负面的看法在图书馆对外开放之后开始有所好转。[①] 明亮和通透的内部空间不仅使它在功能上很高效，还深受图书借阅者的喜爱。力挺威尔逊的英国建筑评论家休·皮尔曼

① 大英图书馆落成开放的那一年，威尔逊被封爵，他的成就因此得到证明。他逝世于 2007 年。

（Hugh Pearman）这样写道："大英图书馆运转得相当不错，这是一个非常适合人们坐下来学习的地方。"

图 1-11　科林·圣约翰·威尔逊，大英图书馆，伦敦，1997

　　威尔逊的偶像阿尔瓦尔·阿尔托也是一只狐狸。例如，阿尔托于 20 世纪 30 年代设计的玛利亚别墅（Villa Mairea），被认为是他最了不起的作品之一。即便我们很难在这栋建筑中找到专属于赖特的流水别墅那样标志性的视角，它还是像芬兰版本的流水别墅。从外观上看，含蓄的玛利亚别墅有点像白色盒子式的现代主义风格建筑，尤其是那些手工制作的细节，给人以散漫随意的感觉。肾形的入口雨棚由一组垂直和倾斜的木杆支撑，其中有些木杆还被绳子绑在一起。白墙是由石灰洗砖搭建的，而不是当时大多数欧洲现代主义建筑师经常使用的硬边石膏。

玛利亚别墅主要的起居空间展示了阿尔托特有的现代主义风格，新颖与传统相互结合。客厅、餐厅和画廊被整合成一个多功能空间，其中陈列了好多业主自己收藏的现代主义画作。书房的空间是由可移动的书架限定围合而成的。这一切都可以总结为现代主义建筑的灵活性。与此同时，房间的角落被传统的芬兰壁炉所占据，搭配红松木的天花板。有一部分钢柱用藤条包裹着，剩下的用山毛榉木材包裹。虽然这栋住宅的面积很大，但给人一种中产阶级朴实无华的舒适感，不像勒·柯布西耶设计的那些夸张的住宅，也不同于密斯的奢华极简主义住宅。阿尔托的目的是创造使居住者满意的环境，而不是只为了给初次到访的客人留下深刻的印象。

路易斯·康和阿尔托几乎是同时代的建筑师。他们都出生于位于波罗的海北部的国家爱沙尼亚，都曾就读于巴黎的美术学院。更巧的是，在他们的职业生涯中，两个人都对历史风貌的建筑不屑一顾。但两人的相似之处也就只有这么多了。阿尔托浪漫派的现代主义来自他生活过的地方，而康的现代主义追求的是普适性。阿尔托特别着迷于鲜艳的颜色、丰富的纹理以及手工制作的细节，而康在设计建筑时选择的颜色都相当拘谨和朴素。阿尔托什么都设计，比如灯具、玻璃器皿、纺织品和家具，他设计的椅子和凳子是现代主义的经典之作。康则没有什么令人印象深刻的家居设计作品，不过他倾向于使用射灯和球形玻璃灯作为室内装饰的灯具，因为他对空间和自然光的兴趣多过那些日常生活用品。

两位建筑师的事业走向了非常不同的发展方向。阿尔托是个奇才。他从建筑学院毕业之后立刻成立了自己的建筑事务所，30 岁时就在建筑行业找到了自己的一席之地。而康则大器晚成，在 50 岁的时候才以建筑师的身份成名。阿尔托是个多产的建筑师，毫不费力地炮制出一个又一个的设计；而康的设计进展却既缓慢又痛苦。[①] 但是阿尔托的设计多多少少都有些相似，而康的每个建筑设计都有不一样的特点。然而，他们有一个相同的重要特质，那就是康和阿尔托都是狐狸，他们都很少设计那种一个概念贯穿始终的建筑。康的最后一个项目是位于纽黑文的耶鲁大学英国艺术中心，一栋单调的四层方楼加上两个带天窗的室内庭院（见图 1-12）。康设计这个项目用了一年半的时间，并尝试了好几种方案，所以它表面上看起来虽然简单，但实际上是一个深思熟虑的结果。

英国艺术中心位于耶鲁大学内的教堂街。一眼望去，先抓住人眼球的是保罗·鲁道夫（Paul Rudolph）于 20 世纪 60 年代设计的耶鲁大学艺术与建筑学院大楼。它高大、粗糙，混凝土质感十足，且有一种仪式感。相反，你路过英国艺术中心时，很有可能会完全注意不到它的存在。这种情况就好比，鲁道夫的建筑是歌剧里的高音部，康的建筑只是观众席里的小声嘀咕：露石混凝土框架搭配着一块块透明玻璃和磨砂的不锈钢板。大多数建筑师使用不锈钢板的目的，要么是追求机械式的完美，要么是追求奢华的感觉。但康处理材料的方式显得很普通，如酸洗混凝土的表面会因为天气的不同而显得斑驳。康在说服犹豫不决的甲方时这样描述道："在灰暗的日子里，它看起来像一只飞蛾；在晴朗的日子里，它就变成了蝴蝶。"

英国艺术中心中较低的楼层被设计成了商铺，而博物馆的入口就静静地待在不起眼的角落。入口通向两个较小的庭院。在这里，与同样的露石混凝土搭配的却是乳白色的橡木板，就像置身于一个漂亮的橱柜中。自然光透过大大的玻璃天窗沐浴着整个高挑的空间，庭院周围的开口也让展厅和庭院有了视线上的交汇。

---

① 阿尔托参加过无数次建筑设计竞赛，赢得了其中的 25 次；康只参加过 10 次，一次也没有获过奖。

就这样，建筑慢慢地述说着自己的故事。

　　拿画廊来说，亚麻壁纸搭配条形的凝灰石地面，更像一栋住宅，而不像博物馆。室内的空间比例像是为藏品量身定做的，就像之前英国的乡土住宅。在传统的大厅里，一幅巨大的画可以从二楼的屋顶垂挂到一楼的地面。整个空间主要由一个包围主楼梯的巨大的混凝土筒仓占据。根据路易斯·康的传记作者卡特·怀斯曼（Carter Wiseman）的描述，康被英国庄园里大型的雕塑式壁炉所影响，因此这个像大烟囱一样的元素让庭院增加了一种家庭氛围。同时，这里还配有东方的地毯和舒适的沙发。艺术评论家罗伯特·休斯（Robert Hughes）将该艺术中心描述为体验艺术的理想之所，并解释道："这是一栋没有噱头和风格的建筑，低调且直接。它苍白的混凝土、金色的木材和亚麻墙纸为展出的艺术作品提供了一个特定的背景。"

图 1-12　路易斯·康，耶鲁大学英国艺术中心，耶鲁大学，1974

　　自 1971 年起，美国建筑师学会每年都会选出一个"经得住时间考验的美国地标性建筑"。每年只有一栋建筑有幸获得此项殊荣，同时该建筑至少要有 25 年以上的历史。这一点有别于设计类的竞赛，那些竞赛有时甚至在建筑开始施工之前就授予其奖项。显然，美国建筑师学会在设置这个奖项时就认识到判断建筑物的最佳方法是时间。许多建筑在当时一夜成名，但在几年之后就销声匿迹了，或许是因为功能上的缺陷，也或许是当时很有说服力的想法只是纸上谈兵。2005 年的"二十五年大奖"颁给了耶鲁大学英国艺术中心，评委称之为"一栋安静存在着的伟大建筑"。这是路易斯·康第五个获此殊荣的建筑作品。另外拥有 5 个获奖作品的建筑师就只有埃罗·沙里宁了。[1]

　　概念的力量显然是这两个人的工作核心。沙里宁通常从对建筑功能的详细分析中得出一个单一的想法，然后在多个备选的方案中提取出一个单一的概念。他说："你需要把所有的鸡蛋都放在一个篮子里，建筑的一切都必须完全支撑这个概念。"相反，路易斯·康的建筑开始融合了很多想法，然后需要经过一个自我沉淀的过程。这种方式更像是哲学层面上的探索，而不是客观意义上的建筑分析。他用一种间接的方式诉说着自己。"如果你对建筑没有信仰，就不会知道建筑到底是什么。这种信仰能够确定及主导人们一生的生活方式。"一旦康发现了这种确定性，他的建筑就会遵从这个原则。这听起来有点像我之前提过的"总体构图"。确实，路易斯·康曾在 20 世纪 20 年代在一所巴黎美术学院派的学校内就读。在之后的职业生涯中，他经常回归到那些严格的学院派原则上去。

---

[1]　康获奖的另外 4 个作品是耶鲁大学美术馆、索尔克研究所（Salk Lnstitute）、菲利普斯埃克塞特学院图书馆（Phillips Exeter Academy Library）和金贝尔艺术博物馆（Kimbell Art Museum）。沙里宁获奖的 5 个作品是克劳岛学校（Crow Island School）、通用汽车公司技术中心（General Motors Technical Center）、华盛顿杜勒斯国际机场（Dulles International Airport）、圣路易斯拱门（St. Louis's Gateway Arch）和约翰迪尔公司总部（John Deere & Company headquarters）。

HOW ARCHITECTURE WORKS

建筑的诗意或崇高的感觉不是靠隐喻获得的，而是依据现有的条件给出自己的回应。

杰克·戴蒙德
Jack Diamond

环境：
栖身之所

02

1938 年，在美国纽约现代艺术博物馆洛克菲勒中心临时画廊举办了一场包豪斯的展览。该展览是包豪斯在美国的首展，参观人数打破了纪录。策展人是瓦尔特·格罗皮乌斯（Walter Gropius）。新闻曾经刊登过格罗皮乌斯和弗兰克·劳埃德·赖特在展览开幕式上聊天的照片，但他们的谈话内容并没有被记录下来。展览展出的是这所德国著名设计学校的老师及学生的作品，包括照片、图像、纺织品、家具和灯具等。

值得一提的是，在展览的入口处，摆放着一个包豪斯德绍校区大楼的模型。它被视为现代主义建筑的标志。这个大尺度的模型展示了建筑的很多细节，如阳台和窗，却没有对建筑的环境给出任何信息。于是，模型给人留下了这样一种印象：眼前的这个形似风车的建筑是一个巨大的建构主义雕塑品。事实上，曾在柏林皇家高等工业学院接受过正统教育的格罗皮乌斯，在设计这栋建筑时确实考虑

到了德绍的城市路网：面对着城市广场，他设计了一个长长的车间；垂直的 L 形
体块放置在街角；将行政楼设计成桥形，下面是过街通道，可以连接火车站和城
市广场。换句话说，虽然包豪斯建筑具有抽象的雕塑气质，但它对其周边的环境
给予了相应的呼应。当一座建筑像一个独立的艺术品被展出时，建筑和雕塑之间
的基本区别是模糊的，正如它在纽约现代艺术博物馆的展会上被展出的那样。

在建筑摄影中，建筑物被当作拍摄对象。就像棚拍肖像一样，一幅建筑摄影
只会保留那些凸显主题的背景。任何令人不愉快的元素都会被去掉，其中包括背
景中的电线杆、停车标志，还有高架电线。因此，如果你对一栋建筑的第一印象
是从书刊上获取的，那么当你看到实物时，多半会感到意外。我在学生时期拥有
的第一本建筑书是弗兰克·劳埃德·赖特的《证言》(A Testament)。它的开本很大，
封面是白色的，织布材质，左上角还印着一个红色方形的建筑师商标。我对赖特
华丽的散文并没有留下多少印象，但我欣赏他的作品，特别是罗比之家（Robie
House）。书中有一幅该建筑的照片，长长的砖砌立面占据了整整两页的篇幅。
当终于有机会看到这栋建筑时，我却很失望地发现，这个"草原之家"实际上位
于芝加哥南区的海德公园里。建筑物坐落在一个进深不大的场地中，非常接近人
行道。有一个被围墙围起来的小庭院，没有花园。它并不像摄影师理查德·尼克
尔（Richard Nickel）的照片上展示的那样，处于一个自然景观的环境之中，而
是被邻近的房子和公寓楼紧紧包围着。

融入

绘画和雕塑是独立自主的艺术，但是建筑始终是特定环境的一部分。举例来
说，路易斯·康设计的耶鲁大学英国艺术中心，就坐落在耶鲁大学美术馆的对
面。耶鲁大学美术馆是一座在 20 世纪 20 年代由埃杰顿·斯瓦特伍特（Egerton
Swartwout）设计的哥特复兴式建筑。20 世纪 50 年代，路易斯·康也对其增建

的新建筑进行了设计。如果我们不了解英国艺术中心周边环境的话，就很难完全理解路易斯·康的设计。耶鲁大学英国艺术中心不仅衬托了斯瓦特伍特装饰繁多的石头立面，同时与康设计的新建筑的空白砖形成了强烈的对比。另外，教堂街形成了一条分界线，耶鲁大学的校园在一边，纽黑文在另一边，而英国艺术中心就位于纽黑文那一边。这也许就解释了为什么路易斯·康要把建筑外观设计得如此低调（建筑底层包含了商铺）。或许他只是想在保罗·鲁道夫设计的耶鲁大学艺术与建筑学院大楼这个巨人歌利亚旁边扮演不起眼的大卫。[①]

　　路易斯·康面临的设计环境包含了在设计上用心良苦的教学楼，以及整齐有序、充溢着喧闹的大学气息的街道。这与 20 世纪 80 年代弗兰克·盖里（Frank Gehry）在洛杉矶，以另类建筑师的身份赢得自己声誉时面临的环境非常不同。盖里的住宅设计作品位于洛杉矶威尼斯海滩狭窄的场地上，而不在贝莱尔的别墅区。他面临的环境像是一堆流行风格的混合体，绚丽的颜色和单调的材质给人一种肮脏的感觉，这根本不是传统现代主义建筑的理想背景。当然了，盖里也不是一个传统的现代主义者。

　　当时美国主要的建筑师大多是美国东部人，比如理查德·迈耶、迈克尔·格雷夫斯（Michael Graves），还有彼得·艾森曼（Peter Eisenman）。盖里知道他们在做什么类型的设计，但是他决定走自己的路。他对建筑环境的回应方式是融入它们，这在事后看来是极其明智的。盖里说："你放进威尼斯的任何事物都会在大概30 秒内被同化，一切都无法脱离这个环境。这里发生着太多事情，太混乱了。"

　　与那些精致、优雅、纯朴的设计不同，盖里早期的作品运用了粗糙的材料、鲜明的色彩以及不规则的形式。例如，在一栋滨海别墅里，用电线杆部件

---

① 　歌利亚是传说中的巨人。歌利亚带领军队攻打以色列，被牧童大卫杀死。大卫日后统一了以色列。——译者注

制作藤架；在一座位于圣费尔南多谷的用瓦板搭建的房子上，用沥青纸覆盖屋顶；为一栋威尼斯海滩的联排别墅设计裸露的木结构，以及用镀锌波纹金属和未上漆的胶合板制作墙。盖里这样做的原因，一方面是预算有限，另一方面也是他融入洛杉矶喧闹环境的一种独特方式。

　　甚至在设计较大规模的项目时，盖里的态度还是一样的。例如，他为恰特 /戴（Chiat/Day）广告公司设计了一座三层的办公楼（见图 2-1）。它的建筑环境也像威尼斯主街一样，有喧闹的商场、花园式的公寓楼，以及停车场。街道空间很小，盖里对此做出了适当的呼应，将建筑分为两部分，一部分比较普通，另一部分挑出的屋顶是由一组倾斜的镀铜支柱支撑的，非常引人注目。这栋建筑最独特的部分是在无意中创作出来的。盖里描述道，他当时正在与客户讨论这个项目的模型，客户想要在这栋建筑里安插一个艺术元素。而就在两年前，盖里曾与克拉斯·奥尔登伯格（Claes Oldenburg），还有柯杰斯·范布吕亨（Coosje van Bruggen）合作过这样一个项目，它是一个像一副巨大的双筒望远镜的塔，那个简易模型还放在他的桌子上。盖里说："于是我在向杰·恰特（Jay Chiat）解释他的项目所需要的雕塑品质时，就把这个简易模型放到了他的项目模型前，结果效果很好。"

图 2-1　弗兰克·盖里联合建筑事务所，恰特 / 戴广告公司办公楼，加利福尼亚州威尼斯，1991

　　建筑环境也可以是创作的灵感，而不只是约束。阿尔瓦尔·阿尔托设计的玛利亚别墅是一对杰出的企业主夫妇几栋住宅中的一栋，坐落在芬兰西部茂密的松树林中。这样的建筑环境使建筑师在整栋建筑中大量地使用了木杆这个元素。木杆支撑着入口的雨棚，还围绕着楼梯。在这个到处都是用钢质栏杆的现代主义时代，阿尔托却用木杆当作阳台的栏杆及扶手，甚至客厅里的结构柱也让人想到森林中的树干。密斯在设计范斯沃斯住宅时，把房子设计成与环境截然不同的风格，而阿尔托则利用周围的环境来塑造他的建筑。

　　另外一栋从环境中汲取灵感的建筑是摩西·萨夫迪设计的位于渥太华的加拿大国家美术馆（见图 2-2）。从建筑场地可以远远望见渥太华河，场地周边就是国会山和联邦国会大厦。这栋大厦建于 19 世纪中期，是一栋典型的维多利亚哥特式高层建筑，有着活泼的屋顶、塔楼和尖顶。从国家美术馆望去，国会山最引人注目的建筑是多边形国会图书馆。该图书馆是模仿中世纪的牧师会礼堂设计的，元素包括飞扶壁、尖顶装饰，还有圆锥屋顶。为了与这一系列建筑环境有所呼应，萨夫迪设计了一个与图书馆相对应的具有现代风格、高耸且有尖顶的亭子。这个由钢筋与玻璃构筑的亭子还包括了大厅和演出空间。

　　这个大胆的建筑设计具备多重意义。首先，它为这栋庞大的不规则的博物馆塑造了一个令人难忘的形象。其次，它成为渥太华城市天际线的一部分，与国会大厦、尖顶的圣母大教堂、费尔蒙劳里埃城堡酒店风景如画的屋顶，以及欧内斯特·科米尔（Ernest Cormier）设计的最高法院那高高的铜屋顶，共同构建了一道新的城市天际线。最后，它为两个国家机构之间提供了视觉联系，一个是政治机构，另一个是文化机构。

图 2-2　摩西·萨夫迪联合建筑事务所，加拿大国家美术馆，渥太华，1988

　　华盛顿非裔美国人历史与文化国家博物馆在计划修建时，其建筑环境中并没有明显的标签。尽管华盛顿常常被认为是一个古典风格的白色城市，但沿着国家广场一线的博物馆是一组风格非常杂乱的建筑，其中几座比较经典的建筑包括有点浮夸的自然历史博物馆、呆板的农业部大楼，还有约翰·拉塞尔·波普（John Russell Pope）设计的非常华丽的国家美术馆，以及查尔斯·亚当斯·普拉特设计的优美的弗里尔美术馆。另外，小詹姆斯·伦威克（James Renwick Jr.）设计的红砂岩史密森尼博物馆是哥特复兴式的，阿道夫·克劳斯（Adolf Cluss）设计的由彩色砖构成的艺术与工业大厦则很难被归类于某一种建筑形式。现代主义建筑的风格也不尽相同：贝聿铭设计的美国国家美术馆东馆属于极简主义，对面是由道格拉斯·卡迪纳尔设计的高迪式美国印第安人博物馆；戈登·邦沙夫特设计的像鼓一样的赫施霍恩博物馆与雕塑园就坐落在乔·奥巴塔设计的像玻璃盒子一样的美国国家航空航天博物馆旁边。未来的非裔美国人历史与文化国家博物馆的旁边是美国历史博物馆。历史博物馆是备受人们尊敬的麦基姆、米德与怀特建筑事务所（McKim, Mead & White）设计的最后几个项目之一。他们试图将建筑设计得很有现代感，但并不是很成功。

　　参与非裔美国人历史与文化国家博物馆设计竞赛的建筑师们是如何处理这种多样化的建筑环境的呢？安托万·普雷多克认为这种建筑大杂烩的环境为他提供了一个展示自己设计特色的机会。很显然，迪勒·斯科菲迪奥＋兰弗洛设计事务所也是这样认为的。诺曼·福斯特选择了一个独特的圆形体块，来呼应赫施霍恩博物馆与雕塑园。摩西·萨夫迪和亨利·科布用他们的建筑体块与四四方方的美国历史博物馆相呼应。大卫·阿贾耶把自己的设计比作华盛顿纪念碑周围很随意的自然景观与很正式的国家广场景观之间的"转折点"。他设计了一个巨大的方形纪念碑样式，来回应周边的环境。与此同时，他选择使用青铜而不是大理石或石灰石，从而确保建筑有一个独特的外观。另外，他还做了一些很巧妙的设计，比如倾斜的建筑冠顶，倾斜角度与华盛顿纪念碑顶石的倾斜角度是一致的，这就构成了建筑师们所谓的两栋建筑之间的"对话"。

　　很少有建筑像音乐厅一样，非常难以和谐地融入城市环境。博物馆是一个各种尺寸的房子的集合，可以有许多不同的组合方式，但音乐厅的外形受制于内部的音质效果和舞台的视线。至于歌剧院，则受制于大量的后台设施。尽管如此，建筑师还是不得不将这个没有窗户的"大盒子"融入城市环境中。

　　1988年，弗兰克·盖里在沃尔特·迪士尼音乐厅建筑设计竞赛中获胜。该音乐厅位于洛杉矶市中心一个相对来说很不起眼的地方，却创造了一个令人难忘的建筑形象（见图 2-3）。盖里把音乐厅拆分成一系列巨大的凹形房间，围绕着乐池排列。他通过创造一个不规则的形式，巧妙地解决了建筑外观的问题。在盖里建筑职业生涯的这个阶段，他更倾向于设计看上去杂乱无章的建筑形式。沃尔特·迪士尼音乐厅也不例外，其听众席旁边是一个带有穹顶的像温室一样的大厅,外加几个较小尺度的类似的建筑体块。

在竞赛过程中,乐团的建筑委员会参观了世界一流的音乐厅。委员会和指挥家埃萨－佩卡·萨洛宁(Esa-Pekka Salonen)尤其喜欢东京的三得利音乐厅(Suntory Hall)及其葡萄园风格的座椅。这些座椅使得观众席像梯田一样,层层叠叠地围绕着乐团分布。曾参与设计三得利音乐厅项目的声学专家丰田泰久(Yasuhisa Toyota)被邀请加入沃尔特·迪士尼音乐厅的设计团队。盖里把自己原有的设计放在一边,同丰田泰久一起从头开始设计。他们认为,从声学方面考虑,一个葡萄园风格的音乐厅应该放置于一个大约40米×60米的混凝土体块中,并带有倾斜的墙体和屋顶。为了缓解相当于10层楼高的体块带来的视觉冲击,盖里用帆一样的立面把它包裹起来。建筑的帆形外立面遮盖了礼堂,外立面与体块之间的空间可以容纳大厅、咖啡厅、非正式表演场地和室外平台。这种松散的外立面也给天窗留出了空间,将自然光引入大厅。

建筑师早期的草图将外立面勾画为一堆舞动的波浪线。这也证实了盖里设计这座音乐厅的灵感来自被他弄皱的一张纸。[1] 他向记者解释道:"那只是个传说。我倒希望我可以那么做,但那不是真的,要是那么容易就好了。沃尔特·迪士尼音乐厅从来就不是一张皱巴巴的纸。事实上,我是一个机会主义者。当我在构思时,会使用我身边或者就在我桌上的材料。"但是,有时候机会主义会适得其反。比如,于2000年向大众开放的西雅图音乐体验博物馆(Experience Music Project Museum),该博物馆从外观上看,其实是各种五彩斑斓的形式的组合。盖里说他设计这座博物馆的灵感来自Stratocaster吉他。但是,我在12年之后再看到这栋建筑时,人们都涌向了附近的太空针塔(Space Needle),几乎没人多看一眼这座奇特的博物馆。

---

[1] "弄皱的一张纸"的故事来源于盖里在动画情景喜剧《辛普森的一家》中的客串表演。

图 2-3　弗兰克·盖里联合建筑事务所，沃尔特·迪士尼音乐厅，洛杉矶，2003

　　建造迪士尼音乐厅的目的之一是刺激经济长期萧条的洛杉矶市中心的发展。多伦多的市中心显然已经很繁华了，有着充满活力的街头生活、一些文化机构和大量的居住人口。因此，当地建筑师杰克·戴蒙德在设计一座新的芭蕾舞歌剧院时，所面临的挑战就是确保这栋建筑能够和谐地融入周围的城市环境，而不是设计一个地标或者旅游景点。四季演艺中心（Four Seasons Centre for the Performing Arts）于 2006 年完工，位于多伦多市最负盛名的大学路上，占据了一整个城市街区（见图 2-4）。从根本上说，戴蒙德的设计是一个多体块的集合：最大的体块包含了礼堂，另一个高高的体块容纳了舞台塔，较矮的几个体块是后台功能区，还有一个可以俯瞰大学路的玻璃体块被设计成演艺中心的大厅。建筑内部的装饰都是暖色调的：浅色的木头、威尼斯风格的石膏和赭石色的色调。四季演艺中心正式投入使用之后，受到了公众的高度赞扬。礼堂不仅有绝佳的音响效果和完美的视线，还给人一种亲密感——2 000 个座位中有四分之三都在距离舞台 30 米的范围之内。

　　戴蒙德曾师从路易斯·康，尽管他们两人的风格不尽相同，但他赞同路易斯·康的一个观点：建筑形式是从对建筑本质的分析中得出的。戴蒙德曾说过："建筑的诗意或崇高的感觉不是靠隐喻获得的，而是依据现有的条件给出自己的回应。这才是做出好设计的秘诀。"四季演艺中心的现有条件包括：一个狭窄的场地、音乐厅在功能上的严格要求，以及有限的预算。[①] 与迪士尼音乐厅一样，戴蒙德也是由内向外进行设计的。但是他选择了一种明显没有不锈钢好看的材料，一种深巧克力色的砖。他用这种砖来包裹演艺中心的各个功能体块，只有面向大学路的那个立面是玻璃材质的。

图 2-4　戴蒙德＋施密特建筑事务所，四季演艺中心，多伦多，2006

　　一位对四季演艺中心非常不满意的多伦多建筑评论家这样写道："演艺中心的这四个立面远远配不上它宝贵的文化地位。"另一位评论家则抱怨建筑太过古板。《加拿大日报》的评论更过分，它将四季演艺中心评为"多伦多最糟糕的建筑

①　多伦多四季演艺中心的预算是 1.6 亿美元，而迪士尼音乐厅是 1.8 亿美元（均以 2003 年计算）。但歌剧院包括大量的后台设施，如舞台塔和放置服装道具的储藏室等，这些在音乐厅里是没有的。

第 5 名"。造成这种不满的原因是当时在多伦多市冒出了几栋非常惹眼的新建筑：汤姆·梅恩（Thom Mayne）设计的夸张的大学学生宿舍，英国建筑师威尔·艾尔索普（Will Alsop）设计的由几根倾斜的金属柱支撑起来的安大略艺术学校，还有丹尼尔·利贝斯金德（Daniel Libeskind）设计的皇家安大略博物馆（Royal Ontario Museum）新附属建筑，一个向一侧倾斜的不规则建筑体。这些充分展现个性的建筑让人们的评判标准水涨船高，朴素的四季演艺中心的确会令人失望。

虽然多伦多的评论家有些吹毛求疵，但是圣彼得堡马林斯基剧院（Mariinsky Theatre）的艺术总监瓦列里·格尔吉耶夫（Valery Gergiev）却把这种低调的设计看作一件好事。他曾为自己的歌剧院接连举办了两次高调的建筑竞赛。他这样做的目的是试图找到他心中歌剧院的样子，可是结果都不尽如人意。

来自洛杉矶的狂热分子埃里克·欧文·莫斯（Eric Owen Moss）赢得了第一次竞赛。他最初的设计方案很激进，像极了一座冰山。最后莫斯的设计，连同他修改后的设计，都被为剧院建设买单的俄罗斯政府否决了。第二次竞赛的胜出者是多米尼克·佩罗，他曾在法国国家图书馆的竞赛中获胜。这个法国建筑师将歌剧院包裹在一个多层面的金色玻璃穹顶之中。格尔吉耶夫对佩罗的设计是这样评价的："它看上去非常华丽，但是也非常易碎且不易建造。"圣彼得堡人将其称为"金土豆"。该项目的成本急剧上升，技术问题也接踵而来，最后佩罗也被解雇了。格尔吉耶夫去北美巡演期间，曾经参观过多伦多的四季演艺中心。于是，他深深爱上了这栋建筑，并解释道："我非常喜欢四季演艺中心，不仅仅因为它的美和实用性，以及与附近建筑的和谐统一，还因为它卓越的音响效果。"于是，格尔吉耶夫邀请了戴蒙德＋施密特建筑事务所到圣彼得堡去参加第三次竞赛。随后，戴蒙德带领的加拿大团队赢得了第三次的竞赛。

新马林斯基剧院（Mariinsky II）的建筑场地占据了一整个城市街区，与最初建于 19 世纪的老马林斯基剧院只有一河之隔。老马林斯基剧院的设计师是阿尔贝托·卡沃斯（Alberto Cavos），一位带有意大利血统的俄罗斯建筑师。18 世纪，意大利建筑师和法国建筑师为彼得大帝建造了这座新的城市。多年来，圣彼得堡曾成为首都，发展成为一个引人注目、非常连贯的大城市，被称作北方版的威尼斯。俄罗斯的城市以运河和风格各异的美丽建筑为主要特征，其主要风格包括丰富多彩的巴洛克风格、坚固的新古典主义风格、精美的帝国风格和浪漫的 19 世纪折中主义风格。对建筑师来说，一个棘手却又不可避免的问题是，如何在这样的环境中添加一栋新的建筑。这栋新建筑应该突显出来，还是融入其中，抑或处在两者之间？

莫斯和佩罗选择让建筑从环境中突显出来。他们那玻璃质感的设计在俄罗斯漫长、黑暗的冬天里像灯塔一样温暖人心。同时，他们还在材料、形式以及与街道的关系上，用尽了各种可能的方式与其环境形成对比。这对在洛杉矶的弗兰克·盖里来说是行得通的，但是不适合圣彼得堡。圣彼得堡是一座被建筑师们建造了几百年的城市，在风格上虽不是统一的，但是呈现出来的结果却是和谐的。现代主义建筑师认为新建筑应该与旧建筑形成对比，尽管这通常只是为艺术创造得到许可而找的借口。很多圣彼得堡人不这么认为，公众对"建筑从环境中突显出来"持反对态度，这也是俄罗斯政府否定前两个设计方案的主要原因。

戴蒙德选择的是突显和融入之间的道路。他曾在耶路撒冷靠近雅法门的地方为该市设计了一个新的市政厅，这座现代建筑成功地融入了其古老的环境。在那之后，他便获得了在历史悠久的城市中设计建筑的经验。不同于佩罗玻璃水晶的想法，戴蒙德对新马林斯基剧院的设计理念很简单，其实就是一个包含传统马蹄形大厅的方形体块（见图 2-5）。正如戴蒙德经常说的那样，城市就是由体块组成的。他为圣彼得堡设计的方盒子，在选择材料时，没有选择跟多伦多四季演艺中心一样的砖墙，而是选择石材作为建筑的主要材料。他这样做的目的是使剧院与周围那些 19

世纪的石材建筑保持和谐统一，虽然这个设计其实是具备朴素细节和大面积玻璃窗的现代主义风格的建筑。新马林斯基剧院于 2013 年向公众开放，它的存在为圣彼得堡的城市天际线增添了一个引人注目的屋顶和带有曲面玻璃华盖的屋顶露台。

图 2-5　戴蒙德＋施密特建筑事务所，新马林斯基剧院，圣彼得堡，2013

　　所有出色的音乐厅都是从里向外设计的。在沃尔特·迪士尼音乐厅和四季演艺中心建造之前，著名声学家利奥·贝拉尼克（Leo Beranek）根据对指挥家、音乐家和音乐评论家的调查，给世界上最好的 76 座音乐厅做了一次排序。世界上有 3 座顶级的音乐厅，分别是维也纳金色大厅、阿姆斯特丹音乐厅和波士顿交响大厅。它们都建于 19 世纪晚期，都是所谓的"鞋盒子建筑"，有着长长的矩形房间、高高的天花板和环绕式楼座。当建筑师大卫·M. 施瓦茨（David M. Schwarz）被委任为纳什维尔交响乐团设计一座新的音乐厅时，便把维也纳金色大厅作为设计原型，添加了一个楼座来增加座位数量，但是又保留了老音乐厅最吸引人的一个特点，那就是位于两侧的高窗（见图 2-6）。

　　从音乐厅内部来看，施瓦茨的舍默霍恩交响乐中心（Schermerhorn Symphony Hall）虽然比维也纳金色大厅少了一些镀金的装饰，但是其风格还是与金色大厅类似的新古典主义。从音乐厅外部来看，建筑的入口有一个门廊，其平面布局类似于古老的神殿建筑。然而，这些科林斯石柱看起来更像是古埃及风格，而不是古希腊风格。神殿式门廊前面的山墙上的雕像是由雷蒙德·卡斯基（Raymond Kaskey）雕刻的，呈现的是音乐家俄耳甫斯和他的妻子欧律狄刻。《纽约时报》的音乐评论家伯纳德·霍兰（Bernard Holland）反对古典象征主义，并且认为这栋建筑过于屈服于周边的环境。他抱怨道："它根本不与周围的建筑争辩。独创性在这里看来既不是好的策略，也不是什么好的方法。"

但是，舍默霍恩交响乐中心整个设计的重点就是要与周围的建筑友好相处。长久以来，纳什维尔被誉为"南方雅典"。纳什维尔市中心有许多希腊复兴式的建筑，其中值得一提的有威廉·斯特里克兰（William Strickland）于 19 世纪设计的田纳西州议会大厦；还有麦基姆、米德与怀特建筑事务所设计的战争纪念礼堂，该礼堂是一座典型的 20 世纪 20 年代建造的帕特农神庙的复制品；另外还有罗伯特·斯特恩设计的公共图书馆。因此，施瓦茨只不过是给一个已经存在很长时间的古典故事又增添了一个新篇章而已。

图 2-6　大卫·M. 施瓦茨建筑事务所，舍默霍恩交响乐中心，纳什维尔，2006

位于波士顿坦格伍德的小泽征尔音乐厅（Seiji Ozawa Hall）也是一栋鞋盒型建筑（见图2-7）。与大多数音乐厅不同，波士顿交响乐团的"夏日之家"坐落于伯克希尔的郊区。那么建筑师威廉·罗恩（William Rawn）要如何在一片草地上设计出一个几乎没有窗户的四方形结构呢？他的解决办法是利用沉重的砖墙和拱形金属屋顶赋予这栋建筑一种工业气息，这似乎令人回想起新英格兰纺织厂的样子。谷仓般的木制门廊减弱了建筑的严肃感，音乐厅很好地融入田园风光之中。建筑内部的材料选取的是木材。在利奥·贝拉尼克早期的一个美国音乐厅排序中，小泽征尔音乐厅排在第四位，仅位于波士顿交响大厅、卡内基音乐厅和由贝聿铭设计的达拉斯莫顿·梅尔森交响乐中心（Morton H. Meyerson Symphony Center）之后。

图 2-7　威廉·罗恩联合建筑事务所，小泽征尔音乐厅，坦格伍德，1994

当然，音乐厅不仅仅是关于声学、视线以及如何融入周围环境的建筑设计品。德国建筑师埃里克·门德尔松（Erich Mendelsohn）曾写道："建筑师最被人铭记的作品是单一空间的建筑。当置身于像万神庙这样的单一空间中，你会直接抵达它的心脏，在那里感受它存在的意义。歌剧院和音乐厅有一个特征：它们与大教堂一样是公众集会的场所，是一个用建筑本身构建的供大家共同体验和感受的地方。当帷幕升起，整个音乐厅便属于表演者。但在此之前，建筑师可以自由地尽情表演。"

扩建

埃德温·勒琴斯（Edwin Lutyens）在 36 岁时，已经是一个有着 16 年丰富经验的建筑师了。由于个人天赋、客户的满意度以及《乡村生活》杂志的支持，他成为当时英国最时尚的乡间别墅建筑师。1905 年，勒琴斯受甲方委托去扩建一座建于 17 世纪、位于伯克郡萨哈姆斯泰德村弗雷农场（Folly Farm）上的农舍。他在原有建筑的基础上加建了一个两层高的大厅，在建筑后方加了一个厨房侧厅，并创造了一个完全对称的花园式外立面。新的农舍将安妮女王时期精美简单的艺术与工艺细节结合起来，比如银灰色的砖，外加红砖镶边。勒琴斯开玩笑地称之为"雷恩复兴风格"（Wrennaissance）。弗雷农场的亮点是一个非比寻常的花园，由勒琴斯的长期合作伙伴兼好友格特鲁德·杰基尔（Gertrude Jekyll）设计布置。

1912 年，弗雷农场被一个名叫扎卡里·默顿（Zachary Merton）的老年实业家买了下来。他的新婚妻子是勒琴斯妻子的朋友。默顿一家委托勒琴斯扩建他们的房子。当时他们需要一个更大的餐厅和厨房，以及更多的卧室。虽然扩建的面积是现有建筑面积的两倍还多，但是勒琴斯既没有放弃最初的想法，也没有因为压倒性的扩张而破坏其原有的对称性。相反，他回到了自己最早设计的基于英国乡村建筑的扩建风格。扩建的部分包括：新添加的红砖墙面，搭配一个巨大的几乎触及地面的坡屋顶，被他称为"牛棚"；大量的烟囱；还有重型砖扶壁，被他称为"水箱"，其实是由一个浅鱼塘形成的回廊。这栋建筑的整体效果并没有通过这次扩建变得更优雅，而是由一栋优雅的房子变成了一个中世纪谷仓。

弗雷农场的故事强调了一个建筑与其他艺术的不同点，那就是建筑从未真正被完成。新的屋主总是有新的功能需求，技术在发展，时代在改变，因人而异的生活方式也会介入其中，从而影响并改变建筑。在过去，像大教堂或者宫殿这种大型建筑的建设可能需要数十年，而且人们深知其设计会被一个又一个的建筑师修改。例如，国王学院礼拜堂（King's College Chapel）从 1446 年开始建设，经历了三代君主和玫瑰战争，之后又过了 70 年才完工。这项工程归功于四位石匠大师，其彩色玻璃窗则归功于佛兰德工匠的一个独立团队。1536 年，当礼拜堂里增加了一个橡木屏风的时候，哥特式已经过时了。这个著名的屏风是早期文艺复兴古典主义风格的一个经典设计。每一个建筑师都能观察到上一代人制定的先例，但是不会严格地按照先例执行。

现代建筑的建造时间较短，但它们也会发生变化。流水别墅刚刚建成时，被视为一件已经完成的、完美的艺术作品。但是，在短短三年之后，随着越来越多的游客来到这栋出名的住宅，考夫曼一家便要求赖特增加一个客房、一些仆人房和一个可以容纳四辆车的车库。赖特当时就痛快地答应了。他没有刻意隐藏扩建部分，而是增加了一个很显眼的弧形天棚，沿着斜坡向下与主别墅相连接。

建筑师很少有机会对同一栋建筑进行多次扩建。在 20 世纪 50 年代后期，一对年轻的丹麦建筑师威廉·沃勒特（Vilhelm Wohlert）和乔恩根·布（Jørgen Bo）受到艺术收藏家克努德·W. 延森（Knud W. Jensen）的邀请，将一栋 19 世纪的乡间别墅改造成一座私人博物馆。该建筑位于面积约 10 万平方米的路易斯安那庄园，从这里可以俯瞰到哥本哈根以北的厄勒海峡（见图 2-8）。沃勒特和布翻新了老房子，并在其基础上增设了两个独立的画廊。它们通过玻璃连廊与房子连接，同时也彼此相连。新的木砖建筑很低调、朴实，同时在规模上很人性化，并且采用的是丹麦现代主义的设计风格。

延森的收藏越来越多，这座路易斯安那现代艺术博物馆也随之扩建。在接下来的 33 年里，博物馆又进行了 4 次扩建。建筑师们增加了更多的画廊，以及一个小型音乐厅、一个咖啡厅、一个儿童乐园、一个博物馆商店和一个雕塑庭院。因此，路易斯安那现代艺术博物馆有着非常特别的布局：在一个海边的宽敞的老公园里，一连串的亭子松散地围成了一个圈。虽然多年来建筑师们的风格一直在改变，但他们始终忠于博物馆低调的现代主义根源。他们高度一致地将建筑扩建成了一座令人赞叹的博物馆。

图 2-8　威廉·沃勒特和乔恩根·布，路易斯安那现代艺术博物馆，
汉姆莱巴克（Humlebæk），1958—1991

　　坚持一致性的设计理念一直都不是菲利普·约翰逊所擅长的。1961 年，他受阿蒙·卡特（Amon G. Carter）的委托设计一座纪念馆（见图 2-9）。阿蒙·卡特是得克萨斯州沃思堡的一位报刊发行人。该建筑坐落于一个公园内。约翰逊为卡特收藏的弗雷德里克·雷明顿（Frederic Remingtons）的艺术作品设计了一个小型艺术画廊，外加一座用光滑的得克萨斯贝壳石板制成的、有精美拱门和门廊的小神殿。这是约翰逊设计的第一栋建筑，其风格被评论家称为"芭蕾古典主义"，指的是像舞者踮起的脚尖一样的锥形柱。阿蒙·卡特博物馆其实就是一个花园亭子。

两年后，约翰逊被要求在建筑后方扩建一栋不显眼的建筑。14 年后，博物馆又进行了一次重大的扩建。对古典主义不再感兴趣的约翰逊这次设计了一个几何风格的巨大侧厅，结果却不像弗雷农场那么成功。然而在 2009 年，当博物馆需要进行第三次扩建时，约翰逊拆除了前两次扩建的部分，并用一个两层的花岗岩体块替代了它们。这个体块为他完美的小珠宝盒亭子营造了一个沉静的背景。

图 2-9　菲利普·约翰逊，阿蒙·卡特博物馆，沃思堡，1961

约翰逊、沃勒特和布都没有预料到他们曾经设计的建筑会被要求扩建，但有时候建筑师在设计建筑时确实要考虑到其未来发展的可能性。19 世纪末期，费城建筑师弗兰克·弗尼斯（Frank Furness）在设计宾夕法尼亚大学主图书馆时，把它设计成了一栋"头尾式"建筑。图书馆的"头部"是一个高耸的阅览室，而钢和玻璃的"尾部"则被用来放置书架。这些可以容纳 10 万本书的书架就是为了扩建而设计的，一个单元接着一个单元，从 3 个单元扩建到 9 个单元。但是在 1915 年，学校草率地在图书馆旁边新建了一栋楼，彻底地阻止了一切即将按照原计划的扩建。弗尼斯在这件事情发生的几年前就已经去世了，所以也没有机会对这件事发表什么评论。

弗尼斯的故事并不罕见。一栋建筑也许是为了扩建而开始的，但是当它需要扩建的时候，数十年已经过去了，建筑师最初的意图往往已经被遗忘或者忽略了。此外，新的建筑师也很可能有自己的想法。于 20 世纪 60 年代初期建造的多伦多大学斯卡伯勒校区就是一个典型的例子。澳大利亚建筑师约翰·安德鲁斯（John Andrews）将整个校园设计成一个线性的混凝土建筑群，即所谓的超级建筑（megastructure）。斯卡伯勒学院当时被视为前沿设计，并且预示着未来的建筑形式。然而，随着校园的发展，之后的建筑师们完全忽略了安德鲁斯统一且连贯的线性模式。图书馆、学生中心、体育设施和管理学院都分别被设计为独立的建筑。20 世纪 60 年代英国的野兽派巨型结构校园也遭遇了类似的命运。丹尼斯·拉斯顿（Denys Lasdun）将诺维奇的新东安格利亚大学校园设计为一个超级线性建筑，带有一系列被抬高的步行平台。不到 10 年，抬高的平台设计概念就被搁置了，紧接着连最初平面设计的 45° 对角线也被忽视了。

第一个脱离拉斯顿超级建筑的建筑师是诺曼·福斯特，当时他设计了塞恩斯伯里视觉艺术中心。14 年后，他被要求扩建这个视觉艺术中心。福斯特当然知道自己应该怎么做，因为基于他原本的线性设计，建筑可以在任意一端被延展。然而，甲方要求原有建筑保持不变，所以福斯特设计了一个地下的部分，从而保证原本的棚子完好无损。

没有人可以像诺曼·福斯特一样自信地扩建自己的设计。但在未来的某个时间，比如 50 年以后，塞恩斯伯里视觉艺术中心也许需要再次扩建，建筑师将不得不决定如何扩建。在这种情况下，他们有两种选择：一种是继续向地下扩建，另一种是无缝延伸建筑，就像加长一条裙子或者一条裤子那样。20 世纪 60 年代初期，当埃罗·沙里宁在规划华盛顿的杜勒斯国际机场时，就设计了一栋可以向任意一端延伸的建筑。33 年后，正如他所预料的那样，机场需要扩建来容纳更多的交通航线。SOM 建筑事务所的建筑师将航站楼的长度增加了一倍，并将其斜拉索张拉的悬索支撑的混凝土屋面的原始方案进行了复制。扩建后的建筑看起来和以前一样，只是建筑的开间由之前的 15 个变成了 30 个。

当收到扩建位于得克萨斯州沃思堡的金贝尔艺术博物馆的委托时，罗马尔多·朱尔戈拉（Romaldo Guirgola）采用了无缝连接的设计方法。他的同事兼好友路易斯·康早在 17 年前就已经完成了这个项目的设计，可惜扩建时康已经过世了。博物馆由一系列平行的拱顶组成。朱尔戈拉将这些拱顶简单地延伸出去，将建筑长度从 90 米增加到 152 米。他这么做的理由是康最初的设计是一栋更长的建筑，但是由于预算有限，不得不修建成一个较短的版本。然而，大多数路易斯·康的崇拜者认为他的建筑是不可侵犯的，因此这个扩建项目在国际上存在很大争议。一封给《纽约时报》的联名信中写道："为什么要用一个考虑不周的延伸来破坏路易斯·康一生的杰作？……坦白地说，我们认为这次扩建是对其最简单的模仿。"联名者包括菲利普·约翰逊、理查德·迈耶、弗兰克·盖里和詹姆斯·斯特林。因此，博物馆方面暂停了扩建的项目，朱尔戈拉想通过模仿其建筑本身来扩建这栋经典建筑的合理尝试就这样被搁置了。

从某种意义上讲，模仿其实是对被模仿者的尊敬。2006 年，艾伦·格林伯格（Allan Greenberg）被委任扩建普林斯顿的亚伦·伯尔大厅（Aaron Burr Hall）（见图 2-10）。这是 19 世纪美国最杰出的建筑师之一理查德·莫里斯·亨特（Richard Morris Hunt）的晚期作品。亨特曾在罗得岛纽波特设计过几处奢华的住宅，还有纽约大都会艺术博物馆和北卡罗来纳州的比特摩尔庄园（Biltmore House）。但是在普林斯顿，他只保持了一般的华丽风格，因为这座建筑只是个普通的实验室。他设计了一个简单的砖墙构成的体块，带有比例精确的砂岩砌边的窗户。唯一出人意料的设计就是一个破旧的石基和屋顶上线性的锯齿形檐口。

格林伯格在扩建中摒弃了锯齿形的檐口，但是保留了坚固的、极具军事风格的建筑主体，用来与红哈佛斯特罗砖、红砂浆、特伦顿砂岩镶边和旧的石基搭配。他故意将窗户、檐口线，以及屋顶女儿墙设计得与原有的建筑对齐。同时，格林伯格并没有盲目地模仿前辈的建筑，而是选用了可以形成鲜明对比的砂岩带。他将楼梯设置在建筑角落的八边形高塔中，同时附加了两个装饰物：同心圆状的玫瑰花饰图案和一个有着大学校徽的小牌匾。总之，尽管格林伯格的表现方式很保守，但他设法从亨特的建筑词汇中梳理出了一些原始的东西。这个扩建项目克服了重重困难。它既不是一个仿制品，也不是一个复制品，更像是两位建筑师间多年来对话的结果。

图 2-10　艾伦·格林伯格建筑事务所，亚伦·伯尔大厅，普林斯顿大学，2005

凯文·罗奇（Kevin Roche）在设计位于纽约第五大道上的犹太人博物馆时想得更周到（见图 2-11）。博物馆坐落在原沃伯格大厦（Warberg Mansion）内。这栋法国文艺复兴时期风格的大厦是查尔斯·P. H. 吉尔伯特（Charles P.

H. Gilbert）于 1908 年设计的。博物馆于 1947 搬进大厦，随后于 1963 年在第
五大道一侧增加了一栋附属建筑。1993 年，罗奇被委托对大楼进行进一步扩
建。他曾是沙里宁的得力助手。在沙里宁过世后，罗奇和约翰·迪克洛（John
Dinkeloo）一起接管了剩下的项目，并一起设计了加利福尼亚奥克兰博物馆和福
特基金会总部大楼。本以为罗奇会设计一栋与原本的犹太人博物馆对比鲜明的附
属建筑，但事实并不是这样。相反，他设计了一个新的由印第安纳石灰石构成的
法国文艺复兴时期的建筑立面，并将 1963 年添加的那栋附属建筑藏在了新立面
的后面，同时添加了尖顶式的高窗和一个双重斜坡的屋顶。扩建时添加的这些精
致的细节简直天衣无缝，让人无法分辨之前吉尔伯特设计的部分是从哪里开始，
新的部分又是从哪里结束的。与其说这是一场新与旧的对话，不如说是罗奇和在
坟墓里的吉尔伯特进行了一场灵魂上的交流。

图 2-11　凯文·罗奇 & 约翰·迪克洛建筑事务所，犹太人博物馆，纽约，1993

《纽约时报》的建筑评论家赫伯特·默斯坎普（Herbert Muschamp）错误地把博物馆划为"哥特式"建筑，但是他对当代建筑使用某一时期风格的做法很反感。默斯坎普承认罗奇的扩建尊重了历史，但在评论中这样写道："虽然扩建尊重了历史，但最后却因为顾及品位而牺牲了历史，罗奇先生将其扩建成了一座城堡，但这并不是我们当代所希望看到的样子。"虽然我们还不清楚如何将一栋大厦扩建成我们当代所希望看到的样子，但很显然默斯坎普更倾向于那种"新与旧形成强烈对比"的传统手法。

巴塞洛缪·沃尔桑格（Bartholomew Voorsanger）和爱德华·米尔斯（Edward Mills）于1991年共同设计的纽约摩根图书馆的玻璃中庭就体现了"对比"这个主题。原有的图书馆是由查尔斯·福伦·麦基姆（Charles Follen McKim）于1906年设计的，是一个庄严的大理石方盒子。这座建筑仿照的是16世纪巴尔达萨雷·佩鲁齐（Baldassare Peruzzi）设计的罗马马西莫宫。摩根图书馆只有四个房间：一个圆顶入口大厅和它两侧的两个大房间，另外还有一个小办公室。这座老图书馆和约翰·皮尔庞特·摩根（John Pierpont Morgan）内战前的宅邸，以及1928年他儿子扩建的一栋建筑都在同一个街区。沃尔桑格和米尔斯设计了一个连接这三栋建筑的玻璃中庭。我回忆起自己在中庭咖啡厅吃东西的场景，感觉那个曲面玻璃屋顶更适合迪斯科舞厅，而没有所谓的对比、冲突的感觉。

2006年，当伦佐·皮亚诺被委托设计扩建摩根图书馆与博物馆的项目时，拆除了突兀的附属建筑，并用一个高高的玻璃大厅取而代之。这是一个漂亮的、非常完善的空间，酷到几乎像不存在一样，以此将麦基姆设计的部分突出出来。新建筑中唯一的失败，也是最重要的一点，就是麦基姆设计的图书馆的入口不再是36街上的正门，而是图书馆背面的一个不易被人发现的简易入口。

皮亚诺是使用对比手法扩建的专家。他也别无选择，因为他追求轻盈、精确且充满细节的玻璃和钢的建筑，这一点是古老的砖石结构房屋无法实现的。这种设计手法还体现在他设计的洛杉矶郡艺术博物馆（Los Angeles County Museum of Art）、芝加哥艺术博物馆和伊莎贝拉嘉纳艺术博物馆（Isabella Stewart Gardner Museum）。皮亚诺还为金贝尔艺术博物馆设计了一个钢筋和玻璃结构的展馆，也是为了与路易斯·康设计的混凝土石灰建筑形成对比。这种设计是否比朱尔戈拉失败的扩建更好，现在下定论还为时过早。

理查德·罗杰斯也是一位使用对比手法的专家。他在华盛顿新泽西大道300号的办公楼扩建方案中就展示了这种手法（见图2-12）。该建筑最开始是阿卡恰人寿保险公司的总部，由史莱夫、兰布和哈蒙建筑事务所（Shreve, Lamb & Harmon）于1935年设计而成，也就是设计帝国大厦的那几位建筑师。像帝国大厦一样，6层的阿卡恰人寿保险公司总部就是早期美国现代主义建筑的典范。保险公司总部大楼集布杂风格①的规划、实用工程学以及装饰艺术风格的感性于一体。当时，罗杰斯拆除了场地北侧的一个停车场，取而代之的是一栋崭新的10层办公侧楼，同时他将新老建筑构成的三角形庭院变成了室内的中庭。皮亚诺的摩根图书馆也使用了类似的策略，但是以一种完全不同的方式呈现出来。一座攀援游戏架式的高塔竖立在中庭中央。塔内装有玻璃电梯，并同时支撑着中庭的屋顶，看起来像一把巨大的玻璃伞。铺着玻璃地板的人行天桥连接着新老建筑。精准是罗杰斯建筑的标志，但这里的精度伴随着一种简陋的粗线条风格，让人想起了20世纪20年代英雄式的现代主义建筑。涂了漆的钢筋、裸露的混凝土、结构框架和暴露的管道，一同构成了富有活力的整体。

---

① 　即美术学院风格，布杂是法语"美术"一词的音译，指由法国一系列著名美术学院教授的、学院派的新古典主义建筑晚期流派，主要流行于19世纪末和20世纪初。——译者注

图 2-12　罗杰斯・斯特克・哈伯及合伙人事务所，新泽西大道 300 号，华盛顿特区，2010

　　这种结构上的狂欢与史莱夫、兰布和哈蒙建筑事务所那种按部就班的设计有数光年的距离。这就是罗杰斯所说的"此一时，彼一时"。"新老建筑对比"的老套做法往往将旧建筑埋没在尘土中，但就这个案例来说并非如此，你可以同时欣赏两栋建筑。70 年来，许多事情都发生了改变，唯有那份坚定的信念没有改变，这才是杰出建筑师的标志。

　　1982 年，罗杰斯曾入围英国国家美术馆翼楼扩建的建筑竞赛。拟建的中标方案是由 ABK 建筑事务所（Ahrends Burton & Koralek）设计的。查尔斯王子曾经评价这个方案"像一个备受爱戴的朋友脸上的怪异粉刺"。这个评价掀起了关于现代建筑的公开辩论的热潮，其结果是促成了一次邀请 6 家公司提交设计的新竞赛。参赛者得到了这样的提示："这栋新建筑应该与旧建筑截然不同。"另外，它还应该适合特拉法加广场的环境，并且还要与威廉·威尔金斯（William Wilkins）设计的新希腊国家画廊和谐共处。虽然这座画廊并不是一个多么出色的建筑作品，但是它怎么说也是特拉法加广场的一个重要标志。

罗伯特·文丘里（Robert Venturi）和丹妮丝·斯科特·布朗（Denise Scott Brown）的获奖方案采用的是一种非同寻常的拼接方式，从而形成了一种无缝且温和的对比（事实上，并不是那么温和）。这个建筑设计有时候呈现出一种对周围环境的反射，有时候又会融入周围环境中。建筑的面对广场的立面，开始于文丘里所谓的"渐强的柱列"，就是对威尔金斯设计的巨大科林斯柱、空白的阁楼窗户、锯齿状的檐口和屋顶栏杆的完美复制（见图 2-13）。毫不夸张地讲，在文丘里的手中，这些经典元素似乎在新的立面上开始逐渐失去光泽，直至一起消失。为了与这种透视的技巧形成鲜明的对比，建筑的其他部分没有使用旧建筑中的任何元素，除了为了让屋顶看上去统一而使用的波特兰石。建筑的转角立了一根巨大的科林斯柱，像是在画廊门廊处漫游，或是对广场上纳尔逊纪念柱的呼应。

建筑评论家保罗·戈德伯格（Paul Goldberger）对文丘里的设计做出了以下评论："这是 20 世纪晚期建筑对古典主义的不舍，也是这个时代对古典主义的态度。"自始至终，新建筑都在通过对周边老建筑的尊重来提醒我们，它其实是现代建筑。新的翼楼与国家美术馆之间被拉开了一段距离，从而给行人创造了一个可以看到室内大楼梯的视角，并通过玻璃和钢制幕墙看到老建筑严格的阵列。新的翼楼入口像用锋利的刀子在立面上划出的一个小口。文丘里解释，开口的大小是根据伦敦双层巴士的尺寸定的。翼楼的背后几乎是空白的，只有两个很大的通风格栅，以及在石头上雕刻出来的 1.8 米高的建筑物的名字。文丘里在解释环境是如何影响建筑设计的时候说道："四个立面都是不一样的：东立面采用的是密斯风格的玻璃幕墙，北立面和西立面采用的是朴素的砖墙，南立面采用的是石灰岩。"他将石灰岩立面称为"风格主义的广告牌"。

图 2-13 文丘里与斯科特·布朗事务所，英国国家美术馆塞恩斯伯里翼楼，伦敦，1991

　　文丘里也许是当时那个时代中，最有意识将理论基础作为设计原则的建筑师了。大部分的建筑理念产生自建筑师与特定功能、场地或者甲方交锋的过程中，并在随后的项目中得以提炼。而文丘里的理论却首先出现在他的书中。"在建筑的媒介中，如果你无法实现某个理念，那么就应该把它写出来。"他发现，通过写作这种途径可以探索出一种尚未发现的建筑理念。他在 1966 年发表的《建筑的复杂性与矛盾性》（*Complexity and Contradiction in Architecture*）中表明了自己对过于简化的正统现代主义建筑形式的思考，比如雕塑和纪念碑。他举了很多历史上的建筑案例来支撑自己的观点——伟大的建筑通常是不一致的、复杂的、矛盾的。在之后他与丹妮丝·斯科特·布朗合著的《作为符号和系统的建筑》（*Architecture as Signs and Systems*）中，文丘里解释了建筑是如何通过具象的装饰而不是形式来传递某种信息的，这也促成了他在英国国家美术馆扩建项目中的设计方式。

　　翼楼的正立面和其他三个立面是相对独立的，因为考虑到了周边的环境：它的存在是原有历史建筑和对面特拉法加广场的一个延续。这个立面像一个巨幅广告牌一样，与原有建筑形成了类比和对比。也就是说，这些古典主义的元素是对原有立面巧妙的复制，但是它们彼此的相对位置变化，又明显地说明了老建筑是在向新建筑转变的。因此，这栋建筑面对广场形成了一个风格统一的纪念式的立面。

我们真的需要建筑师的解释才能欣赏建筑吗？文丘里所设计的这种复杂的视觉游戏，经常会把观众丢在文学和历史的沼泽里。当随便一个路人看见塞恩斯伯里翼楼复杂的立面时，真的会认为这是一个"广告牌"吗？如果文丘里是一位纯粹的建筑理论家，那么他的建筑应该是完全失败的，但他并不是一位纯粹的理论家，所以他的作品并没有失败。塞恩斯伯里翼楼建成已经20年了，新建筑中风化和褪色了的波特兰石与老建筑很好地融合在一起。那一排由疏到密的柱子也不像崭新时那么惹眼了，现在看上去只不过是一种友好且怪异的表现手法。从特拉法加广场看过去，塞恩斯伯里翼楼的设计一点错也没有。一栋硕大建筑的附属建筑，悄悄地坚持着自己，看似不切实际，有时还很放肆，但它给足了这个"大邻居"面子。

HOW ARCHITECTURE WORKS

建筑的形态是大地的形态，因为它
的结构是由人类改良的。

文森特·斯卡利
Vincent Scully

03

场地：
呈现方式的决定因素

设计一栋建筑可以忽略它周围的环境，但不能忽略它所在的场地。洛杉矶的沃尔特·迪士尼音乐厅面向市中心的一条主要干道——格兰大道。在格兰大道的这一侧，建筑向人行道敞开，后面是一堵玻璃墙，里面是大厅、咖啡厅和纪念品商店。

在拐角处，穿过第一大街，就是多萝西·钱德勒音乐厅（Dorothy Chandler Pavilion）。它是美国最大的表演艺术中心之一，由建筑师韦尔顿·贝克特（Welton Becket）设计而成。这种严肃的纪念性风格的建筑在20世纪60年代是很受欢迎的。弗兰克·盖里想，与其试图与这个庞然大物竞争，还不如放低身段，把大的建筑体块分解成若干个小尺度的体块。

第二大街的对面是一个停车场。在这里，盖里并没有使用帆形的设计，取而代之的是朴素的石灰岩材质的方盒子，并将之作为音乐厅的办公区域。这个方盒子不仅与街道形成了鲜明的边界，同时在音乐厅与即将出现在这块空地上的任何形式的建筑之间形成了一道屏障。大部分洛杉矶人都是开车来到迪士尼音乐厅的，因此，停车场的公共入口被设置在这一侧。

盖里用一个石灰石的裙楼解决了格兰大道与场地最低点之间高达两层楼的高差。裙楼的屋顶层是一个公共花园。它为人们提供了一个不受旁边街道干扰的世外桃源，其中包括喷泉、露台，还有一个供室外演出使用的圆形露天剧场。

事实上，每一个场地都有需要面对的问题。例如，建筑的主要视野是怎样的？人在建筑内部向外能看到什么？人们从场地的哪边进入，或者说建筑的入口要设置在什么地方？建筑周边的自然景观是怎样的？是好，是坏，还是无所谓好坏？场地是平整的还是存在坡度的？建筑的"背面"在哪里？最重要的是，阳光从哪个方向照向场地？建筑师必须考虑所有这些因素。有时候其中某一个特别的因素会尤其重要，甚至会影响整栋建筑的设计方向。

轮廓

对一栋高层建筑而言，无论是教堂的尖顶，还是清真寺的尖塔，抑或是东方寺院的宝塔，首要问题是从远处看上去是什么样子的。早期的摩天大楼建筑师卡斯·吉尔伯特和雷蒙德·胡德首先意识到了这一点，并从教堂尖塔中汲取了设计灵感，结果设计出的大楼令人印象非常深刻。他们设计的沃尔沃斯大楼和芝加哥论坛报大厦就是早期摩天大楼的典型代表。

1922 年，埃利尔·沙里宁在芝加哥论坛报大厦竞赛中获得了第二名的成绩。沙里宁的作品展示了如何利用抽象的形式创造出令人难忘的建筑轮廓。可以说这就是极简主义建筑的起点，如极度华丽的克莱斯勒大厦（Chrysler Building）、淡漠的帝国大厦（Empire State Building），还有洛克菲勒中心那高耸的通用电气大楼。密斯·凡德罗第一次抵达美国的时候，就住在通用电气大楼附近的大学俱乐部。关于对摩天大楼的第一印象，他回忆道："每天早上，我坐在餐桌前就能看见洛克菲勒中心的那几栋高楼，当时它们给我留下了深刻的印象。但其中的原因与风格一点关系都没有。在那里，你看到的是一个量的集合。建筑并不是以个体形式独立存在的，你要知道，那是成千上万的窗户。这样的存在好还是不好，并没有什么实质上的意义。就像一支军队的士兵或者一大片草坪，当你看到这样的集合时，就看不到细节了。"对于密斯以及其他 20 世纪五六十年代的现代建筑师来说，这种集合就是一个平顶的矩形棱镜。

密斯的门徒菲利普·约翰逊是首批打破这种矩形模式的现代主义建筑师之一。他设计的位于休斯敦的 36 层的双塔建筑潘索尔大厦（Pennzoil Place），就像水晶玻璃一样矗立在市中心。如今，人们对建筑高度的兴致已经回归至对独特的摩天大楼剪影的追求，比如诺曼·福斯特设计的"火箭"——伦敦的瑞士再保险公司大楼（Swiss Re Building），或者让·努维尔（Jean Nouvel）那体现生殖崇拜的巴塞罗那阿格巴塔（Torre Agbar），还有就是伦佐·皮亚诺设计的钢和玻璃结构的石笋状的伦敦碎片大厦（London Shard）。

除了城市的天际线，还有另外两种审视城市建筑的方式：一种就是面对开放空间的高楼可以被人们看到建筑的正面，而另外一种是那些位于街区中的高楼，就只能被看见倾斜的一角。密斯在设计西格拉姆大厦时就意识到了这两者之间的区别，因此将大楼沿公园大道一侧退后，从而创造出了一个广场。1964 年，他在接受采访时说："我将大楼退后，这样你就可以看到它。要知道，如果你去纽约，必须仔细看看这些大楼冠顶才知道自己身在何处，甚至很难看到建筑的整体。只有拉开了距离，你才能看到整栋建筑。"

城市中的建筑如果没有广场的帮助，在视觉上就是倾斜的。例如，纽约古根海姆博物馆的经典照片通常是从街对面拍摄的（带有广角镜头），但是走在第五大道上的大多数行人首先看到的是一个巨大的奶油色"冰激凌纸杯"的其中一角。这时候你会好奇这到底是什么。当你走近时，在人行道上隐约可见其形状变成了一个引人注目的倒置的大碗。而当你抵达建筑时，就已经身处悬挑的底座下，准备进入美术馆了。弗兰克·劳埃德·赖特在一个不是很理想的场地中，找到了自己强有力的序列感。

路易斯·康在设计耶鲁大学英国艺术中心的时候，采用了不同的倾斜方法。他并没有沿街设计一个凹凸的立面，相反，他将建筑设计得尽可能平整。当你抬头看建筑时，甚至没有什么可以吸引你注意力的地方。玻璃窗和不锈钢板之间的区别是相当微妙的。特别是阴天的时候，整个立面看上去有着半透明的灰色表皮，像是一只飞蛾。康早期的作品同样采取了类似的倾斜方法，但他当时采用的是比较"赖特"的方法。宾夕法尼亚大学的理查兹医学研究实验室（Richards Medical Research Laboratory）坐落于汉密尔顿步道旁。它被周围的建筑包裹得严严实实。除非你站到它的正对面，否则是无法看到建筑的。康认为，与其设计成像前辈沃尔特·科普（Walter Cope）和约翰·斯图尔森（John Stewardson）在隔壁设计的医学实验室那样的，还不如将建筑主体拆成一排不规则的七层实验塔，用砖砌的竖井将楼梯和排气管道包裹在里面。实验塔和砖砌的竖井并没有被设计成一个整体，相反的是，当你走在步道上的时候，它们会一个接着一个地出现在你眼前。

新世界中心（New World Center）是一座地处迈阿密海滩的交响乐音乐厅，于情于理都应该交给弗兰克·盖里来设计（见图3-1）。该建筑将一个白色的方盒子夹在了两条街道之间，因此建筑的两个短边就紧挨着路边的人行道，并且不能被一目了然地看到。建筑的一侧是一条狭窄的街道，因此盖里设计了一个带有零散的窗户的白色立面。它是如此普通，以至于很难被人察觉。建筑的另一侧紧邻一条四车道的大街。盖里设计了一个像随风飘扬的帆布窗帘那样的雨棚，但实际上雨棚是被扎扎实实固定住的。它像一个大帐篷一样，悬挑到人行道的上空。这个大帐篷不仅为音乐厅尽头的一大片开窗提供了遮蔽，还让在第七街上快速驶过的车辆意识到新世界中心的存在。音乐厅的主立面面对着一个公园。这一整面玻璃幕墙背后是一堆典型的盖里式排练厅。建筑内部依旧混乱，但盖里一反常态地将建筑外部设计得整齐划一。他将一面巨大的空白墙面设计成一个户外投影屏幕，让在公园的观众可以欣赏音乐厅里面的现场直播。唯一一个不规则的修饰是屋顶上的树木造型的雨棚。

图 3-1　盖里及合伙人建筑事务所，新世界中心，迈阿密海滩，2011

悉尼歌剧院的设计师约恩·乌松曾经提出，屋顶是建筑的"第五个立面"。在传统意义上，屋顶给了建筑师一个创造只有从空中才可以看到轮廓的机会。大多数现代建筑都是朴实无华的平屋顶，给人留下建筑被野蛮截断了的印象。平屋顶上经常散落着各种各样的通风烟囱、电梯机房、空调冷水机组、天线，还有卫星天线。最糟糕的情况是，这些东西都散落在屋顶上；最好的情况也不过是用难看的隔板遮住。但无论是哪种情况，都在一定程度上赋予建筑一个悲惨的基调，就好像屋顶是如此不重要，以至于任何东西都可以甩到屋顶上。这就是为什么好的建筑师在设计屋顶时会像设计其他部分一样用心。新世界中心的屋顶上有部分绿化。盖里在屋顶上设计了雕塑般的音乐图书馆和几个公共空间，以便与机房整合，再结合生机勃勃的屋顶绿化，这个简单的小盒子就变得栩栩如生了。

入口

当你靠近一栋建筑物时，首先会问自己，建筑的正门在哪。正如克里斯托弗·亚历山大（Christopher Alexander）在《建筑模式语言》（*A Pattern Language*）中所说的："在建筑设计过程中，最难做出的决定是在何处安置建筑的入口。"这是一本非常有用的设计指导书。他在书中写道："建筑入口的设置必须遵循一个原则，那就是当人在靠近建筑的过程中，只要看到建筑本身，就应该可以看到建筑的入口，或者至少可以看到指向入口的提示和线索。"这里有两个值得探讨的问题。第一，建筑入口的位置要让人觉得理所当然。在一栋精心设计的建筑里，你几乎可以不假思索地走到入口处——你知道自己该走哪条路，不需要路标或者指示牌的帮助来寻找方向。第二，有明确入口的建筑备受欢迎，而入口模糊的建筑让人感觉既恼人又难以亲近，尤其是公共建筑。同样糟糕的情况还有，像翻新过后的摩根图书馆一样，其原有的正门不再使用。

从历史上看，建筑入口是建筑值得骄傲的部分，这一点仅从它的位置就可以看得出来，因为主入口通常都位于主立面的正中间。无论是白金汉宫，还是一所大学的法学院，抑或是一栋乡村住宅，这一点毋庸置疑。这样的入口并不需要很多额外的处理，几步台阶或者一个突出的门框就足以让它凸显出来。这种做法至今仍是一个很有效的策略。密斯·凡德罗年轻时开始尝试设计不对称的入口：进入巴塞罗那世界博览会德国馆的入口路径就非常不直接，还有图根哈特别墅的前门是完全被隐藏起来的。但是在他后来的建筑作品中，密斯又回归到了传统的入口设计。西格拉姆大厦的入口就位于派克大街立面的正中间，并且还用雨棚强调了一下它的存在，这是另一个强调入口的传统标志（见图3-2）。

图 3-2　密斯·凡德罗 & 菲利普·约翰逊，西格拉姆大厦，纽约，1958

　　我们从远处就可以迎面看到西格拉姆大厦的入口。但如果建筑处在一个不那么明显的场地呢？入口就应该因此被削弱吗？经典的解决方案是将入口凸出于建筑立面或者添加门廊或雨棚。位于华盛顿的非裔美国人历史与文化国家博物馆就在面对国家广场的一侧设立了一个大型独立的门廊，使得博物馆的入口像附近的国家美术馆入口的爱奥尼柱和大台阶一样清楚。

　　迈克尔·格雷夫斯在设计位于俄勒冈州波特兰市区的市政办公大楼时，就遇到了一个不那么开阔的场地。他将主入口以柱廊的形式推到人行道的边缘，同时将突出的柱廊作为一个 10 米高的雕塑的基座（见图3-3）。该雕塑由雕塑家雷蒙德·卡斯基设计，描述的是一个单膝跪地的女人。当你沿着第五大道向下走时，尽管街道很狭窄，但还是可以看到一个巨大的铜手穿过树冠伸下来。

图 3-3　迈克尔·格雷夫斯，波特兰市政办公大楼，俄勒冈州波特兰，1982

　　另一个同样引人注目的入口是弗兰克·盖里设计的恰特 / 戴广告公司办公楼的入口。巨大的双筒望远镜清晰地标明了建筑的入口。更重要的是，因为这里是加利福尼亚州的南部，汽车文化盛行，这样的处理同时也形成了通往地下停车库的入口。就像卡斯基的雕塑一样，这个巨大的望远镜让驶过的车辆不得不对它留下深刻的印象。

　　没有什么比宽阔的室外大阶梯更能突显"重要公共建筑"的入口了。不仅因为提升入口的高度可以强调其重要性，而且登高这个动作本身在克服惯性重力的同时，也可以使人们对入口带来的这种序列感心生敬畏。想想林肯纪念堂，还有位于伦敦的英国国家美术馆，抑或那些数不清的"法院门前的大阶梯"。批评家指出，这种不朽的大阶梯是落后且不民主的。说它不朽可能是对的，但是当你匆匆瞥见那些坐在或躺在纽约公共图书馆和大都会艺术博物馆大阶梯上的人们时，不民主的观点也就自然不复存在了。事实上，宽阔的大阶梯仍然是许多现代建筑的特征，其中包括悉尼歌剧院、迪士尼音乐厅、法国国家图书馆，还有位于温哥华的亚瑟·埃里克森设计的法院，其大阶梯和无障碍坡道被巧妙地整合到了一起。

　　除了建筑正立面的正中间，另一个传统的入口位置就是街角，特别是对都市建筑而言。街角的位置虽然没有正中的位置显得那么重要，但是具有从两个方向可见的优势，这就是为什么如此多的百货公司的入口都设置在街角。尽管多伦多的四季演艺中心占据了整个街区，但主入口还是被设置在两条重要街道的街角处。迪士尼音乐厅同样有一个街角入口，耶鲁大学英国艺术中心也是一样的。

加拿大国家美术馆的场地给摩西·萨夫迪出了很多难题。通常情况下，博物馆入口直接通往建筑中最具有戏剧性的公共空间，如赖特设计的古根海姆博物馆和贝聿铭设计的美国国家美术馆东馆。但是在渥太华这座城市中，国家美术馆的最佳位置是离街角 100 多米以外的地方。根据克里斯托弗·亚历山大所说，当人们步行到入口的距离超过 15 米时，就会开始觉得迷失，并开始怀疑自己是不是拐错了弯。但是如果萨夫迪将建筑移动到靠近街角的位置，我们将会失去观赏国会建筑群的绝佳视角，同时失去国家美术馆和议会图书馆之间至关重要的视觉联系。他的解决方案是把一座较小体量的美术馆安置在街角作为入口大厅，然后通过一条长长的带有柱廊的坡道将人们带到美术馆的主体部分。因为柱廊位于建筑外部，所以获得了视图和自然光，同时它的高大恢宏使建筑增添了一些仪式感。这样一个狭长的空间也为比较卖座的艺术展提供了一个令人愉快的排队等候区域。

即便是一栋很出色的建筑，也可能有一个不怎么样的入口。沙里宁设计的纽约哥伦比亚广播公司大厦（CBS Building）的入口就有这样两处不足：第一，它虽然很好地融入了立面，但几乎看不见；第二，它下沉了几个台阶，让人感觉到卑微，而不是受到欢迎。正如菲利普·约翰逊对哥伦比亚广播公司大厦的评价："一栋让你不得不走下去才能进入的建筑，不会是什么重要的建筑。"路易斯·康设计的几个入口也有些不尽如人意。从耶鲁大学美术馆开始，他设计的入口不仅不面向街道，而且需要爬上一个与人行道平行的奇怪楼梯才能进入。理查兹医学研究实验室的隐藏式入口虽然有两级台阶作为暗示，但是它所导向的空间是黑暗且不愉悦的。而且，除非你站到正门面前，否则真的很难看到正门到底在哪儿。赖特通常将住宅的入口隐藏起来。例如，罗比之家的入口是无法从街上看到的，并且就算你看到了，也不像你所期望的那样位于主要的立面，而是处于建筑北侧的一个狭窄的庭院的尽头。从这个入口进入建筑的体验迂回且略带神秘，正如赖特本人给人们的感觉一样。

视野

我设计第一个实际的建筑项目时，还是一个建筑系的学生。我的父母在佛蒙特州的北赫罗（North Hero）买了一块地。他们要用所有积蓄来建一栋夏日别墅。这栋别墅需要有一个地方用来睡觉，同时还要储存露营设备。我用 6 块胶合板组成了一个三棱柱状的体块，并用一个 4 条腿的脚架支撑着这个体块。建筑的两端用松木板封闭，屋顶上覆盖着沥青瓦。我用了一个周末的时间建造施工。屋顶两端的山墙上有一扇窗，阳光透过玻璃纤维在屋内形成黄色的光晕。从建筑外观上看，这扇窗有点哥特式的意思，使得建筑整体看上去像一座小教堂。

我的这个处女作建成于 1964 年，那是 A 字形框架结构度假屋的鼎盛时期。因此我的方案几乎不能算是原创了。A 字形框架结构建筑的流行基于以下几点优势：它们的建造价格相对便宜（几乎全是屋顶），并且建筑本身就是结构主体；它们很耐用，我建造的那栋小别墅存活了 30 年；它们的室内装饰看上去有点像帐篷，特别吸引那些喜欢到乡村隐居的人，无论这栋建筑是在山里、沙滩上或者湖边，还是像我们家一样。

A 字形框架结构的流行开始于 20 世纪 50 年代，但是最有趣的 A 字形框架结构的住宅早在这之前就有了。它由加利福尼亚的现代主义建筑师鲁道夫·辛德勒（Rudolf Schindler）设计而成。他曾在维也纳受训于奥托·瓦格纳（Otto Wagner）和阿道夫·路斯（Adolf Loos），之后移民到美国，为弗兰克·劳埃德·赖特工作。最终，辛德勒在洛杉矶成立了自己的公司，在那里设计了一些非常有趣的混凝土住宅。值得一提的是，这其中包括他自己的两栋住宅，一栋是位于西好莱坞的自宅，另一栋是位于纽波特比奇的罗维尔海滩住宅（Lovell Beach House）。但是他没能得到朋友兼竞争对手理查德·诺伊特拉（Richard Neutra）的认可。

在 20 世纪 30 年代中期，辛德勒受一位美术老师之托，设计一栋普通的夏日别墅。别墅位于一个罗马式风格的社区，可以俯瞰箭头湖（Lake Arrowhead）。辛德勒设计了一栋 A 字形框架结构的住宅，陡峭的坡屋顶几乎碰触到了地面。最不可思议的是，他不知道用什么方法说服了当地的设计委员会，说这才是真正的罗马式风格。事实上，他的设计与传统设计毫无关系。大部分室内的墙面用的是杉木胶合板，这是一种当时新兴的工业材料；厨房是紧凑的赖特式操作空间；卧室在一间可以俯视客厅的阁楼里，房间尽头是一面玻璃墙。辛德勒是一个有天赋的设计师，他将 A 字形的屋顶一侧与地面垂直，在创造出一种独特的天窗的同时，也为位于角落的餐厅提供了宽裕的头上空间和一扇通往阳台和甲板的玻璃门。埃丝特·麦考伊（Esther McCoy）与辛德勒很熟，她曾写道："这栋住宅自然到让后来的 A 字形框架结构的住宅都显得有点画蛇添足。"

我和我的妻子曾在佛罗里达州鳄鱼点（Alligator Point）的一栋 A 字形沙滩别墅里住了三个月。正如辛德勒的设计一样，这栋别墅的阁楼上也有一间可以俯瞰客厅的卧室。但是这间卧室的设计输在了细节上，整个空间仅仅是一个放倒的三棱柱体块，有一堵面朝大海的玻璃墙而已。当我们第一次看到这栋别墅时，墨西哥湾的美丽景色也显得没那么好看了，根本无法与眼前的美景相媲美。但是这里的问题在于，无论我们在室内的哪个角落，看到的风景都是一成不变的。我们之前也住过水边的房子，那是一座位于魁北克佩罗（Île-Perrot）的旧石头农舍。宽阔的圣劳伦斯河就在马路对面，但没有一扇窗户面朝着这美丽的景色。然而，只要你走出前门，宏伟、缓慢流动的河流就尽收眼底。这样的处理方式使得你每次都对眼前的景色产生耳目一新的感觉。

我们的体验证明了克里斯托弗·亚历山大的明智，他曾表示好的景色可能会被熟悉感破坏。他在书中写道："一个人想每天享受和欣赏一道风景，这道风景越开阔、越明显，就会越快褪色。"他建议，与其设计一扇面向美景的大窗户，不如营造一种偶然、间接的不经意间的一瞥。阿尔瓦尔·阿尔托就是一个善于创造间接视角的专家。他在芬兰中部穆拉察洛岛（Muuratsalo Island）上给自己设计的夏日别墅就是一个相当不错的例子。虽然别墅靠近水边，被森林包围，但是整个设计围绕着一个中央庭院展开。该庭院也被用作户外客厅，中心是一个偶尔用来做饭的火坑。人们可以通过庭院墙壁上的开口看到穿过树林的湖景，但是大部分的房间都朝向树林或者朝向院子。

路易斯·康在设计位于加利福尼亚州拉霍亚（La Jolla）的索尔克研究所时也用了间接的方式来处理视角（见图3-4）。两栋实验楼位于正对着太平洋海岸线的绝佳场地，并共同围合出一个开放的庭院。实验室本身并没有什么景色可以观看。庭院两边的四层塔楼里有独立的办公室，其中有些窗户是可以让人瞥见海景的。庭院的中间被一条狭窄的水道分割。你需要穿过庭院，才能将太平洋的壮丽美景尽收眼底。

图 3-4　路易斯·康，索尔克研究所，加利福尼亚拉霍亚，1966

一栋拥有一览无遗的视线的玻璃房子又如何呢？菲利普·约翰逊的玻璃屋的角落有一张书桌，却缺少书架。于是他于 1980 年，在距离玻璃屋有一段距离的地方为自己建造了一个读书和藏书的空间。他把这个空间称作自己的"修道室"。约翰逊喜欢坐在这高高的锥形天窗下，面对着房间里唯一的窗子看书。透过狭窄的窗户缝隙，他可以看到院子里钢线网眼围栏里的园林雕塑。这是约翰逊向弗兰克·盖里的致敬之作。虽然这与克里斯托佛·亚历山大提倡的"禅的风景"不完全一样，但是已经很接近了。

地形

弗兰克·劳埃德·赖特曾给未来的房屋建筑商提过这样的建议："将建筑盖在平地上成本是最低的。当然，如果你可以找到一个平缓的坡地，那么建筑会更有意思、更令人满意。"位于威斯康星州春绿村（Spring Green）的塔里耶森（Taliesin）就坐落在这样一个缓坡上，这是赖特为自己设计建造的住宅。建筑的几个侧翼是用当地的石灰石一层层垒起来的，环绕在坡顶。住宅上下的坡地都被围墙围起来的花园占据了。从 1911 年起，直到 1959 年过世，赖特一直在塔里耶森工作。在这期间，建筑经历了两次大火和之后的扩建、改建以及改进。赖特精心设计了进入建筑的过程。访客先是开车沿着蜿蜒的道路环绕建筑一周，经过一个门廊，再来一个急转弯，之后到达建筑与山坡之间的庭院。然而，这还不算完。在进入建筑之前，访客还需要走过一个荫蔽的门廊，在这里可以瞥见琼斯山谷的全景。

20 世纪 20 年代，赖特在洛杉矶成立了自己的建筑事务所，希望能在高速发展的城市得到更多的机会。[1] 尽管他尽了最大的努力，但还是没有成功，几个雄心勃勃的房地产项目都成了泡影。但是赖特这段短期的冒险事业生涯为后人留下

---

① 　陪赖特去洛杉矶的徒弟之一是鲁道夫·辛德勒。

了四个令人难忘的住宅项目。这类住宅被称为花纹砌块住宅，由带有图案的混凝土块建成。赖特用这种独特的方法来处理洛杉矶地区典型的丘陵地貌。有些住宅由上层进入，下层是卧室。在斯托尔别墅（Storer House）中，建筑入口所在的楼层包含了餐厅和卧室，而客厅则在楼上。精美的米拉德住宅（Millard House）的入口位于一个狭窄的山谷间，通向夹在餐厅和主卧室之间的中间层。在所有这些住宅中，房间或通向有遮蔽的阳台，或凉台，或屋顶平台，或庭院，再或者是挑出山坡的露台。

　　加利福尼亚州南部的那些陡峭场地，与美国中西部地区的平坦地势截然不同。这激发赖特采用了不一样的纵向设计，而不是他以往擅长的横向设计。建筑内部相互重合的部分非常令人兴奋，但在建筑外观上造成的结果却有些复杂。赖特本人将米拉德住宅命名为"La Miniatura"，它精美得像宝石一样。布伦丹·吉尔认为："这无疑是世界上最美丽的房子，无论大小。"稍微大一点的斯托尔别墅建在了好莱坞大道旁的山坡上，而像庙宇一样的恩尼斯住宅（Ennis House）则是塞西尔·德米尔（Cecil B. DeMille）所拍摄的电影中的家（见图3-5）。吉尔这样描述道："这个不朽的结构在它所处的山头展开，因其标新立异而引起人们的注意。"但是，这与赖特所提倡的"建筑应该温和地占据场地"是背道而驰的。

图3-5　弗兰克·劳埃德·赖特，恩尼斯住宅，洛杉矶，1924

之后赖特回到了美国中西部，也回归了他之前的那种最好的设计：在平坦的或缓坡场地上的以水平方向为主的建筑。但是有个例外，那就是非常著名且成功的流水别墅。当赖特第一次参观树木丛生的场地时，埃德加·J. 考夫曼给他展示了自己最喜欢的地方：一块巨石，这是考夫曼每次在瀑布下的水池里游过泳后将自己晾干的地方。赖特在之后给考夫曼的信中这样写道："自从参观了丛林中的瀑布之后，一个模糊的建筑轮廓就在我脑海中挥之不去，还有那美妙的流水声。"他还对考夫曼说："埃德加，我想让你跟瀑布生活在一起，而不仅仅是远远地望着它。"因此，赖特决定把别墅建在瀑布上，而不是一栋仅仅可以俯瞰瀑布的房子而已。这个令人叹为观止的经典之作是综合人工与自然的大胆尝试，也是赖特作品中完美平衡建筑与场地的典范。

20 世纪 30 年代，密斯·凡德罗在建造范斯沃斯住宅之前，设计了几栋乡村别墅。第一栋是他在阿尔卑斯山脉蒂罗尔地区为自己建造的房子，有时候被人称作"建筑师之家"。密斯当时正处于失业中，原因是他曾经担任导师的包豪斯设计学院关门了。当时德国的所有工程都因为大萧条停工了，所以这个项目纯粹是一个理论练习。他用炭笔画的草图展现了一栋横跨山谷洼地的长条形住宅。这座房子的外立面由几面石墙和大面积的玻璃构成，而它从周围的景观中生长出来的方式，则让人不由得想起塔里耶森。三年之后，密斯才有幸拜访了塔里耶森。

海伦和斯坦利·里索（Helen and Stanley Resor）邀请密斯到美国为他们设计的一栋夏日别墅，是他们在大提顿峰（Grand Tetons）脚下的一处地产，地点在怀俄明州的杰克逊市。这个场地很奇特。当时里索夫妇已经委托另一位建筑师来建造这栋别墅，可是直到那时为止，总共就完成了四个基础墩座。这些墩座实际上是桥墩，因为房子要横跨一条山间的小溪。密斯抓住这次机会去实践他早期的想法，因此提议用钢框架结构设计一个单层的长方形盒子。长方形的两端用柚木板覆盖，其中一端是卧室，另一端是厨房和服务室。中间横跨小溪的部分是客厅和餐厅，还配有一个巨大的石头壁炉。中间这段的外墙是从上到下的一整面玻璃，并在两个方向上呈现了电影屏幕大小的壮丽山景，这比一个玻璃屋的视角更巧妙。

里索住宅在某种程度上比范斯沃斯住宅更引人注目。柚木、石头和玻璃的组合，不仅在视觉上更加丰富，而且这种实墙与透明玻璃的搭配更加经济且实用。不幸的是，这所房子并未被建造出来。一场灾难性的洪水摧毁了地基桥墩，沮丧的里索夫妇便放弃了这个项目的建造。

困难的场地会给建筑师带来挑战。这些挑战不单单是那些由复杂地势所造成的技术问题，还有要向已经极好的自然景色中加入什么建筑的问题，这个问题极具责任感。然而，最好的建筑实际上可以为无与伦比的美丽景观增色不少。这种矛盾可以用自然与人为的关系来解释。文森特·斯卡利曾经写过："建筑的形态是大地的形态，因为它的结构是由人类改良的。"似乎只有一座矗立在岬角海边的灯塔才能让海上的风景更完整，就像山顶上的小教堂能让它周围的环境更加神秘和令人沉思一样。

正面和背面

我们的语言和我们看待这个世界的方式受身体支配，因此它们存在正反面。我们或从正面公开地接近一个人，或从后面偷偷地向他们靠近；我们或勇敢地面对世界，或背离它；我们或与人面对面说话，或在背后偷偷议论。重要的是，我们要知道哪个是正面哪个是背面。建筑同样有可辨认的"脸"（立面）和背面。当然，这也是基于实际考虑的结果。住宅需要有一个地方让你把垃圾倒出去；博物馆需要有货车月台将艺术品卸载下来；办公大楼需要有交货处。建筑的背面是用来安置邮件收发室、临时储藏室、垃圾房，还有停车场入口、垃圾桶和大型垃圾箱的。这些乱七八糟的功能区最好安排在远离入口、公众视野之外的地方，也就是建筑的背面。

西格拉姆大厦明显是有正面的。它面对着公园大道，并且正面的入口需要穿过一个宽敞的广场才能抵达。从广场的有利位置看，这栋 39 层的大楼像一个完美的棱镜。事实上，在建筑的背面，矗立着一根通高的柱子，足足占据了一个开间的进深，与坚实的侧壁共同支撑起这个细长的塔楼。这些剪力墙的外部被青铜窗格覆盖着，看上去就像大楼的其他地方一样，只不过把青铜窗格内镶嵌的玻璃换成了天宁岛大理石。与密斯共同设计这栋大楼的菲利普·约翰逊回想说："最近我收到一位建筑师的来信，他非常明智地问'为什么剪力墙不像联合国大楼的一样，简简单单，不加装饰'。我不得不说，这个想法从来没有在我的脑海中出现过。使建筑外观看起来统一，似乎最符合我和密斯的逻辑。"

密斯和约翰逊毫不犹豫地将西格拉姆大厦的所有立面设计得一模一样。其中一个原因是，20 世纪 50 年代末的建筑师理所当然地认为，如果建筑物有一个功能性的背面，那么这个背面不应该看起来与正面不一样。这就是约翰逊的玻璃屋如此受人赞赏的原因：它的极致完美代表了早期的现代主义理想。如果有什么东西可以满足建筑正面的要求，那么也一定可以满足背面的要求。如果后门被取消了，那真是太糟糕了。约翰逊在一次著名的哈佛大学演讲上说道："我们应该有一个前门让人进来，再有一个后门让人把垃圾带走——这样的设置相当不错。有一天，我在自己的房子里，从正门将垃圾带了出去，才真切地感受到这是一件多么可怕的事情。"[①]

西格拉姆大厦建成 10 年之后，在牛津大学圣希尔达学院（St. Hilda's College）的花园大楼的设计上，艾莉森·史密森和彼得·史密森夫妇（Alison and Peter Smithson）对这栋女子寄宿学校的建筑正面和背面给出了不一样的设计方案（见图 3-6）。这对夫妻是第二次世界大战后英国建筑界的领军人物，他们的文章与

---

① 　当然约翰逊不会真的自己去倒垃圾，他有工作人员帮忙。

建筑作品有着一样的影响力。他们召集了一些对不同寻常的主题感兴趣的纯粹现代主义者，其中包括碧雅翠丝·波特（Beatrix Potter）和勒·柯布西耶。

　　我在 20 世纪 70 年代中期参观了史密森夫妇的项目。花园大楼在远离查韦尔河（River Cherwell）的一侧，被几栋不起眼的维多利亚式建筑藏了起来。当那个时期的英国建筑师，比如詹姆斯·斯特林和丹尼斯·拉斯顿，都在设计巨型的校园建筑时，史密森夫妇的这栋四层小楼看起来很不起眼。模块化的建筑外立面是由预制混凝土框架结构构成的，内附平板玻璃窗，形成了一种都铎式的屏风。建筑评论家罗宾·米德尔顿（Robin Middleton）在一篇名为《平凡的追求》（*The Pursuit of the Ordinary*）的评论中写道："这是彻彻底底的朴实无华。"我被花园大楼的一个特征所吸引：预制混凝土框架包裹着玻璃的设计覆盖了其中三个立面，而第四个立面，也就是面对服务车道的这一面则是普通砖砌的空白墙。史密森夫妇经历了一个时代的建筑实践，面临着有限的预算，不得不把钱投入到建筑的正面，而把背面弄得简单朴素。

图 3-6　艾莉森·史密森和彼得·史密森，牛津大学圣希尔达学院花园大楼，1970

位于芝加哥市中心的哈罗德·华盛顿图书馆（Harold Washington Library）占据了一整个街区，其中三面是主要街道，另外一面是一条狭窄的胡同。建筑师托马斯·毕比（Thomas Beeby）将公共阅览室和小阅览室统统安排在面向主要街道的三侧，同时将图书馆的所有服务区域（包括办公室、工作人员休息室、图书分拣处、书籍交货处、电梯和洗手间）都安排在胡同那一侧。其中的不同体现在建筑的外部：这栋9层的大楼，面对主要街道的三个立面是用砖和石头精心装饰的，而背面则是一面普通的钢和玻璃幕墙。

有一些特定类型的建筑是没有背面的。例如，机场航站楼就有两个正面——降落面和起飞面。那么应该在哪里安排维修、运送和服务区域呢？1991年，诺曼·福斯特在伦敦斯坦斯特德航站楼（Stansted Terminal）的设计中找到了答案。该航站楼是一栋带有天窗的巨型棚式建筑物，功能都集中在位于服务层上方的楼层中，福斯特称之为"发动机室"。除了一个接送乘客登机的区间列车车站外，较低的那层还包括行李运输和机械服务区域。斯坦斯特德航站楼的设计借鉴了塞恩斯伯里视觉艺术中心。与许多大学的建筑物一样，这个艺术中心是独立的。面对需要设计通向艺术中心的服务通道这一挑战，福斯特将储藏室和工作室安排在了地下，由一条外部的卡车坡道连接到地面。位于华盛顿特区的非裔美国人历史与文化国家博物馆也有相似的布置。与国家广场上其他的博物馆一样，人们可以从宪法大道和国家广场两个相对的方向靠近该建筑。一条长长的坡道将货车带到地下室，这里包含了装卸平台、机械室、博物馆工作室和储藏室。它和塞恩斯伯里视觉艺术中心，还有斯坦斯特德航站楼一样，都把建筑的背面放在了底部。

我每天都被提醒建筑正面与背面关系的重要性。我在宾夕法尼亚大学的梅耶森大厅（Meyerson Hall）工作。梅耶森大厅是一栋不起眼的砖和混凝土建筑，建于20世纪60年代中期。这栋建筑并没有真正意义上的正面和背面，因为所有的面都被赋予了同等的重要性。虽然其主入口面向校园，服务入口面向街道，但无论是对步行的人还是对坐公共汽车或私家车到达的人来说，服务入口都比主入口方便得多。这些年来，后门已成为真正意义上的大门了。该区域还包括食品车和大型垃圾箱。因此，除了排队买午饭的学生和进出大厅的人，这里还有卸客的车辆、送货车、服务车辆，甚至出来倒垃圾的人。这一切将这里变成了一个不雅和令人不舒服的地方。

阳光

我建造的第一所房子是我父母的夏日别墅（见图3-7）。在五年"小教堂"的露营生活之后，他们准备搬到更舒适的环境中去。我为父母设计的平面图参考了勒·柯布西耶为他父母设计的住宅的平面布局。我对他的平面布局很感兴趣的原因是，卧室是主要居住空间的延伸，可以用窗帘进行分隔，以保证私密性。当这对夫妇独自在家的时候，可以拉开窗帘，形成一个完全敞开的空间。勒·柯布西耶为他父母设计的住宅位于日内瓦湖旁。为了最大限度地利用这美丽的景色，狭长的房子与湖岸是平行的。我父母的房子也在湖边——尚普兰湖（Lake Champlain），但是湖岸边都是郁郁葱葱的树木。我想尽可能少地看到这些树木，所以将建筑旋转了90°，使其与湖岸形成了一个直角。建筑短边的墙面从树丛中探出来，然后开了一扇大窗户来欣赏这美丽的湖景。甲板在建筑的另一端，树木将它与水分开。房子建成之后，跟我预想的一样：早上醒来，父母可以透过敞开的窗帘享受美妙的湖景，打通之后的空间使这个不到56平方米的小别墅感觉更宽敞了。美中不足的是，那扇大窗户朝西，到下午晚些时候，刺眼的阳光直接照进房间里，水面反射的强光几乎让人无法忍受。没办法，懊恼的我只好在窗户上加装了竹制百叶窗。

图 3-7　维托尔德·雷布琴斯基，小别墅，佛蒙特州北赫罗，1969

　　这次教训给我上了重要的一课，从此我不敢再忽视太阳的位置。对住宅设计非常有经验的建筑师耶利米·埃克（Jeremiah Eck）在《独特的房子》（*The Distinctive House*）中写道："在你的罗盘上，南向是最重要的。我都会尽量将房子的长边控制在与正南方向夹角 30° 的范围内。这意味着，房子里的大多数房间在白天的某一个时间段都有阳光直射。"我现在的住宅的最长边与正南方向的夹角大概有 20° 左右。这不仅给大多数房间带来了阳光，也意味着房子的正面朝着阳光。阳光下锐利的阴影使得立面更有生气，没有阳光照射的北立面总让人觉得单调乏味。我在费城的房子露台朝北，因此其大部分时间都是阴暗的。在炎热的夏天，这也算是一个优势。我的厨房有一扇朝东的窗子，卧室也是，因此它们在早上是有阳光照射的。房子的走廊朝西，我和家人经常在天气暖和的时候在这里吃晚餐，还可以欣赏到花园里的景色。黄昏，树木在草坪上投下长长的影子。

正如埃克所指出的，很少有建筑场地是理想化的，我们不得不像考虑视野和地形一样考虑朝向，比如迪士尼音乐厅。该建筑旁的格兰大道是东北—西南方向的，所以拐角入口面向东北方向。除了早上的一段短暂的时间，一天中其余大部分时间都在阴影中。虽然不理想，但是弗兰克·盖里通过降低建筑高度的方法，使得阳光从后面照射到入口广场，同时还将阳光通过朝南的窗子引入大厅里。另一个例子是新世界中心。大楼正面的正东方向是公园。东面的太阳很低，但不像西面的太阳那么刺眼。从另一个角度考虑，这个朝向意味着新世界中心的主要立面在下午的大部分时间都处在阴影中。盖里通过在建筑物内部安装一扇大天窗的方式，来确保东面能被照亮。

北欧建筑师阿尔瓦尔·阿尔托特别在意太阳。他将玛利亚别墅的平面从正南方向旋转了30°。这样做的结果就是，早上卧室里有阳光；下午和傍晚，院子和泳池可以照到太阳；而起居室，因为三面都有窗户，所以一整天都阳光明媚。他在穆拉察洛岛上的避暑别墅并不与海岸平行，但是面朝正南，就是为了捕捉阳光。阿尔托设计的其他建筑，也都几乎完全源于对阳光的考虑。1946年，他设计了贝克公寓（Baker House），也就是麻省理工学院的学生宿舍（见图3-8）。这个位于剑桥市中心的又长又窄的场地，南面就是查尔斯河和波士顿的天际线。传统的解决方案是在两侧设计一个房间，走廊在中间的长条形板楼上，但是那样做就意味着有一半的房间是朝北的。与之相反，阿尔托决定让所有的房间都有获得直射阳光的机会。一个长条形且只有单侧有房间的建筑是无法适应这个场地的，所以他将平面弯成了一个S形的曲线，从而使得三分之二的房间朝南，其余的房间朝西。

图 3-8 阿尔瓦尔·阿尔托，贝克公寓，麻省理工学院，1948

为了使阳光对一栋房子产生最大化的暖化效果，房子的朝向需要非常精确。北半球冬季的太阳在一条严格约束的弧线上移动，从东南方升起，在西南方下落。随着季节的变化，太阳在正午时候的最高点有很大的差别：冬季低，夏季高。这种变化意味着朝南的窗户上方的屋顶会挡住盛夏的阳光，但是可以让冬季较低的阳光进入屋内。此外，如果地板是砖石，最好是深色的，这样可以更多地吸收紫外线，从而达到一种太阳能采暖的效果。

1980 年，我为一对年轻夫妇设计了一栋住宅（见图 3-9）。杰奎琳·费列罗（Jacqueline Ferrero）和吉姆·费列罗（Jim Ferrero）有两个孩子，除了平常的房间以外，他们还想要一间日光浴室、一间桑拿浴室、一间储藏室、一个学习的空间、大量的书架和一间地下冷藏室。预算很紧张，我不得不把这一切都挤进111.5 平方米的空间内。此外，他们还想让房子被动加热。建筑的场地位于魁北克南部一片没有树木遮挡的开阔耕地。南边刚好有一座远山，形成一道美丽的风景。问题是，与场地相邻的乡村公路与正南方向成 30° 角。所有邻近的房子都正对着这条路，农村的房子通常都是这样。如果我把房子转一个角度看起来就会很奇怪。解决方法是将平面折成一个较大的角度，就像狗的后腿一样：一面面向马路，一面面向太阳。

图 3-9　维托尔德·雷布琴斯基，费列罗住宅，魁北克圣马可，1980

　　最近，我收到来自那栋住宅的新住户的邮件。他们对新家很满意，但是因为有三个孩子，所以想增加一些空间，问我有什么建议。他们还发来了一些照片。外墙用的雪松木板已经变成了银色，而合成灰泥外墙则如预料的一样非常耐用。朝南的窗户上用作夜间隔热的绗缝窗帘仍然在那里，烧木材的炉子也在。周围的树木已经完全成熟了，厨房已经被翻新了，还有室内的一面砖墙被粉刷成了白色。30 年过去了，这栋房子看起来并没有什么太大的变化。我给他们发去了草图和建议。当初设计这栋房子的时候，我并没有想到有一天它会被扩建，但是现在看来也很简单，将狗腿般弯折的部分补齐，扩大客厅，并在二层增加一个卧室。我还加了一扇面向太阳的大窗户。

HOW ARCHITECTURE WORKS

没有平面的那种感觉让人无法忍受，那是一种无形、空虚、混乱、任性的感觉。

勒·柯布西耶
Le Corbusier

平面：
建筑的根本

04

勒·柯布西耶经常被引用的格言之一是"平面布局是建筑的根本"。这意味着他认为平面完全是文明的基础。勒·柯布西耶在 1923 年的《走向新建筑》（*Towards a New Architecture*）中这样写道："没有平面的那种感觉让人无法忍受，那是一种无形、空虚、混乱、任性的感觉。"

在一个较大的室内空间，眼睛所观察到的是穹顶和墙面所构成的多面体；圆屋顶确定的是大空间；拱顶显露着自己的表面；柱子和墙壁按照合理的方式调整着自己的位置。整个建筑结构的基础，起源于一个在平面上已经制定好的基本原则。

勒·柯布西耶还谈到了古建筑图纸，如底比斯神庙（Temple of Thebes）、雅典卫城（Acropolis）和圣索菲亚大教堂（Hagia Sophia）。一个三维的建筑形式是通过平面图的垂直投影得出的，因此平面才是建筑永恒的特征，不论在什么文化或时代下。他还提到了自己一个叫"光辉城市"（Radiant City）的项目，来强调平面与建筑的持久关系。"光辉城市"是一个按照几何学布局的高塔般的城市计划。

勒·柯布西耶认为，在设计一栋建筑时，最重要的事情就是做好平面，其余部分都服从于平面就好了。与许多早期的现代主义建筑师一样，他没有接受过正规的训练。[①] 尽管如此，他对平面的强调遵循了巴黎美术学院派的原则。美术学院虽然重视三维的建筑设计以及细节上的斟酌，但是也认为平面是设计一栋好建筑的关键。著名的教师维克多·拉卢（Victor Laloux）曾经告诫他的学生："基于一个出色的平面，你可以设计出 40 个不错的立面，但是如果没有一个好的平面，你就一个好的立面都不会有。"

在美术学院学习绘图是一件美好的事情。我的一个朋友的祖父是利奥波德·贝维埃（Léopold Bévière），19 世纪 80 年代曾经在美术学院学习，那是美术学院最鼎盛的时期。他还被安德烈工作室（Atelier André）录用过，也就是拉卢曾经学习过的地方。贝维埃学生时期的一些作品还挂在我朋友家的餐厅里。硕大的水彩透视图表现了这个项目精致的细节，这就算不是设计课最终的大作业，也应该是相当重要的一门课程的作业。我猜这应该是一个水疗馆的设计项目。我也还保留着自己学生时期的第一张水彩透视图，是一个森林中的雕刻家营地。但与这些精美的作品相比，我的只能算是一张简陋、粗糙的作品而已。

绘制平面图可能是熟练掌握绘图技巧所需要的一项训练，但是它的组成部分

①　瓦尔特·格罗皮乌斯、理查德·诺依特拉和阿尔瓦尔·阿尔托毕业于建筑学校，但一些著名的建筑师如勒·柯布西耶、密斯·凡德罗和弗兰克·劳埃德·赖特都是从实践中学习的。

反映了对建筑物实际功能的细致研究。20 世纪 20 年代后期，亨利·克莱·福尔杰（Henry Clay Folger）委托出生于法国的费城建筑师保罗·菲利普·克雷为他所收集的浩瀚的莎士比亚研究资料设计一栋建筑（见图 4-1）。克雷是美术学院的杰出毕业生。这个为公众所熟悉的场地位于华盛顿特区的国会山上，就在国会图书馆的后面。克雷必须将阅览室、展览馆、演讲厅和行政办公室都纳入建筑中。演讲厅和展览馆是对公众开放的，而阅览室只供学者使用。因为图书馆既是博物馆又是学习场所，所以克雷有意识地、创造性地打破了巴黎的美术学院对平面的传统设计方法。他将学院惯用的单中心轴的平面拓展成一个拉长的 U 形双轴平面。中间的一长条部分，前面是展厅，朝北，后面是阅览室。同时，两边的侧翼，一边作为演讲厅，另一边作为行政办公室。整栋建筑有两个完全相同的入口，一个是对公众开放的，一个是仅供学者进入的。[①] 阅览室是整栋建筑象征性的核心，克雷原本想要将这一部分设计得高一些，以强调它与其他部分的区别，可是福尔杰却坚持要统一高度的屋顶女儿墙。克雷的解决方案显然是更好的，但他的客户曾是标准石油公司的董事长，习惯了我行我素。

福尔杰莎士比亚图书馆具备丰富的对称性，从内至外的对称性。两个入口在长长的主立面上互为镜像。虽然功能上有所不同，但东翼加上演讲厅和西翼整体的尺寸是一样的。展览馆的两个入口在拱形房间的两头，正对着彼此。在阅览室里，一个大壁炉正好位于一面长墙的中心位置。克雷几乎成了对称的奴隶。在福尔杰的建议下，他把办公楼的立面设计得比其功能所要求的更精细，因为这是从东国会大街向图书馆走来时第一个看到的立面。

---

① 另一个值得注意的例外是更古老的学校，同样也有两个门，一个供男孩进出，一个供女孩进出。

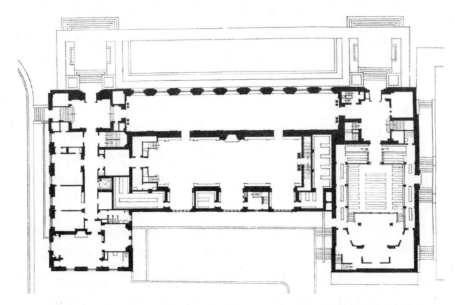

图 4-1　保罗·菲利普·克雷，福尔杰莎士比亚图书馆，华盛顿特区，1932

对称和轴心

经过美术学院训练的建筑师太把对称看作理所当然的事情了，这让约翰·哈比森（John Harbeson），克雷的门徒以及公司合伙人，也是一本著名教学手册的作者，觉得有必要在手册里另加一个章节：不对称的平面。他指出，那些不平衡的功能或者奇形怪状的场地，有时候需要不对称的平面。但哈比森也发现，这些平面相较于普通的平面更难完成，因此不能掉以轻心。从他的描述中可以清楚地看出，"不对称"（他为这个词打上了引号）的平面是个稀罕物。

巴黎美术学院派建筑师对对称性的兴趣主要源自文艺复兴时期的建筑，他们要么亲自参观过，要么在历史论文中学习过。对他们影响最大的作家之一是安德烈亚·帕拉第奥。他撰写的《建筑四书》（*Four Books on Architecture*）被建筑师广泛翻阅并参考，因为它有大量的插图。一直以来，由 18 世纪英国建筑师艾萨克·韦尔（Isaac Ware）翻译的版本是最权威的英文译本。为了实现插图精度的最大化，韦尔把印制原版书的印版重新描了一遍。也就是说，他书中的插图其实与帕拉第奥书中的插图是互为镜像的。不过读者很难注意到这一点，因为插图上的建筑物都是严格对称的。

帕拉第奥在书中写道："房间必须分布在入口和大厅的两侧，而且必须确保右边的房间和左边的房间相对应，从而使建筑的两边看起来一样。"但支撑他这种设计方法的逻辑——"墙壁将均匀地承受屋顶的重量"是令人怀疑的。比他更早的佛罗伦萨建筑师莱昂·巴蒂斯塔·阿尔伯蒂（Leon Battista Alberti）提供了更加令人信服的理由："看看大自然自己的作品……如果有人一只脚很大，或者一只手很大，另一只很小，那他看上去就是畸形的。"

有一次，我和妻子，还有两个朋友，在威尼托大区阿古利亚罗菲纳莱镇（Finale di Agugliaro in the Veneto）的帕拉第奥式别墅住了 8 天。

我们当时住的是 16 世纪的萨拉切诺别墅（Villa Saraceno），是帕拉第奥建筑生涯早期设计的小别墅之一，仅有 5 个房间（见图 4-2）。帕拉第奥在建筑图纸上呈现的大庭院从未被建成过，而且东边的一小部分是在 19 世纪完成的，从外观上给人一种令人欣喜的不平衡感。帕拉第奥显然不会赞成这样的做法，因为他的建筑平面是完全对称的。房子东面和西面是完全互为镜像的，一条中心线平分了入口的宽阶梯、柱廊和 T 形大厅（即接待室）。帕拉第奥从来不设计巨大的楼梯，别墅中只有仆人用的楼梯，当然这次也不例外。楼梯通常被安置在接待大厅的角落，为了对称，会在对应的角落设计一个更衣室或者小房间。另外一条中心线横着穿过接待大厅，并穿过两边的房间，延伸至农用附属建筑。接待大厅的两侧设有厢房，并且沿着一条短轴线对称。

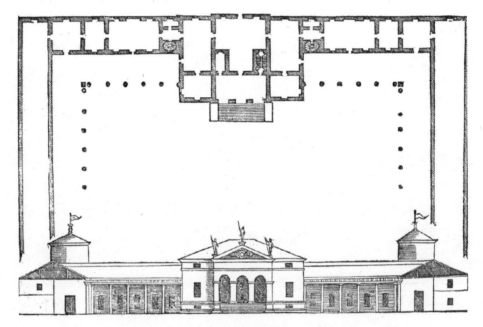

图 4-2　安德烈亚·帕拉第奥，萨拉切诺别墅，阿古利亚罗，1550

　　帕拉第奥的轴线是一个理想化的几何图线。这些轴线同时控制着门窗的位置。因此，当我们打开前后的大门，可以直接看穿这栋房子。从一个房间转移到另一个房间，我们总是在追随帕拉第奥画的某一条轴线。一字排开的门窗形成了一种贯穿于整栋建筑的视角，同时用一种现代的方式让室外风景映入室内。除了这些大大小小、里里外外的对称以外，别墅本身也具备和谐的比例、恢宏的尺度以及粗犷的简约。所有这些合在一起，产生了明显的有序和平静的感觉，让心灵和眼睛都十分愉悦。

帕拉第奥严格遵守轴向几何对称是基于古老的建筑先例，比如万神庙。他曾多次去罗马研究学习万神庙。罗马人从希腊人那里获得了对称的概念，如同他们的文字一样。牛津大学的数学家马库斯·杜·索托伊（Marcus du Sautoy）曾写过，古希腊语中对称（symmetros）这个词的意思是"相同的尺寸"，并引用了经典的五个柏拉图立体：正四面体、正六面体、正八面体、正十二面体、正二十面体。在希腊人看来，对称性是一个精确的概念，可以用几何方法证明出来。

但是，人们对对称性的兴趣不只存在于古希腊。对称性在不同文明的建筑平面中都有体现，如埃及卢克索的底比斯神庙、耶路撒冷的圆顶清真寺（Dome of the Rock）、柬埔寨的吴哥窟（Angkor Wat）、北京的紫禁城和日本的伊势神宫（Shinto shrines）。在所有的这些例子中，对称性在平面中是仪式和礼节的象征，同时也形成了一种特有的审美体验，一种和谐与平衡的完美体现。无论是将花盆摆放在桌子中间，还是将两个烛台对称地放置于壁炉两侧，都说明人们对对称性的追求似乎是普遍存在的。

为什么建筑中的对称性会让人如此满足？正如达·芬奇的著名画作《维特鲁威人》所展示的，人体包含许多镜像式的对称，左和右，前和后，以及位于中心的肚脐（见图4-3）。杜·索托伊写道，人类的头脑似乎会不断地被任何体现对称性的事物所吸引。"从古至今，艺术品、建筑物和音乐都以一种有趣的方式展现对称的东西。"建筑的对称性可能体现在地板瓷砖的几何花纹或门板的镶嵌图案上，但也可以是显而易见的。例如，当我们身处一座哥特式大教堂中时，会感受到眼前的风景在不停地变化。但是当我们沿着左右镜像的中心线，也就是大教堂的中心通道向前走时，就会意识到自己身处一个与周围环境有着特殊关系的位置。当我们走到中心通道上耳堂和唱诗台交叉的部分时，尤其是站在教堂尖顶下的十字交叉处时，我们知道，就是这里了。

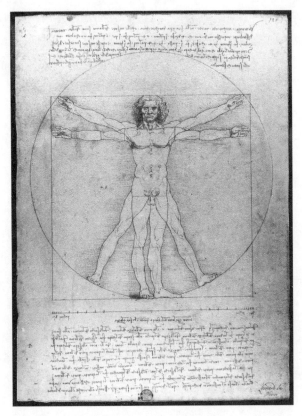

图 4-3 列奥纳多·达·芬奇，维特鲁威人，1487

　　亨利·范德费尔德、奥托·瓦格纳、约瑟夫·霍夫曼（Josef Hoffmann）、彼得·贝伦斯（Peter Behrens）和阿道夫·路斯是建筑师尼古拉·佩夫斯纳（Nikolaus Pevsner）所称的"现代主义设计的先驱"。他们探索新的、突破历史局限的形状和形式，可是并没有否定对称性。到了下一代建筑师，他们对传统嗤之以鼻，尤其是对美术学院的传统。勒·柯布西耶曾写道："现代生活需要并且在等待一个可以同时服务于住宅和城市的新型平面。"对他个人而言，新就代表着不对称。就像历史上的建筑装饰和过时的建筑工艺一样，对称性必须被淘汰。

20 世纪 20 年代至 30 年代的典型现代建筑的平面都是坚决不对称的。虽然在密斯设计的巴塞罗那世界博览会德国馆中，8 根柱子的位置是依据等边三角形网格来安排的，但因为围绕柱子的墙体位置非常不规则，所以你几乎无法分辨出这种对称性。包豪斯学院的教学楼三翼呈风车状，并且向不同方向伸展，高度也不尽相同。还有流水别墅没有任何镜像或中心对称的部分。勒·柯布西耶设计的萨伏伊别墅（Villa Savoye）被认为是国际风格的经典案例，看上去对称，但实际上并不是。它的平面不是一个完美的正方形，虽然结构柱网格或多或少是规则的，但是其中的规律经常被打破。勒·柯布西耶曾写道："我不想这栋住宅有正面和背面的分别。"因此，萨伏伊别墅的正门并不在你抵达建筑的那面，而是在相反的一面。入口位于整个立面的正中心，但是故意做了退让，因为门的正前方有一根柱子。古典建筑的柱子数量通常是偶数，这样是为了使中间正好有一个空间留给入口；而萨伏伊别墅正好相反，它的每个立面都只有 5 根柱子。

密斯·凡德罗设计的范斯沃斯住宅的平面是不对称的，正如我们所看到的一样，但这是密斯这样设计的最后一栋建筑。他曾在伊利诺伊理工学院担任校园建筑师长达 20 年。在这里，他规划和设计的建筑在平面上都是对称的，从锅炉厂到小教堂都是如此。皇冠大厅（Crown Hall），也就是伊利诺伊理工学院的建筑学院，是学院建筑中最出名的一栋。这是一个单一的空间，左右两边完全对称。西格拉姆大厦的平面也是在轴线上设计的。广场两侧的倒影池和楼内大厅里的四个电梯井都在平面上强调了这根轴线。密斯传记的作者弗朗兹·舒尔策曾指出，西格拉姆大厦和公园大道对面的那栋大楼在轴线布局上有相似性。对面那栋庄严的大楼是壁球和网球俱乐部，由毕业于美术学院的查尔斯·麦基姆设计而成。这就意味着，密斯在设计西格拉姆大厦时想让建筑融入周围的环境中。此外还有一点也是事实，那就是密斯当时重新发现了对称性的力量所在，他将对称性运用到了之后所有的项目中。

　　埃罗·沙里宁追随密斯开始了他的建筑职业生涯。沙里宁的第一个主要作品，通用汽车公司技术中心就受到了伊利诺伊理工学院项目的启发。尽管他后期有少数作品不再对称，比如曾被比作意大利山城的耶鲁大学摩尔斯学院和斯泰尔斯学院，但是对称的平面依旧是他的标志。对称性对沙里宁来说再自然不过了，因为他在耶鲁大学学习建筑的那段时间，课程依旧延续了巴黎美术学院传统。

　　路易斯·康是另一位重新挖掘对称性的第二代现代主义建筑师。他早期项目的平面是坚决不对称的，如耶鲁大学美术馆和理查兹医学研究实验室。但是在之后的建筑中，康回归到了巴黎美术学院派平面布局的原则，回归到他作为保罗·菲利普·克雷的学生时学到的那些设计方法。事实上，康那些令人钦佩的建筑，如索尔克研究所、金贝尔艺术博物馆和菲利普斯埃克塞特学院图书馆，在以现代建筑的概念来进行设计的同时，又从对称的平面中获得了许多永恒的品质。

读懂平面

　　建筑平面可能对外行来说是一个谜，但一旦掌握了其中的套路，你就会获得丰富的信息量。平面的绘制也是有章可循的。建筑平面的绘制是一种基于对建筑在大致齐腰的高度水平剖切的构想。墙体用两条粗线表示，有时还会用纯色或交叉排线填充，这种方法被巴黎美术学院建筑师称为 poché。柱子则用黑色的圆点或者方点表示。窗则用细实线表示。门有时候画有时候不画，如果画出来，通常是全开的，有时候会用四分之一的圆弧来表示门的摆动路径。虚线表示水平剖切面以上的部分，如拱腹、梁或者天窗。平面也有可能包含地板的材质，如木地板或石材铺面。一些艺术图样可以用来表示一些特殊的区域，如前厅或大厅。网格瓷砖图样表示洗手间、厨房和功能用房。内嵌式家具，如书架或窗座通常要画出来。有时，可移动家具的摆放位置也可以表示出来，如床、书桌、餐桌和椅子，还有座位。但大多数情况下，房间通常是空的。除非有特别的注释，图纸的上方是北向。

平面表现了建筑内部墙体的安排，但因为它包括了开门的位置，因此平面也同时表现了人在建筑内部走动的流线。例如，通过描绘一条从音乐厅前门到观众厅的流线，可以让人按照一定的顺序体验从前厅，到大厅，再到楼梯，获得各种弯曲转折的行进体验。因为平面图也体现了窗的位置，因此我们能从平面中看到自然光的来源、窗外的视野，以及房间是否阳光充足。"读懂"一个平面需要人们对空间发挥想象。房间是否为一个简单的方形，是否有内嵌的壁龛或书架，是否被柱子围合？如果空间是狭长的，那么站在空间尽头的人会有一种什么样的视野和体验？如果空间是圆形的，那位于圆心的又会是什么？

大部分人对室内的平面户型图都很熟悉，这是因为平面户型图经常出现在报纸和杂志的房地产广告栏里。我在上一章末尾提及的费列罗住宅，位于魁北克农村。它的平面是倾斜的（见图 4-4），这是因为折线的下半部分是朝南的，同时住宅的正面面向一条与正南成一定角度的街道。其独立式的车库围合出了一个部分封闭的庭院。进入住宅要通过一个小的门廊，门廊还有几级宽大的台阶，台阶的宽度足够坐下一个人或放置花盆。寄存室有一个很深的衣柜，用来储存雨伞、拐杖等室外使用的随身物品。

这所住宅的平面图中，衣橱和橱柜被打上了交叉排线，以与生活空间区分开。从前门进入室内之后，有一个狭长的视野贯穿了门厅、餐厅和阳光房，直至室外。小小的门厅是这栋住宅的中心，从这里你可以选择上楼前往上层楼梯平台上的桑拿房，或者继续上楼到达卧室层；你也可以选择下楼前往下层平台上的化妆室，或者继续下楼到达地下室；当然你也可以选择向前直达餐厅。餐厅和厨房其实处于一个房间里，用一面矮墙分隔开。通过一个拉门，可以进入阳光房，甚至到达阳光房的露台。向下的三级台阶通往客厅，这几级台阶的存在很有必要，因为客厅的混凝土地板（这是一个被动阳光房设计，客厅地板保留了主要热量）直接与地面连接。这几级台阶比较宽，其中一级台阶一直延伸到书架前面。

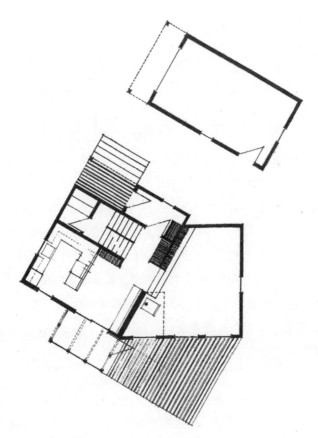

图 4-4　维托尔德·雷布琴斯基，费列罗住宅，魁北克圣马可，1980

　　房子的北面只有两扇窗户：一扇位于寄存间，另外一扇位于厨房。通过厨房的这扇窗户，你可以看到私人车道一直向下通向主路。大部分窗户都朝向正南或者西南方向，这是为了在冬季获取最多的日照。这一点就是通过折线形的平面实现的，同时折线形平面还使得这栋小而紧凑的房子更具生机，并营造出了非同寻常和出乎意料的视角，比如从厨房到客厅的对角视线。另外，它还会产生一些有趣的空间，比如那个入口处半封闭的庭院。设计这栋住宅的挑战并不是使它看上去宏伟壮观（毕竟房子太小，远远达不到那样的效果），而是使它看上去不那么局促和狭小。因此，我才设计了那3米宽的门廊台阶，从前门进入之后的狭长视野，还有下沉的客厅地面。这个下沉设计创造出了一个3米高的屋内净高。客厅内的虚线表示通往二层空间。烧火用的壁炉位于一面厚厚的砖墙前面（为了获得更多的热能），屋内还有一扇高高的落地窗。借用罗伯特·文丘里的话说，这就是一个大尺度的小建筑。

费列罗住宅的平面扎实而紧凑，这也刚好反映出这个北方场地多风的气候特征。相反，位于南加州阳光下的帕斯菲卡别墅（Villa Pacifica）就宽敞很多（见图4-5）。建筑师马克·阿普尔顿（Marc Appleton）受一位电视兼百老汇制作人的委托设计了这栋住宅。委托人拥有一片可以俯瞰太平洋的美丽场地，要求这栋住宅可以让他想起一直怀念的家乡——希腊。

该住宅包含几个树荫蔽日的庭院，同时住宅的部分动线穿梭于室内外之间。平面看上去像是几个体量的随意排列，却隐含了一条很清晰的轴线。这条轴线从入口处开始，沿着室外步道，穿过厨房庭院旁边的藤架，直至前门，然后继续穿过门厅，止于凉亭。凉亭下面有个露台，可以俯瞰太平洋。所有的空间都坐落于这条假想的南北线的一边或者另一边：车库、厨房庭院、厨房和餐厅都在轴线的西侧；供客人使用的小屋、花园庭院、客厅和书房都位于轴线的东侧。很明显，有人会被那个具有特殊视野的露台所吸引，但是从某种意义上讲，那个凉亭才是整栋建筑的关键，这里也常常用作室外就餐区域。它在中轴线头部的中心位置，牢牢地支撑起其余的房间。

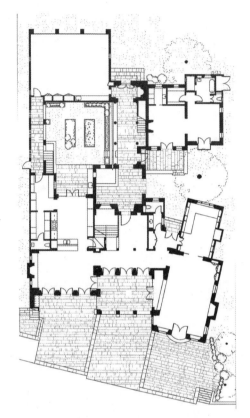

图 4-5　阿普尔顿联合建筑事务所，帕斯菲卡别墅，加利福尼亚州，1996

帕斯菲卡别墅的平面将西晒的概率降到最低，同时将庭院设计在可以迎接朝阳的东侧。大部分的住宅都是按照矩形布置平面的，这样做可以最大化地利用有限的场地。但是客厅是个例外。为了提供一个更好的欣赏夕阳和远处海岸线的空间，整个轴线向西稍稍倾斜。正如费列罗住宅中倾斜的角度创造出了一些意想不到的视野和有趣的空间一样，这种倾斜还可以减轻严肃的对称平面的一本正经之感。那个凉亭就是这样，过于整齐地夹在餐厅和客厅中间，像三明治一样。阿普尔顿解释道："如果几何图形都被直角控制，那么平面看上去会有些过度设计的痕迹，像建筑师设计的，而没有随意偶成之感。我们仿佛在一种刻意的痛苦中，试图创造出最终看起来不那么刻意的空间和细节。"阿普尔顿设计别墅的方法很特别，他试图将自己从最终的结果中抽离出来。"我一直很欣赏比利·怀尔德（Billy Wilder）导演的电影，因为你意识不到导演的存在，只关注于他在讲述的故事。"他如是说。

流线

平面展现了建筑师的很多意图。由罗伯特·文丘里和丹妮丝·斯科特·布朗设计的英国国家美术馆塞恩斯伯里翼楼主画廊的平面，乍看起来好像平淡无奇（见图 4-6）。塞恩斯伯里翼楼是特意为了保存国家美术馆中文艺复兴早期的绘画作品而设计的。馆长要求建筑师设计出不同大小的房间，为藏品提供相对私密的展示空间。建筑师面对的挑战是在不制造迷宫或奇形怪状的展厅、不分散人们对艺术品的注意力的情况下进行房间布局。

文丘里在设计初期做了一个决定，这个决定对平面起到了相当重要的作用。由于塞恩斯伯里翼楼的场地被呈角度的街道围合，因此它是不规则的。文丘里没有像大多数建筑师那样，用一个矩形的平面来填充场地，而是利用场地的不规则来设计平面。他解释道：

> 当我开始设计平面时，想到了埃德温·勒琴斯将米特兰银行大楼建在一个形状非常尴尬的城市场地内的方式。同时我还想到了克里斯托弗·雷恩如何将那些经典的教堂建在中世纪的旧场地内。在罗马，雄伟的宫殿被安置于较老的城市平面内，有时它们并不像看起来那样规则。事实上，我们看上去规则的矩形网格其实是变形的。

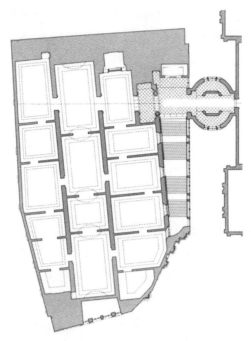

图 4-6 文丘里与斯科特·布朗事务所，英国国家美术馆塞恩斯伯里翼楼，伦敦，1991

在塞恩斯伯里翼楼中，房间被布置成三排，沿着建筑的南北向延伸。位于中间一排的纵向的四个房间像脊椎骨一样排列，这四个房间是最大且最高的展厅。同时，文丘里还用特殊的建筑处理方法来强调它们的重要性。位于东侧一排的房间则略微有些矮小，同时还有可以俯视楼梯的窗户；西侧那排的房间是最小且最矮的，同时也是最不规则的，因为这排房间受制于惠特科姆街（Whitcomb Street）不规则的角度。虚线表示从天窗引入的日光的照射范围。

从入口大厅的楔形楼梯就可以到达这些展厅。楼梯的右手边是一整面玻璃幕墙，通过它可以俯瞰茱比利步道（Jubilee Walk）和威廉·威尔金斯设计的英国国家美术馆。楼梯末端的平台与电梯相对，右手边是通向老馆的圆形连桥，左手边是新馆的入口。透过四扇开敞的大门，可以在远处的墙上看到西玛（Cima）的作品《圣托马斯的怀疑》（*Incredulity of St. Thomas*）。这个距离显得比实际更远，因为这些门的宽度是逐渐变窄的。这是一个被称为强迫透视的典型案例。参观者被吸引到这个方向上的中心展厅，也就是另外一个视觉轴线的所在。这条轴线的尽头是一幅 15 世纪的多联画屏《德米多夫祭坛画》（*Demidoff Altarpiece*）。这两条轴线，以及各个展厅之间棚顶高度的变化，共同营造出一种空间秩序，使这 16 个大大小小的展厅有一种微妙的组织性。一旦参观者进入这些展厅，他们视线中就只有墙上的画，并没有来自建筑其他方面的干扰。

　　平面上的轴线其实是虚构的，但它们是建筑师最有力的工具之一。由罗伯特·斯特恩设计的小布什总统中心就是一个很好的例子（见图 4-7）。它利用轴线组织这些大空间，同时划分复杂的功能区域。它的场地位于达拉斯南方卫理公会大学校园的边上。像所有的总统图书馆一样，小布什总统中心包括博物馆和总统档案馆，同时附加了一个政策研究所来服务于学生、教师以及访问学者。为了区分不同的功能区域，斯特恩设计了两个单独的入口。北边的入口面向来往街道，用来出入总统图书馆；西边的入口面向校园，用来出入政策研究所。图书馆的入口位于南北方向的一条轴线上，该轴线始于停车场，而后到达一个被柱廊包围的入口庭院，接着穿过一个前厅，最终到达一个高大方正的空间——自由大厅。该大厅设有一个进入博物馆的入口，还有一个进入临时大空间展厅的入口，从大厅径直向前则是一个室外的楼台。另外一条东西方向的轴线，始于政策研究所的入口门廊，这个入口面对着校园中相当重要的宾克利大道的尽头。

　　两条轴线在自由大厅相交，高高的空间被一盏石灰石灯具照亮，指引着方向。当靠近图书馆的时候，你是可以看到这盏灯的，而当你走到宾克利大道的尽头时，这盏灯的光线也就随即消失了。斯特恩的合伙人格雷厄姆·怀亚特（Graham S. Wyatt）如是说："人们对轴对称和对称的认知基于日常生活中在三维空间内的体验。对很多人而言，这种形式感，在一定程度上，甚至关乎庄严。"
怀亚特还指出，诸如安检区和礼品店这样的二类功能区域被特意安排在偏离轴线
的位置，是为了让人们在进出建筑的时候没有对场所的妥协感。

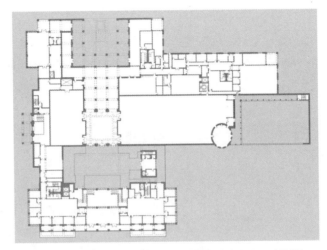

图 4-7　罗伯特·斯特恩建筑事务所，小布什总统中心，达拉斯，2013

　　总统图书馆周围的景观是由景观建筑师迈克尔·范·瓦肯伯格（Michael van
Valkenburgh）设计的，其中包括几处有名的外部空间设计。瓦肯伯格通过这几
处外部空间将建筑平面的对称结构进一步强化。其中两处强化了南北方向的轴
线，另外两处强化了东西方向的轴线。带柱廊的入口庭院与轴线尽头的室外露台
相呼应。因为得克萨斯州的春季和秋季很暖和，所以室外露台是这里很重要的一
种设施。人们可以从图书馆和政策研究所的任何一侧到达露台。在建筑的西侧，
一个环形车道为政策研究所入口提供了一个正规的抵达空间。在东西轴线的另一
头是一个复制的白宫玫瑰园。紧邻玫瑰园的是白宫的另一个复制品——椭圆形办
公室，即总统图书馆的主要组成部分。这间办公室也朝向建筑东南角的方向，与
白宫的一模一样。

　　小布什总统中心的其中一些部分在约翰·哈比森看来并不是真正意义上的不对称的布杂艺术①平面，因为主入口和政策研究所的西立面以及南立面其实还是遵从了对称性的原则的。相反，它让人想起第一波现代主义建筑中埃利尔·沙里宁的平面。沙里宁在疏远布杂艺术平面的同时，并没有完全放弃它本身的原则。虽然布什总统中心的平面布局依照的是轴对称原则，但是斯特恩团队也用了一些非对称的平面与轴对称相结合。怀亚特如是说："我们目前为耶鲁大学设计的住宿学院就是一个很好的例子。平面的主轴线是一条走道，止于尽头的广场，从那里开始重新定位和改变轴线的方向。用这样一种方式让流线更丰富和生动，而不是拘泥在完全对称的形式中。"

定向与非定向

　　在 21 世纪初，有两座面对面的博物馆相继在旧金山的金门公园建成。一座是由伦佐·皮亚诺设计的加利福尼亚州科学馆（California Academy of Sciences），另一座是由雅克·赫尔佐格（Jacques Herzog）和皮埃尔·德·梅隆（Pierre de Meuron）设计的笛洋美术馆（de Young Museum）。两座博物馆用不同的设计方式遵循着勒·柯布西耶"平面产生建筑"的设计原则。加利福尼亚州科学馆是一座自然历史博物馆，是一栋巨大的长方形建筑（见图 4-8）。对外的公共入口在建筑的北侧，并且刚好在正中间；工作人员入口则相反，位于建筑的南侧。北侧主入口两侧对称的长方形体块有些许不同：其中一个是非洲馆的复制品，非洲馆原本是和场地周边的新古典主义建筑一起建成的，可是 1989 年的一场地震对它造成了不可挽回的损坏；另一个是咖啡馆和博物馆的礼品店。南侧的两个长方形体块是办公室、研究空间和教室。中间的体块包括展览空间和两个直径为 27.5 米的球体。其中一个球体是封闭不透明的天文馆，另外一个是透明的热带雨林

---

① 　布杂艺术是由巴黎美术学院教授的，学院派的新古典主义建筑晚期流派。——译者注

馆。平面中深色的区域是盐水潮汐池和人工珊瑚礁。珊瑚礁很深，深度足以在位于博物馆地下室的水族馆中看到。在整个矩形平面正中心，也就是两条轴线相交的地方，是皮亚诺称之为"广场"的地方。那是一个带有玻璃屋顶的中庭，用于接待客人和举办社交活动。

传统的科学博物馆都像兔子窝一样，由一连串的黑房间组成。一个房间用来展示昆虫，一个用来展示鱼类，接下来一个用来展示岩石，以此类推。加利福尼亚州科学馆给人的主要印象就是一个明亮的大展厅，多亏了这些玻璃端墙和天窗，才使得这些空间灯火通明。尽管皮亚诺的轴线平面非常有布杂艺术建筑风格的特点，但是他的建筑材质却与布杂艺术建筑完全相反。他倾向于使用钢和玻璃而非砖石结构，倾向于轻质而非沉重，他的灵感来自技术而非历史。还有就是，两个球体的轴对称和形式的镜像给人们提供了清晰而简单的方向感。在这样一个像飞机机库的，并且其中挤满了一大批展品的巨大空间，清晰的方向感尤为重要。它的平面布局使得所有的事情都显得有条有理。

穿过加利福尼亚州科学馆对面的一大片景观广场，就是笛洋美术馆了。与加利福尼亚州科学馆相似，它也替换了那次地震中受损的部分。美术馆的平面也是一个长方形，尺寸与科学馆大致相同，但是内部的组织是完全不同的（见图 4-9）。建筑师有时会用三角形的模数来组织平面，比如贝聿铭就喜欢用等腰三角形，这一点在美国国家美术馆东馆的平面上显而易见。但是在赫尔佐格和德·梅隆的平面里却找不到这种模数。他们在建筑中切出了一个不规则的楔形平面，从而创造出穿透性的空间和梯形的庭院。墙没有对齐，没有任何部分是镜像的，也没有轴线。

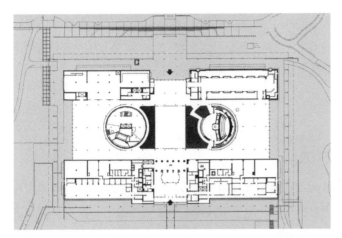

图 4-8　伦佐·皮亚诺建筑工坊，加利福尼亚州科学馆，旧金山，2008

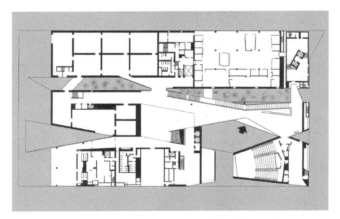

图 4-9　赫尔佐格和德·梅隆事务所，笛洋美术馆，旧金山，2005

　　笛洋美术馆的入口由一个狭窄的隧道通向一个多边形的露天庭院。没有标记且没有雨棚的入口几乎就是随便开在了某一面墙上。不规则形状的大厅的背景是一面玻璃幕墙，透过它可以看到蕨类植物园。要想到达博物馆，你需要向左转穿过另外一个瓶颈式的空间，直到到达一个梯形的两层楼高的中庭，有一幅格哈德·里希特（Gerhard Richter）的画作挂在其中。左手边是一个通往二层的宽阔楼梯，右手边是一个极长的楼梯，通往楼下。另外还有一个斜向的走廊穿过另一个庭院，通往展厅，另一个斜向走廊通往咖啡厅。

赫尔佐格和德·梅隆到底在干什么？他们设计的这个平面没有先来后到和前因后果，穿过建筑的方式也没有对错之分，你选择的任何一条路线都是正确的。比如，你可以从那个确实不怎么起眼的正门进入建筑，或者通过巨大的悬挑屋顶从咖啡厅的露台进入建筑。赫尔佐格和德·梅隆的设计方法有异于层次清晰的传统平面，也不同于伦佐·皮亚诺设计的有着理想公共空间的科技馆。笛洋美术馆并没有一个明显而清晰的结构，但是它有它独特的个性。那些断裂的空间会唤起人们对地震和移动板块的回忆。这种影射是建筑师本身的意图吗？也许是。雅克·赫尔佐格在一次采访中谈道："建筑就像大自然，它告诉你一些关于自己的事情。大自然是非常虚空的，它让你面对自己和自己的经历，以及你在景观、河流、岩石、森林、阴影、雨水等环境中对自己的了解。"换句话说，他们的建筑有点像一块空白的石板。

笛洋美术馆中缺失的视觉轴线和层次仅仅对建筑造成了一点迷失感，还不算错综复杂。建筑内的画廊是让建筑本身安静下来的一个地方。例如，一层西北角的那几个房间陈列的是 20 世纪的艺术品。参观者虽然斜向进入房间，但是从进入的那一刻起，就开始了传统的参展方式，一个矩形房间接着一个矩形房间。楼上也是一系列纵向的、有顶部照明的房间，为 19 世纪的美国艺术品提供了一个恰当的环境。在画廊里，老规矩依旧盛行。

笛洋美术馆的平面在使用梯形的空间和斜向的流线上是一致的。但是洛杉矶的沃尔特·迪士尼音乐厅的平面又是由什么因素统领的呢？墙壁依据神秘、隐藏的节奏扭曲和旋转，建筑的形状不符合逻辑，建筑形式看起来也没什么韵律和条理（见图 4-10）。然而，迪士尼音乐厅设计成这样的理由却很简单。弗兰克·盖里在阿斯彭（Aspen）的一次会议上接受采访时提到了迪士尼音乐厅："你必须要有一个出色的房间来让人忘记建筑的外表。建筑始于内部。这个内部才是迪士尼音乐厅的关键。"建筑师和声学专家丰田泰久探索出了许多形状的观众厅，其中有一些很不规则。他们还在安放乐队四周的阶梯座椅之前制作了大比例的模型，用曲线控制座椅的弧度，让它们可以全部面向舞台。由于声学上的原因，观众厅被一个混凝土围墙包围。盖里解释说："其实观众厅就是个盒子，在盒子的两侧是卫生间和楼梯。然而要到达厕所和楼梯，你首先要通过一个门厅。这就是音乐厅的平面。"当他说到这里的时候，阿斯彭会议的听众都笑了。他让这一切听起来是如此简单，然而这修建起来却显而易见很复杂。不过盖里设计平面的基本原则的确和他描述的一样简单：盒子、卫生间、楼梯、门厅和正门。

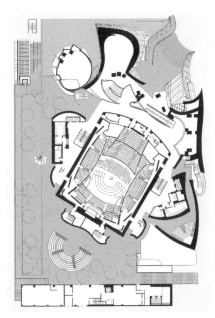

图 4-10　盖里建筑事务所，沃尔特·迪士尼音乐厅，洛杉矶，2003

　　这五家著名的建筑事务所是如何用完全不同的方法来规划一栋建筑的平面的呢？① 当伦佐·皮亚诺被问到在设计加利福尼亚州科技馆的时候，是否有将笛洋美术馆（建于加利福尼亚州科技馆之前）纳入考虑范围，他用"当时并没有想太多"机智地回答了这个问题。他还补充说："这就是当你做你自己，他们做他们自己的时候所得到的结果。"多么精彩的回答！加利福尼亚州科技馆和笛洋美术馆之间的区别在于，建筑结果并非取决于功能、环境或者场地，而更多地取决于不同的建筑师坚持的那种自我，正如英国国家美术馆塞恩斯伯里翼楼、小布什总统中心、迪士尼音乐厅所呈现的一样。

　　罗伯特·文丘里和丹妮丝·斯科特·布朗致力于如何让历史适应现代的需求，但是他们也乐于探索那些古怪的，甚至是令人尴尬的组合方式。他们的理念是将旧思想用现代的语言重新诠释，这样做往往会保留部分陈旧思想。而罗伯特·斯特恩则信奉历史。他曾写道："我们公司欢迎新想法，同时也珍视过去的思想。我们相信一切皆有可能，但是不一定所有事情都是对的。"在小布什总统中心的平面中，斯特恩对连续性的关注是显而易见的，但他不追求新奇，只求满足老建筑的真理：清晰、有序、平衡。

　　加利福尼亚州科技馆的平面说明，伦佐·皮亚诺对过去只是有一点点兴趣罢了。这个平面有着新古典主义的简洁，但这仅仅是他的建筑（他所真正热爱的）的起点。与其说这个平面是个发动机，不如说它是发动机的核心部件。正如他自己所说的那样："我们必须得有个平面，所以要尽量简化平面，然后更多地关注如何建造建筑。"因此，他将自己的工作室起名为"伦佐·皮亚诺建筑工坊"不是毫无根据的。

① 文丘里、皮亚诺、赫尔佐格和德·梅隆以及盖里都获得过普利兹克建筑奖；斯特恩则获得了德里豪斯古典建筑奖。

赫尔佐格和德·梅隆的笛洋美术馆是这些作品中最传统的现代主义建筑。换句话说，它摒弃了传统和历史，不依靠轴线、对称性、流线、远景，或者其他任何所谓的几何顺序进行设计。这样设计的结果就是被当作纯粹的图形来欣赏，就好像它是一件雕塑。这在雅克·赫尔佐克早期的建筑实践中并不是偶然的，因为他所追求的是当一名概念艺术家。

当赫尔佐格和德·梅隆试图有目的地推动平面中一个新的审美方向的时候，迪士尼音乐厅平面的出现完全像是一个事后的想法。盖里是继勒·柯布西耶之后最反传统的现代主义建筑师。他颠覆了现代建筑中最长存的信条之一。对盖里而言，平面不再是勒·柯布西耶所说的"发动机"。他设计时的初稿从来都不是平面，取而代之的是用弯弯曲曲的钢笔线勾勒出的三维建筑图像，接下来是粗略的纸质模型，然后是更加精细的木制模型，再之后通过计算机绘制整体形状，最后才开始绘制平面图。

那么，平面是建筑的"发动机"吗？在许多案例中，平面仍然是主要的。面对一个有序的平面，脑海中会形成连续的画面，引导我们进入并通过这栋建筑物。平面帮助我们找到前进的路。在这方面，对称，特别是轴对称，仍然是一种有用的工具。与此同时，在打破平面的对称性之后，我们就很难找到回去的路。建筑师不再觉得必须向公众展示一个简单的平面图。有时候，要想了解周围的情况，就必须要具备一点冒险精神，比如笛洋美术馆。盖里是这种设计方法的大师。迪士尼音乐厅的设计中，在混乱的大堂空间中的兴奋感会加强人们参加音乐会的感受。然而，在演奏厅里，盖里回归了传统的设计手法，为聆听音乐提供了一个静谧的空间、清晰的轴线和完美的对称。

HOW ARCHITECTURE WORKS

建筑是美丽的废墟。

奥古斯特·佩雷
Auguste Perret

结构:
建造过程

　　古希腊最突出的特征就是柱式。古希腊的柱子基本由大量的石鼓堆叠而成，并在表面刻有浅浅的凹槽或槽沟。一根根柱子就像整齐划一、立正军姿的士兵，锐利的阴影让人联想到希腊的传统衬衣或无袖短袍。经典柱式的中段会有平缓的鼓起，这种不均等的锥形轮廓被称为卷杀或收分曲线。卷杀在希腊语中是"强度"的意思，就好像柱子在用力支撑它的荷载一样，这也是另外一个人体美学上的参考。

　　柱间的檐口部分由精美的雕刻组成，各有其独特的形式和名称。例如，多立克柱式的檐壁就是由交替的三联浅槽饰、柱间壁和嵌板组成的，有时嵌板上会用浅浮雕装饰。檐壁上的檐口带有圆锥饰，这是一种建筑的比喻，象征着祭坛上牺牲品的血滴。除了木椽黏土瓦屋顶之外，希腊神庙全部由潘泰列克（Pentelic）大理石筑成。整个搭建的过程没有用砂浆，只是偶尔用到青铜定心销和引线夹。

长期以来，这些建筑单体被认为是结构转换为建筑最纯粹的表现形式（见图 5-1）。

1911 年，24 岁的勒·柯布西耶到了雅典。他用了 3 个星期的时间画雅典卫城的废墟。他被帕特农神庙深深地感动，在旅行日志里写道："在我之前的人生中，从来没有经历过这样单色、微妙的细节，身体、头脑、心脏在那一刻都被制服了。"[1] 也就是在那儿，勒·柯布西耶顿悟道："在那些寂静的地方度过的时光给了我勇气，并激励我要成为一位值得尊敬的建筑师。"

图 5-1　维托尔德·雷布琴斯基，从帕特农神庙看卫城前门，1964-7-11

勒·柯布西耶早期设计的别墅中，墙壁不出意外都是白色的，柱子也都是圆的，不过缺少了凹槽和收分。他努力地实现古希腊建筑的简洁，以及"单色的细节"。就像神庙的废墟一样，他的建筑看起来是由单一的固体材料构成的。要达到

————————

① 　我们现在知道了古希腊神庙一开始是被漆成很多种颜色的。

这种效果需要相当大的努力。现代主义建筑师用带状的窗户代替了墙壁上的开口，比如在萨伏伊别墅中，带状的窗户横跨了整个立面，由于钢筋混凝土过梁太长，它们实际上悬挂在上面的屋顶板上。这些复杂的结构都是不可见的，因为混凝土和砖石都被粉刷了一遍又一遍，这是为了实现建筑师想要的那种均质的表面效果。

　　勒·柯布西耶对于结构的显现与否总是非常谨慎。他在法国马赛设计的著名的公寓楼——马赛公寓（the Unitéd Habitation）被巨大的桥墩抬离地面。美国社会哲学家刘易斯·芒福德（Lewis Mumford）在参观马赛公寓的时候，用"巨石"来形容这个结构。芒福德说："勒·柯布西耶将混凝土的雕塑性运用得淋漓尽致，强调甚至夸大了它的可塑性，到了保留其原始状态，偶尔粗略加工的程度。"虽然架空的桥墩是起结构性作用的，但大部分可见的混凝土却不是。建筑物的大部分隐藏结构是由现场浇筑的混凝土、预制混凝土还有钢结构共同组成的。因此，尽管马赛公寓以使用粗糙的混凝土（或清水混凝土）而出名，并由此产生了建筑上的粗野主义，但其实它的结构是一种混合体。

　　一些建筑师不遗余力地使建筑的结构一目了然，20 世纪 40 年代有两个与勒·柯布西耶处理结构的方法相反的例子。密斯·凡德罗在伊利诺伊理工学院设计了一系列低层建筑。这些建筑都以钢结构作为框架，并用砖和玻璃作为墙体。真正的结构钢被包裹在混凝土中以合乎防火要求，因此密斯在建筑外部加上了非承重的工字钢和 C 型钢来"表示"被隐藏的柱和梁。俄勒冈州波特兰市的公平储蓄贷款协会大楼（Equitable Savings and Loan Association Building）是由皮耶特罗·贝鲁斯基（Pietro Belluschi）设计的（见图 5-2）。他也是一位欧洲移民，同样喜欢将结构表现出来，只不过用的是钢筋混凝土框架。他将楼板与楼板之间的空间用海绿色的玻璃和深色的铸铝板填充，然后用对比强烈的银色的铝板来遮挡混凝土柱和梁形成的网格。正如密斯一样，贝鲁斯基想尽办法地让结构成为建筑本身。

图 5-2　皮耶特罗·贝鲁斯基，公平储蓄贷款协会大楼，俄勒冈州波特兰，1948

　　建筑师总是不得不决定如何来处理结构：表达或者忽略，显示或者隐藏，夸张或者真实。这个决定取决于可用的材料和方法，以及当时的工程技术，但是也取决于建筑师的意图。一些建筑师非常在意怎样"诚实"地表达建筑如何被建造以及如何展现建筑的结构，这样就使得建筑工人的工作变得极其复杂，因为"看起来"简单的东西，通常都很难建造。当遇到柱和梁不能外露的情况时，像密斯和贝鲁斯基这样的建筑师就会采用"人造结构"的方式来表达结构；另外一些建筑师则选择隐藏建筑结构，为的是营造一种戏剧性的视觉效果。我曾经看到过一个楼梯，它的踏板很神奇地从墙上伸了出来。设计这个楼梯的建筑师摩西·萨夫迪解释说："隐藏在墙内的是一个沉重的钢构件框架，踏板是后来焊接上去的。"另一位建筑师则将踏板是如何被支撑的展现了出来。阿尔托在玛利亚别墅中就是这样做的，暴露在外面的工字钢就是踏板的支撑。或者他也可以将楼梯做成完全自撑式的，就像杰克·戴蒙德在四季演艺中心做的那个引人注目的全玻璃楼梯一样。

建造理论

建筑史学家爱德华·R.福特（Edward R. Ford）曾写道："建筑师没有建造理论就不能建造建筑，不论这个理论多么简单。"

建造不是数学，建筑建造和建筑设计一样，是一个主观的过程。建筑的建造过程涉及一系列更复杂的问题，还有科学规律的应用，以及有关如何建造东西的传统，或者说是传统的智慧。但是这种传统和智慧比起如何让建筑显得美观的习惯已经或多或少地无效了。

换句话说，建筑设计的方法有很多种，有的多多少少显得漂亮，有的或多或少引人注目，有的显而易见，当然，还有的昂贵奢侈。我曾经设计过一栋房子，用传统的木结构建造，因为跨度很小，所以很容易计算出过梁的尺寸，但是有一个大空间需要一根特殊的过梁，于是我向一位工程师朋友寻求帮助。工程师伊曼纽尔·莱昂（Emmanuel Leon）问我："你是想要造价便宜的，还是想要建筑感十足的？"由于这个大房间是这栋住宅的主要居住空间，所以我选择了后者，于是他设计了一个倒置的单柱桁架，并用缆索作为张力构建。

密斯的选择总是建筑感优先。就算防火规范禁止将高层建筑的钢结构暴露在外，他还是会想办法在小尺度的私人住宅中将其实现，比如范斯沃斯住宅（见图5-3）。他在建筑外部采用20厘米深的工字钢作为柱子，用来承载38厘米的钢梁支撑的地板和屋顶。[①] 尽管柱和梁都暴露在外，但是它们之间相互连接的焊点（将梁的一个节点焊接在柱子的内侧）却是隐藏起来的。横跨住宅的工字梁支撑着预制混凝土屋面板，并用石膏天花板将横梁隐藏起来。正如福特所写的，密斯"在之后的日子中依旧倾向于暴露钢结构，但是如果有要求，他也可以接受将其隐藏"。毕竟，没有实际意义的建造理论就如同废纸一般。

图 5-3　密斯·凡德罗，范斯沃斯住宅，伊利诺伊州普莱诺，1951

20 世纪 20 年代末期，弗兰克·劳埃德·赖特发表了一系列论文——《材料的意义》（*The Meaning of Materials*）。其中讨论了"每一种建筑材料都传递着专属

———————————

① 　大尺度的柱和梁是基于视觉上的考虑而不是结构上的需要。

于自己的信息，就好像每个具有创造力的艺术家都有属于自己的歌曲。"这是一个理想化的比喻，但是在建筑实践中，赖特与密斯一样，是一个实用主义者，有时候将歌曲对外公开播放，有时候则将其静音。例如，芝加哥的罗比之家最显著的特征就是有一个 6 米高的悬臂屋顶，这在木结构住宅中是史无前例的（见图 5-4）。这个悬臂屋顶之所以可以实现，是因为赖特在钢结构的横梁外包了一层木质的梁。另外还有"漂浮"的阳台和屋顶也好像是被沉重的砖支撑起来的，其实它们也都是由被隐藏起来的钢结构支撑的。在这栋住宅中，显然是不允许钢出来"歌唱"的。

图 5-4　弗兰克·劳埃德·赖特，罗比之家，芝加哥，1909

　　赖特经常将混凝土结构暴露在外，尽管他知道混凝土并不是什么特别有吸引力的建筑材料。他写道："无论在什么情况下，混凝土作为一种人造石，没有较高且独立的审美价值。但是作为一种可塑性材料，它却拥有巨大的审美属性，只是尚未充分表达出来。"在写下这段话的时候，赖特已经在橡树园区用暴露的混凝土建造了统一教堂（Unity Temple），还有四栋位于洛杉矶的花纹砌块住宅。但是这些项目中并没有一个像流水别墅那样，将预制混凝土的独特属性激发出来。露台、女儿墙、屋檐和栏杆共同构成了一个连续的、巨大体块的混凝土浇筑件。然而，赖特对揭示结构并不感兴趣。所有的混凝土都被均匀地涂上了油漆。支撑悬挑在溪流上的露台的四根大横梁被隐藏在平板底下。大横梁由裸露的混凝土支架支撑，但是这些支架只能从通往水面的楼梯才可以看到。从室外可以看到的第四个混凝土支架是用石头制成的，并不是混凝土。另外，支撑上层露台的结构柱被伪装成了窗户的竖框，目的是避免造成失重的错觉。

流水别墅是由混凝土、钢和石头混合建成的，可是古根海姆博物馆完全是由钢筋混凝土建成的。在流水别墅中，被油漆粉刷的混凝土表面是连续的，所以根本无法区分哪里是结构，哪里仅仅是填充。例如，栏杆加固了旋转坡道，看起来像墙壁一样的坡道扶手到建筑的顶端衍变成了支撑玻璃穹顶的 12 根龙骨。曲线的坡道在每一层都有一扇稍微凸出的飘窗。这些飘窗有助于支撑坡道吗？无法判断。刘易斯·芒福德在《纽约客》的评论中写道："古根海姆博物馆作为一栋建筑，它的室内像室外一样，是一件抽象的雕塑。没有装饰，没有纹理，也没有真正的颜色。这个设计中顺畅的圆形像费尔南·莱热（Fernand Léger）的画一样纯粹。赖特正是用此来表明他是一位现代形式的抽象大师的。"这段话写于 1959 年，那时一栋建筑物可以是一件雕塑作品，而不是一个建筑作品的想法，仍然是一件新奇的事情。30 年后，正如我们所见，不再如此。

结构外露

混凝土建筑的伟大先驱、法国建筑师奥古斯特·佩雷曾说："建筑是美丽的废墟。"路易斯·康将这句话铭记于心。与其他现代建筑师相比，他更痴迷于揭示建筑的主要支撑元素。就好比建筑倒塌时，存留下来的部分才是建筑的灵魂。这种态度无疑受到了他参观的那些古代建筑的影响。例如，康在 49 岁时参观了帕特农神庙，没过多久便设计了耶鲁大学美术馆。也就是在这个时候，他开启了职业生涯中辉煌且短暂，却最有创造力的那个阶段。

　　路易斯·康认为，建筑物的结构应该一目了然，清晰可见，不带任何花招和手段。出于这个原因，他偏爱整面的墙体，也就是实心混凝土或实心砖。然而，现代建筑是分层的，有时候一面墙看起来像实心砖墙，其实是由砖饰面、空气层、防潮层、隔热层、承重墙和室内涂料组成的。这种事实使得康追求的那种"诚实"的结构很难实现。耶鲁大学美术馆裸露的网格混凝土吊顶虽然有着惊人的视觉效果，但在结构上毫无逻辑可言。爱德华·福特写道："康的结构是用大量的混凝土来形成一种复杂的排列方式，从而抵消人们对建筑跨度过大的感觉。"理查兹医学研究实验室中的预制混凝土梁有效地展现了楼板是如何被支撑的，但是建造起来非常复杂和昂贵。当康的朋友埃罗·沙里宁看到理查兹医学研究实验室时，他问道："路易斯，你认为这栋建筑的成功属于建筑设计方面，还是结构方面？"沙里宁曾为通用汽车、国际商业机器股份有限公司、贝尔电话公司设计过研究实验室，这些项目都表明了结构要妥协于功能。事实也正是如此。虽然暴露在外的结构系统在视觉上有着惊人的效果，但是大面积的玻璃却造成了眩光。另外，裸露的混凝土带来的灰尘会影响实验室的功能。

　　在菲利普斯埃克塞特学院图书馆的设计中，康开始直截了当地将建筑的结构表现出来（见图 5-5）。8 层的图书馆像一个方形的甜甜圈。建筑设计的理念极其简单：建筑由内外两个圈组成，外面的圈是供阅读的卡座，里面的圈则是存放书籍的书库，中间的洞则是被巨大的天窗照得通亮的天井。最初，建筑本该都是砖砌的，但是为了省钱，康用钢筋混凝土建造了书库。这样混合的结果激发了他对结构的设计灵感。康曾经表达过设计这座图书馆时的感受："我觉得我做出的这种努力不是为了严谨，而是为了我在希腊神庙里曾经体会到的那种纯粹。"这种纯粹在两套结构系统中都可以看到：钢筋混凝土的柱子、梁和楼板专门服务于沉重的书库，而砖砌的柱子和拱门则专门服务于阅读的卡座（见图 5-6）。

康将现浇混凝土的可塑性称为"可以融化的石头"，这一特性在图书馆中庭周围的四面现浇混凝土墙中间的圆洞中得以体现出来。因为混凝土是裸露的，所以模具上的节点随处清晰可见。表面由普通的圆形小凹槽标记，这个细节是康在设计索尔克研究所时研发的。现浇混凝土的制作过程需要用螺丝固定模板，以防过重的混凝土砂浆将模板向两侧推开。在混凝土凝固之后，再将螺丝的两端拆下来，然后用混凝土把螺丝拆下的缺口补上。康设计了一个非常整齐的内凹的铅塞来填补那个影响美观的缺口。铅塞形成的有规律的图案成为一种装饰，并且同时还展示了混凝土墙体的制作过程，这两点对康来说同等重要。

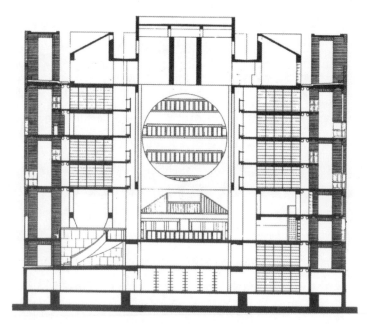

图 5-5　路易斯·康，剖面，菲利普斯埃克塞特学院图书馆，新罕布什尔州埃克塞特，1972

图 5-6　路易斯·康，菲利普斯埃克塞特学院图书馆，新罕布什尔州埃克塞特，1972

　　福特将菲利普斯埃克塞特学院图书馆称为"康最纯粹的砖砌结构建筑"。图书馆砖砌立面上的开口是由传统的平拱搭建成的，用砖呈放射状阶梯式搭建。然而，外墙却没有它看起来那么坚固。康在印度和孟加拉做项目的时候，是可以用实心砖墙的。但是在美国，因为高成本的劳动力，再加上要放入隔热层，所以只能用空心墙。图书馆的墙壁其实有两层：一层是由砖块和水泥砖组成的 3.5 米的厚重墙体，还有一层是只有 1.2 米厚的内饰面砖。其中有一个只有很少人会发现的小细节。在外墙中，每 8 层顺面砖层就有一层丁面砖层，目的是将两层砖墙牢牢地固定在一起。而到了室内，因为是一层内饰面砖，所以就不用丁面砖层来加固。建筑师和舞台设计师最大的区别就在于这种态度：前者是为了满足自己的建筑逻辑，而后者只在乎从观众席上看过去是什么样子。

　　伦佐·皮亚诺在康的事务所工作过很短一段时间。那时候，康主要使用砖石和混凝土，而皮亚诺则一般使用钢。康对建筑结构的表达方式在一定程度上影响了这个年轻的意大利建筑师。皮亚诺第一个广受关注的项目就是蓬皮杜艺术中心，它简直是结构上的狂欢（见图5-7）。这个竞赛是他和理查德·罗杰斯一起参加的。建筑的主要支撑结构由直径为86厘米的钢柱构成，钢桁架的跨度有45米，也就是整栋建筑的宽度，拉杆提供横向的支撑，扶梯和服务设施悬挂在铸钢的格贝尔悬臂梁上，让人想起维多利亚时代的铸铁建筑。建筑中裸露的钢结构构件随处可见。至于防火的问题，要么用水冷却（处理钢柱的方式），要么用不锈钢板覆盖玻璃棉隔热层（处理桁架的方式）。第三种防火的技术是用一种发泡型的防火材料覆盖在钢结构表面，这种防火材料在着火时会迅速膨胀，同时在高温下形成一种焦质，从而阻碍热量的传递。因为这种防火材料薄得跟涂料一样，所以那些结构的连接细节都清晰可见。当然，接下来还有很多设计的细节要解释。设计团队中的工程师泰德·哈波尔德（Ted Happold）曾写道："蓬皮杜艺术中心内的所有结构都是可见的，建筑内外的所有细节都在告诉你它是如何被视为一个框架装置的。"

图 5-7　伦佐·皮亚诺 & 理查德·罗杰斯，蓬皮杜艺术中心，巴黎，1977

在蓬皮杜艺术中心建成 10 年后，诺曼·福斯特设计了香港汇丰银行总部（见图 5-8）。这次他同样强调了平面的灵活性和适应性，提供了一个很大的无柱空间。大跨空间必然会为出色的结构设计提供机会。福斯特和罗杰斯曾经合作过，这次福斯特依旧大胆地对银行的结构进行设计。大部分高层办公建筑都是由一通到底的柱子来支撑，但是福斯特选择了另一种解决方案：用间隙的桥式桁架在半空中支撑楼板。桁架和结构柱都裸露在建筑立面的外部，这也在视觉上解释了这栋 47 层的塔楼是怎么被建起来的。

图 5-8　福斯特及合伙人建筑事务所，香港汇丰银行总部，香港，1986

蓬皮杜艺术中心和香港汇丰银行总部都用出乎意料的方式展现了它们的大跨结构。难道这两栋建筑的出现预示着一种建筑结构的新途径吗？也不完全是这样。一方面，对展示结构感兴趣的建筑师不是很多；另一方面，将结构柱和桁架裸露在外，不管是建造还是维护，费用都很高。此外，需要通过极大跨度来实现高灵活性的建筑并不是很多。真正需要大跨结构的地方其实是机场航站楼。机场需要大空间来容纳不断变化的票务柜台、安检区域和商店。福斯特、罗杰斯和皮亚诺在英国、西班牙、中国和日本都设计过非常出众的机场航站楼，这些机场航站楼在建筑方面的主要特征都是引人注目的结构。也正是因为这一点，现代主义建筑师们暴露建筑骨骼的梦想才得以实现，而不是简单地将结构表现出来而已。

层

一代一代的建筑师对雅典卫城欣赏有加、钦佩不已，是因为它在结构上的纯粹是非同寻常的。大部分古建筑都很复杂，尤其是在古罗马人发明了液压水泥之后。这种建筑材料用火山灰或者石膏和生石灰作为黏合剂，这样工匠们就可以用天然的混凝土来浇筑拱顶和穹顶。因为混凝土的粗糙表面不是很美观，所以他们通常会用一层大理石或砖来掩饰真正的结构，这就使得表现结构的真实性变得困难很多。[①] 就拿古罗马斗兽场来说，内侧的立面是在现浇混凝土结构外贴了一层砖，而外侧的立面则贴了一层石灰华大理石。突出的半柱装饰是不承重的，甚至不是为了表现结构，因为露天剧院的楼板是由拱和拱顶支撑的，而不是柱子和梁。

古罗马斗兽场于公元 80 年竣工。50 年之后，古罗马人建造了另一座令人敬畏的混凝土建筑：万神庙。它的穹顶直径有 43 米，锥形屋顶的底部厚度为 6.4 米，顶部厚度为 1.2 米。建筑内部暴露的混凝土天花镶板在一定程度上减轻了穹顶的重量。厚厚的混凝土墙在建筑内部包裹了大理石，外部包裹了砖，同时它还支撑着被砖拱缓解重量的穹顶。12 米高的柱子支撑着代表古老技术的柱廊。这些柱子其实是直径为 1.5 米的单块石头，事实上，它们应该叫作单块巨石。

---

① 　古罗马混凝土是不加钢筋的，起的作用只相当于砖、石。

　　没有什么建筑类型的外观与现实之间的差异比穹顶建筑更明显的了。由菲利波·布鲁内莱斯基（Filippo Brunelleschi）设计的圣母百花大教堂的穹顶是一个八边形的砖穹顶。它的水平推力是由四个隐形的砂岩铁环和一个木环解决的。这个穹顶本身由两层壳组成，外面的那层非结构性的壳支撑屋顶的瓦片，里面的壳在结构上起到了全部的作用。克里斯托弗·雷恩设计的圣保罗大教堂的穹顶至少有三层壳：最里面一层是砖贴面的穹顶，最外面一层是木结构的穹顶，而两层中间还夹着砖砌的锥体，作用是支撑外层穹顶，以及穹顶上的石头尖塔。

　　和布鲁内莱斯基一样，雷恩也是一个实用主义者。对他而言，建造只是达成目的的一种手段。他在设计时有一个独特的目的，那就是建造一栋在整个城市都可以看见的地标性建筑，一栋可以取代旧圣保罗大教堂高大的哥特式尖顶的建筑。（旧圣保罗大教堂在一次大火中被损毁。）作为一个古典主义者，雷恩依旧想要设计一个穹顶，再加上一个高度为22.5米的尖塔。最里面的那层穹顶很低，是一个半圆形。像万神庙一样，顶部有一个圆形的开口，为的是照亮内部空间。

　　雷恩的助手罗伯特·胡克（Robert Hooke），同样是一位哲学家、建筑师和博学家，他设计了一种抵消穹顶横向推力的方法。雷恩这样描述它："尽管我不想要穹顶上的接缝，但是为了更加谨慎起见，最后还是决定用铁箍这种方式来固定穹顶。我在穹顶中段位置的波特兰石带状区域设计了一圈凹槽，然后每隔3米就有一条双铁链来加固整个穹顶，最后在凹槽内全部灌满铅。在结构体系中起到关键作用的铁链，就像飞扶壁一样，用来顶住砖砌的锥体是不可见的。因为我们需要的是'更加谨慎'，而不是让它被看到。"托马斯·尤斯蒂克·沃尔特设计的美国国会大厦穹顶（见图5-9），同样也有三层，中间的那层穹顶用铸铁建造，但是你从其古典风格的外观上是很难看出来的。这也提醒了我们，并没有规定结构必须被优先考虑。

图 5-9　托马斯·尤斯蒂克·沃尔特，美国国会大厦穹顶，华盛顿特区，1859

壁柱其实是一个谎言

　　在文艺复兴时期临近尾声的时候，米开朗琪罗和朱利奥·罗马诺（Giulio
Romano）等建筑师有意识地改变了经典的装饰图案，目的是使已经僵化的建筑
设计变得更新颖。他们为此制定了一个新的准则，那就是将熟悉的东西设计得让
人不熟悉。这种改变包括不规则的柱间距、下降了的拱心石、"破碎"的三角楣
饰、有卷腹和无卷腹的柱子相互交替，以及人工制作的"乡下"的石雕。后来风
格主义打破了这些规则，但是这些规则依旧是风格主义的源头。正如文丘里在他

经典的著作《建筑的复杂性与矛盾性》中所描述的："惯例、系统、秩序、常规、风格，所有这些，首先必须存在，然后才能被打破。"

文丘里的风格主义倾向主要体现在英国国家美术馆塞恩斯伯里翼楼的混合结构上。现浇混凝土楼板是由不规则间距的、与画廊墙体对齐的柱子支撑的。外墙则由混凝土搭配石灰石、花岗岩或伊布斯托克（Ibstock）砖。屋顶和屋顶上的尖塔则由钢架支撑。这里的钢架是被隐藏起来的，还有几根柱子也绝少例外地被藏在了墙里。塞恩斯伯里翼楼里没有被隐藏的柱子中有一些是承重柱，还有另外一些被文丘里称为"象征性的结构"。也就是说，这部分柱子是假的，比如入口大厅的那一排柱子，还有画廊里的塔司干式的柱子。主楼梯上放的拱形桁架也是如此。故意将承重结构的建筑元素用一种非承重的方式来表现的方法已经有很长一段历史了。最明显的例子就是古时候的壁柱，看上去扁平的柱子其实没有承担任何重量。歌德不以为然地表示"壁柱是一个谎言"。

文丘里引领了现代风格主义。位于宾夕法尼亚大学的瓦格洛斯实验室（Vagelos Laboratories）入口门廊的列柱包括了单柱和双柱，并且柱间距不等（见图 5-10）。其中有些是承重的，有些不是；有些与上面支撑这栋 5 层楼建筑的钢筋混凝土柱网是对齐的，有些不是；有些与立面上的窗间壁对齐，有些不是。其中只有一部分是结构柱，其他的不是。那么文丘里为什么要把这些柱子设计得这么复杂呢？一方面，它反映了建筑在功能上的复杂性。这个实验室大楼包括生物工程专业、化学专业、化学工程专业和医学专业的办公室和实验室；另一方面，文丘里在努力解决建筑场地本身的问题：如何在建筑的短边设计出一个包括主入口的立面。他的解决方法就是使这个立面尽量复杂、对立，并且自相矛盾。他建议，柱子不应该完全是严肃的、程式化的、扁平的、卡通画似的柱顶，也不要都将柱顶和它上面的墙体分开。文丘里在结构上玩的这些游戏，也是向他维多利亚时期的前辈弗兰克·弗尼斯致敬，弗尼斯设计得非常规矩的大学图书馆就在街对面。

图 5-10　文丘里与斯科特·布朗事务所，罗伊和戴安娜·瓦格洛斯实验室，
费城宾夕法尼亚大学，1997

　　洛杉矶建筑师汤姆·梅恩最喜欢的材料都是工业感十足的，但是他更像是一个风格主义者。旧金山的美国联邦政府大楼（U.S. Federal Building）是一栋狭窄的 18 层办公楼（见图 5-11）。它的立面包裹了一层多孔不锈钢板，建筑体量看上去像是被随意地切去了几部分。在建筑的入口处，一根柱子危险地倾斜在那儿。这根倾斜的柱子是真实的，但是那根从墙里穿出来并停在半空中的梁呢，也是真实的吗？就好像文艺复兴时期下降的拱心石，这是在营造一种不稳定性。这估计是我们在政府大楼中最不想要的吧。联邦政府大楼的这种矛盾比比皆是。沿着人行道有一个巨型的花园凉棚，它的钢结构厚重得看起来一点也不像一个花园，倒是很像体育场看台下面的结构构件。最惊人的是入口所在的立面上有一架再普通不过的火灾逃生楼梯，随意地悬挂在建筑上。在比较建筑中的和谐与不和谐的时候，文丘里曾打过一个比方：当你穿了一身灰色的西装，佩戴一条灰色的领带就是和谐；当你佩戴一条红色的领带时，就是"相对的和谐"；而当你佩戴一条灰

色带红色圆点的领带时，那就是"矛盾的和谐"。梅恩这栋不羁的建筑更进了一步，他摒弃了所有的领带，并将衬衫的下摆露在了西装外面，这种情况或许应该被称为"矛盾的不和谐"。

图 5-11　汤姆·梅恩，美国联邦政府大楼，旧金山，2007

　　有些建筑师沉迷于结构，但是有些建筑师却无视结构。在朗香教堂（chapel at Ronchamp）中，勒·柯布西耶设计了一个像枕头一样的屋顶。这个屋顶看上去像是实心混凝土材质的，其实是由上下两层薄薄的混凝土壳构成的，中间隐藏着支撑屋顶的大横梁。屋顶下面看起来厚厚的泥墙其实也是空的，水泥是抹在金属网上的。墙内同样隐藏了混凝土的结构框架。勒·柯布西耶将朗香教堂中真正支撑建筑的结构隐藏起来，并且建造了一个虚构的结构。

　　朗香教堂建造于 20 世纪 50 年代。如今，建造一座类似的大型雕塑建筑可谓是家常便饭。在笛洋美术馆中，柱子随处可见，但是钢结构却被隐藏起来，包括徘徊在咖啡馆露台上方的那个神秘的 16.5 米的屋顶悬臂。这个悬臂像建筑的外轮廓一样，是经过深思熟虑的。迪士尼音乐厅是钢框架的结构体系，它随性的动感外立面才是纯粹的雕塑。盖里建造时随性的态度在芝加哥千禧公园的露天舞台顶棚上体现得更加明显（见图 5-12）。舞台的棚顶要求对声音有一定的反射性，于是盖里设计了一个木质的舞台背景幕，利用波浪形的不锈钢框架，营造出一种帆船状的建筑形式。这些形式由一个实用的钢制支柱和支撑架支撑，位于草地上的观众席是看不到的，但是从背面和侧面却可以看得一清二楚，像广告牌的背面一样枯燥乏味。这种看似临时的解决方案距离井然有序的万神庙已经十万八千里了。或许这也反映了盖里对于即兴不羁的现代处境的态度吧。

图 5-12　盖里及合伙人建筑事务所，杰伊·普利兹克露天音乐厅，芝加哥千禧公园，2004

HOW ARCHITECTURE WORKS

在建筑中，美有时真的只浮于表皮
之上。

维托尔德·雷布琴斯基

Witold Rybczynski

表皮：
第一印象
06

　　勒·柯布西耶将建筑定义为"熟练、正确、令人印象深刻的体量设计，并将它们置于光线下"，但是当我们看一栋建筑时，实际上看到的是它的表皮。无论是萨伏伊别墅用灰泥粉刷的墙体，还是福尔杰莎士比亚图书馆纹理清晰的白色大理石，或是西格拉姆大厦的青铜和玻璃，再或者是耶鲁大学英国艺术中心的亚光灰的不锈钢，建筑的表皮才是它们留给人们的第一印象。

　　建筑表皮是一个现代的概念。尽管罗马人用砖或石头镶板来装饰混凝土建筑，但是大部分传统结构还是由整块巨石制成的，通常是一种单一的材料，比如砖、石头、黏土或木材（以木屋为例），既做结构，又做表皮。我的住宅的墙体有 45 厘米厚，是用威斯黑肯（Wissahickon）片岩建造的。这是在当地开采的一种银棕色的石头，带有闪闪发光的云母和石英岩的纹理。裸露的石头下面是非常粗糙的灰缝，选择这种石头是出于对造价的考虑，同时这种质朴的外观还呈现出一种法式田园风格。

在 20 世纪初期，当我建造自己的住宅时，这种整块巨石的建造方式已经过时了。用砖来建造承重墙，然后在外面加一层石头作为外部饰面，这种做法的造价会相对低一些。这一点在麦基姆、米德与怀特建筑事务所设计的纽约摩根图书馆也得以证实。这座图书馆的成本在 1906 年甚至超过了一百万美元。混浊的田纳西大理石表面带有纸张厚度的接缝，虽然整体的厚度有 20 厘米，但它只是一个装饰。真正的结构墙其实是 30 厘米厚的砖结构。查尔斯·麦基姆在大理石和结构砖墙之间预留了一层空气，来延缓水分的传输，从而保护书籍。几十年后，空气层成为所有建筑建造的标准。

当今的许多大型建筑是由框架结构支撑的，也就是用钢或钢筋混凝土作为柱和梁。在框架结构的建筑中，外立面的表皮由框架来支撑，或者悬挂于框架上。现代建筑中对玻璃和钢表皮的表达方式最早出现于 20 世纪 40 年代的芝加哥。当时，密斯·凡德罗在面对密歇根湖的湖滨大道旁设计了一对公寓塔楼。这两栋 26 层的建筑被钢龙骨的轻质表皮包裹，就像窗帘一样。与此同时，贝鲁斯基设计的公平储蓄贷款协会大楼的窗帘墙效仿了密斯的结构体系，但是密斯设计的公寓塔楼的外立面几乎全是玻璃，还有相隔相同距离的钢竖框和遮挡楼板边缘的镶板。加固玻璃的窗框的截面像是一个小型的工字钢截面，强有力的表皮看起来结构感十足。

密斯将工字型的窗框视为现代版的古典壁柱，所以他就这样设计了。当他被问到为什么觉得在角柱的表面加上钢竖框是必要的，毕竟它们并没有在功能上起到什么实质性的作用时，他是这样回答的：

保持和延续竖框在建筑的其他部分建立起来的韵律是非常重要的。当
我们在建筑模型中看到角柱上没有竖框的时候，就觉得看起来哪里不对。
这就是真正的原因。另外一个原因是，覆盖角柱的钢镶板需要加固，从而
保证钢板的平整，同时我们也需要有个力的支点可以保证我们装配到位。
当然，这也是一个很好的理由，但是前者才是真正的原因。

密斯在此后的建筑生涯中，将这种幕墙结构运用得淋漓尽致，无论是在纽
约、墨西哥城，还是蒙特利尔。他设计的玻璃竖框和楼板镶板通常是黑色的，可
以是多种材质的，具体使用哪种材质取决于建筑的预算。西格拉姆大厦用的是青
铜，墨西哥城的百加得办公大楼（Bacardi Office Building）用的是涂漆钢，蒙特
利尔的韦斯特蒙广场（Westmount Square）用的则是电镀铝（见图 6-1）。韦斯特
蒙广场包括两栋公寓塔楼，一栋办公塔楼，还有一栋低矮的裙楼。密斯找不到理
由来改变幕墙，所以幕墙的结构贯穿了整个广场。有一点不同的是，公寓大楼每
层底部的窗户都是可以开启的，而办公大楼和裙楼的玻璃窗则是固定的。

图 6-1　密斯·凡德罗，韦斯特蒙广场，蒙特利尔，1967

表皮的轻与重

密斯式的钢和玻璃构成的幕墙被大范围地效仿，以至于罗伯特·休斯将它称为"现代的建筑通用语言"。这也是争强好胜的埃罗·沙里宁想在他设计的第一栋高层建筑中尝试不同方式的原因之一。沙里宁设计的 38 层的纽约哥伦比亚广播公司大厦的建筑立面是混凝土，而不是钢。外墙是由紧密排列的 V 型混凝土柱构成的，柱与柱中间夹着玻璃。建筑内部再没有其他柱子。建筑外立面的三角形柱子其实是中空的，其中包含了空调管道，并用 5 厘米厚的亚光深灰色花岗岩石板覆盖，在拐角处还倒了角。立面整体看起来更像是一套盔甲，而非表皮。建筑整体的效果和密斯式的玻璃幕墙正好相反，尤其是大厦对拐角处倒角的处理方式，使得整栋建筑看起来无比坚固。如果多少觉得阴暗，那么就给它起个阳光一点的名字好了，就叫"黑色岩石"（Black Rock）吧。

沙里宁用的虽然是传统的石材饰面，但是采用了一种简明扼要的非传统方法。话说回来，菲利普·约翰逊和约翰·伯奇（John Burgee）共同设计的美国电话电报公司大楼的石头饰面就传统多了，它模仿的是传统的石造建筑（见图6-2）。钢结构的摩天大楼被玫瑰灰色的花岗岩石板覆盖，石板之间的灰缝，有些是真的，有些是假的，目的是给建筑一个石头的整体质感。楼顶的部分模仿了齐本德尔五斗橱的造型，一个被一分为二的三角楣饰。庄严的入口和室外拱廊在建筑的底部，是基于 1908 年的曼哈顿市政大楼的样式设计的。约翰逊解释道："我设计了一栋古典主义的摩天大楼，因为对我来说，这是最鲜活的历史。如果历史尚且存在，那么在纽约这座城市也就只有麦基姆、米德与怀特了。"

建筑评论家埃达·路易丝·赫克斯特布尔认为美国电话电报公司大楼是"一件三维立体的绘画临摹作品，是一种对历史的浅陋讽刺"。无论这建筑是不是讽刺，它的表皮却一点都不浅陋。柱子被 15 厘米厚的石头包裹，有些具有华丽装饰和外形的竟有 25 厘米厚。总共有 13 000 吨花岗岩表皮挂在钢框架上。但是赫克斯特布尔有一点说得对，表皮在美学上是一维的。从这一点来看，约翰逊和伯奇在这里应用石头的方式既不聪明，也没创意。也许他们选择了错误的历史案例作为参照吧。斯坦福·怀特和查尔斯·麦基姆在曼哈顿市政大楼建成的时候都已经过世了，因此设计的功劳就归给了麦基姆的得意门生威廉·M. 肯德尔（William M. Kendall）。也正因为如此，这栋建筑才缺少了麦基姆稳健自信的处理。摩尔图书馆那紧凑的大理石表皮，再加上头发丝一样细的灰缝和无处不在的细节，应该会成为一个更好的模范。

图 6-2　菲利普·约翰逊和约翰·伯奇，美国电话电报公司大楼，纽约，1984

　　由彼得·罗斯（Peter Rose）设计的位于蒙特利尔的加拿大建筑中心（见图 6-3）是现浇混凝土结构的，建筑的表皮同样是石砌贴面的，它建造于美国电话电报公司大楼建成 10 年之后。乍一看，石砌贴面看着很像传统的样子。地下室的外立面有清晰的水平灰缝，而上面的部分用的则是切面光滑的方切石。地下室的窗子都有一个很大的拱心石形状的过梁，并在过梁上方有一排鼓起的环面凸形。立面的顶部有一圈由纵向的石板构成的饰带，每块石板上还垂直插着一根裸露的钢针。还有凸出的铝制檐口，像一条高空走道。这些钢针和檐口让人想起维也纳建筑师奥托·瓦格纳于 1907 年设计的奥地利邮政储蓄银行（Austrian Post Office Savings Bank），该设计预示着建筑设计从新古典主义和新艺术运动向非历史性简约的转换。和美国电话电报公司大楼一样，加拿大建筑中心属于 20 世纪早期的建筑作品，但是相比于布杂艺术的建筑风格，罗斯选择了一种更为有趣的时刻的典型风格，就是当 19 世纪的建筑正在被改造成一种新的东西的时候。他解释道："有许多细节可以使建筑不那么严肃，多一点抽象，多一点现代感。"

图 6-3　彼得·罗斯，加拿大建筑中心，蒙特利尔，1989

　　加拿大建筑中心的表皮在几个方面是不同寻常的。像摩根图书馆一样，加拿大建筑中心厚厚的石灰岩表皮支撑着自己，而不是外挂到结构框架上。该中心的创建人菲莉丝·兰伯特（Phyllis Lambert）这样写道："我们力求使加拿大建筑中心建得很好，同时又尊重最好的建筑传统。"

加拿大建筑中心石材饰面的厚度在 10 到 15 厘米之间，独立承重。承受的重量来自从底部一直到建筑最顶端的石头，也就是钢钉所在的位置。石材的切割和安装都是依照其受力状况来进行的。受力最大的区域，也就是地下室窗户过梁上方的那一排凸出的饰面，安装在固定的基座上。余下的石材饰面，不论是底层的凸角石，还是建筑主体部分的方切石，都是逆着石头的纹理切的，目的是将风化程度减到最小，同时强调石头图案。

这个让沉重的表皮独立承重的决定使加拿大建筑中心更加稳重和沉着。这一点让人想起了密斯·凡德罗早期的住宅设计，那时他还在用传统的风格进行设计。密斯能拿到西格拉姆大厦的项目，兰伯特在大厦委员会中起到了至关重要的作用。后来兰伯特在伊利诺伊理工学院跟着密斯学习。密斯的教学方法受之前的经历所影响，他早期曾作为石匠接受过培训，这也是他一直以来如此尊重建筑材料的原因。他曾在一次采访中表示："年轻的时候，我们讨厌英语中'建筑'（architecture）这个词，用的是德语的'建筑'（Baukunst），因为这两个词的区别在于，前者是建筑，后者是艺术。极致的建筑才可以称之为艺术。"这段话是他刚开始在伊利诺伊理工学院教书时所说的。他发现学生在绘图桌前耗尽了所有的时间，便提了一摞砖块到绘图室，让学生们可以亲身感受到材料。

当石材和砖构成一种耐气候、耐用、有吸引力的建筑表皮的时候，并不是所有建筑师都喜欢这种传统的形象的。在斯图加特州立绘画馆（Neue Staatsgalerie）的设计中，詹姆斯·斯特林和迈克尔·威尔福德（Michael Wilford）处理石材贴面的方式明显到一看就知道是石材贴面（见图 6-4）。厚度为 3.8 厘米的石灰华和砂岩通过不锈钢夹被一排排交替地固定在混凝土结构的墙体上。虽然它看上去跟加拿大建筑中心和美国电话电报公司大楼的表皮一样都是用灰缝连接、顺砖砌式的，但其实只是留了一条未处理的缝，并没有用砂浆。这是一面防雨墙，在表皮后面的空腔可以平衡雨水落下时建筑内外的压力差，降落的雨水就会被表皮挡在外侧，而不是进入到建筑里面，这种做法和传统的墙一样。在斯特林看来，这种设计的另外一个好处是，如果不凑近了看，就不会发现呈现在面前的传统石材贴面其实是挂在结构墙外面薄薄的一层表皮。

图 6-4　詹姆斯·斯特林和迈克尔·威尔福德，斯图加特州立绘画馆，斯图加特，1984

斯特林喜欢这种表现出来的矛盾感。这栋绘画馆有一处很特别的设计，一块砂岩石块散落在地上，好像是从墙上掉下来的一样，尽管砌面的空隙明显暴露了墙体的贴面材质。这种诙谐的表达方式暗示着斯特林想要颠覆现代建筑技术的意图，即便他自己也在使用这种技术。他曾经在一次讲座中提到有关这方面的想法："传统的建造方式减少了，但建筑结构的内容可能会增加，因此新的建筑也就越来越大，越来越复杂。然而，我认为对建筑师来说，不让建筑的解决方案仅仅依赖于技术的表达是很有必要的。人性化的考虑仍然是设计演变的主要逻辑。"斯特林的解决方式就是回归历史，包括近代的历史，以此作为对没有人情味的现代技术的需求的补偿，也就是我们所说的工业化建筑技术。虽然他不屑于在自己的项目中使用预制构件，但是他从来不接受纯粹的技术美学，像后来所谓的高技派建筑师那样。

路易斯·康处理表皮的方式是将其与建筑结构区分开来。位于沃思堡的金贝尔艺术博物馆是一栋由一系列平行的现浇混凝土拱组成的梁柱支撑体系构成的低而蔓延的建筑（见图6-5）。由于画廊通过顶部采光，所以整栋建筑没有窗户。康用意大利石灰华来填充梁下面的部分。为了强调这种建筑材料不具备结构上的功能，他还故意在混凝土拱和石灰华顶部留了一条几厘米的空隙，并且用一块玻璃来填充这个空隙。然而，石灰华的这面实墙用传统顺砖砌合的方式来搭建，从而让人觉得这面墙很厚重，但事实上，它只有2.5厘米厚，并且由混凝土支撑墙支撑。

图6-5　路易斯·康，金贝尔艺术博物馆，沃思堡，1972

康的建筑理论与实际的建造方式之间的关系不是很大，这也许就是他在需求理论与现代建筑技术融合的过程中遇到很多困难的原因吧。在耶鲁大学英国艺术中心的项目中，康终于用他满意的方式解决了结构与表皮之间的关系。这个项目中的不锈钢表皮明显比裸露的混凝土框架看起来轻薄，同时他也不必苦恼于处理那些复杂的细节了。表皮与结构之间的区分很干净，也很明显，这一部分支撑着建筑，那一部分仅仅是填充的表皮。

伦佐·皮亚诺在表达结构和表皮的区别时追随了路易斯·康的脚步。就拿休斯敦的曼尼尔美术馆（Menil Collection）来说，其结构以单层建筑为主，有着又长又低的裸露的钢架，并且用柏木榫槽板填充其间的空隙（见图6-6）。美术馆位于居民区内，其木质的表皮是为了与周围的住宅和谐统一。事实上，美术馆的整体效果相当低调，以至于建筑评论家雷纳·班纳姆（Reyner Banham）称之为"一个高端的 UPS（联合包裹速递服务公司）大仓库"。皮亚诺可能会回答："即便是一个仓库，它也是一个漂亮的仓库。"

图 6-6　伦佐·皮亚诺建筑工坊，曼尼尔美术馆，休斯敦，1986

皮亚诺曾经在 3 个城市项目中使用非结构性砌体表皮，两个在巴黎，一个在伦敦。巴黎的两个项目，一个是蓬皮杜艺术中心，另一个是音质 / 音乐研究及协作学会（IRCAM）。该学会是由皮埃尔·布莱兹（Pierre Boulez）创建的，位于两栋历史悠久的砖砌建筑之间。巴黎法规规定新建的部分必须是砖砌的立面。皮亚诺的解决方案非同寻常。他将利用特殊方法制作的罗马砖镶嵌在铝合金的框架内，并用干砌节点连接。一方面是为了使表皮起到防雨屏障的作用，另一方面也表明这面墙不是实心的。位于莫城（Meaux）路上的这栋6层的公寓楼被赤陶砖覆盖，玻璃纤维将赤陶砖固定在极薄的预制混凝土板上。赤陶砖是由外露的钢框架固定的，带来的结果是赤陶温暖的质地和钢干练的精度完美地结合在一起。

伦敦的圣吉尔斯中心（Central St. Giles）是一个住宅和商业相结合的项目，其立面由陶釉型材表皮构成，表皮本身的设计体现了它非结构性的本质（见图6-7）。10层楼高的幕墙像巨型屏风一样从楼顶吊下来。陶瓦是一种以黏土为原料的建筑材料，一种19世纪工业化生产的传统材料。路易斯·沙利文与这种材料联系紧密，他曾将陶瓦拼贴成植物图案。皮亚诺利用这种材料的可塑性创造出一种丰富的模数化表皮，同时改变了建筑物两侧玻璃的颜色，其中包括明亮的橙黄、柠檬绿、柠檬黄，还有红色和白色。

图6-7　伦佐·皮亚诺建筑工坊，圣吉尔斯中心，伦敦，2010

工业表皮

诺曼·福斯特设计的东安格利亚大学的塞恩斯伯里视觉艺术中心于 1978 年开始投入使用，它经常因为铝合金的表皮而被称为"银色大棚"（见图 6-8）。该表皮最非同寻常的特点就是它同时覆盖了屋顶和墙体。福斯特说，既然波音 747 可以有一个金属顶，那为什么建筑就不可以有呢？长 1.8 米、宽 1.2 米的铝合金板有几种不同的构造方式，有密实的、镶有玻璃的，还有百叶窗式的。墙壁和屋顶的交界处用的是弯曲的嵌板，窗户和天窗用的是镶有玻璃的铝合金板。这些镶板被螺栓固定在结构框架上，同时依附于连续的氯丁橡胶垫片网格中，这样做一方面是为了将连接处密封起来，另一方面可以当作水槽，引导雨水沿着屋顶和墙壁流到建筑底部，并进行收集。

与康和皮亚诺不同，福斯特好像不太关心非结构性质的表皮，也不像约翰逊那样用花岗岩贴面模仿传统砖石结构的细节，而是将塞恩斯伯里视觉艺术中心的表皮作为一种工业产品进行设计。他曾提到，大批量生产的汽车车身面板是该设计的灵感来源。他在一次大学讲座中说："这座建筑基本上是由一系列机械部件组成的。这与控制成本的实际情况相关，还与建筑组装的方式，以及建筑的原材料相关。"

建筑物的表皮是工业制造的，并不意味着它看起来就很工业化。皮亚诺欣赏的早期现代主义建筑师理查德·迈耶，就对如何给人传递抽象且空灵的表皮印象更感兴趣，胜过表现建筑实际上是如何建造的。他设计的许多建筑的白色表皮都是镀白釉的铝扣板。尽管建造的技术和塞恩斯伯里视觉艺术中心很像，但是呈现出来的效果却完全不同。在福斯特的项目中，表皮上的网格仅仅是连接面板的结构；而在迈耶的手中，表皮上的网格则是一种美学装置。迈耶将面板之间的网格特意设计成正方形，并用相同尺寸的正方形网格来设计窗口、开口和窗间壁的尺寸。这种效果在盖蒂中心（Getty Center）项目中被稍微削弱了一点，因为该中心的表皮使用的是石灰华而不是金属面板，不过石板和金属板的尺寸大小仍然是一样的（见图6-9）。这些建筑最后呈现出来的结果就好像被巨大的方格纸包裹起来了。

图6-8　福斯特及合伙人建筑事务所，塞恩斯伯里视觉艺术中心，东安格利亚大学，1978

图6-9　理查德·迈耶及合伙人建筑事务所，盖蒂中心，加利福尼亚州洛杉矶，1997

　　雅克·赫尔佐格和皮埃尔·德·梅隆以试验建筑表皮著称，因此旧金山的笛洋美术馆的表皮也极富特色（见图 6-10）。该建筑用铜合金表皮包裹着钢制的框架。铜本身是一种常见的屋面材料，因为它易于塑形，并随着使用年数的增加，会渐渐形成一种引人注目的绿色铜锈，但是它很少被用于墙体，尤其是这种尺度的墙体。99 厘米宽的铜板之间的连接是很难被发觉的，而且表面上还被压印了浮凸的圆圈图案，并打上了瓶盖大小的圆形孔洞，显得凹凸有致。圆圈的分布是按照树的形状设计的，像半色调插图中的点一样，尽管这些图案只能从远处隐约看见。这种斑驳的效果，加强了有机表皮的整体形象，像一只巨大的蜥蜴或者变色龙。大部分的铜屋顶都会被人为地加速其形成绿锈的过程，但是笛洋美术馆的设计者将这个过程留给了时间，让表皮自然老化。10 多年后，它将由红棕色变成金黄色，然后变蓝，变黑，最后变成绿色，形成一种伪装的变异效果。

图 6-10　雅克·赫尔佐格和皮埃尔·德·梅隆，笛洋美术馆，旧金山，2005

　　笛洋美术馆的表皮在表达上算不上清晰，也没有将其制作工艺表现出来。相反，赫尔佐格和德·梅隆将表皮当作一种包装来处理，既当作建筑的一部分，同时又是从建筑中分离出来的。20 世纪 80 年代，弗兰克·盖里尝试了各种建筑"包装"。最极致的例子就是他为温顿一家在明尼苏达州韦扎塔（Wayzata）设计的一座小的家庭旅馆。这栋小建筑由 6 个雕塑形式的体块组成，每一个体块都有不同的形状，每一座都有一块独特的表皮，其中包括芬兰胶合木、砖块、卡索塔石、铅包铜和镀锌金属。盖里把这个组合看作一幅莫兰迪的静物画。他解释说："我希望这栋建筑有一定的幽默感和神秘感，这样来外婆家串门儿的小孩就可以记住这次旅行。"

盖里起初为迪士尼音乐厅设计的方案延续了这样的主题，一个四四方方的大礼堂周围围绕着不同形状和材质的小体块（见图 6-11）。然而，在最后的方案中，许多弯曲的形体变成了曲面，看上去更像是一个翻滚的斗篷，而不像表皮。最初的材料是石灰石，后来换成了不锈钢，因为制作一个抗震的砌体表皮真的是太昂贵了。[①] 作为一个狂热的游艇爱好者，盖里把建筑的形状比喻成帆船。正如将建筑形式从正统的建筑结构中解放出来，盖里也将建筑表皮从世俗的功能中脱离出来。它的功能不再是简单的封闭空间，而是转变成一种自由表达自我的媒介。

图 6-11　盖里及合伙人事务所，沃尔特·迪士尼音乐厅，洛杉矶，2003

这种自由在盖里后来设计的位于纽约切尔西区的 IAC 大楼中也是显而易见的（见图 6-12）。虽然这只是一栋简单的 10 层办公建筑，但是其扇贝式的形体

_____

① 　迪士尼音乐厅像波浪般的表皮实际上要早于古根海姆博物馆的钛质表皮，尽管后者于 1997 年开放，而迪士尼音乐厅直到 2003 年才开放。

所营造出的雕塑式的外立面同样使人联想到船帆。由于这栋建筑刚好面向哈德逊河，因此这个寓意也就顺理成章了。但是最非同寻常的部分是它的表皮。乍看起来，这个玻璃幕墙像是蒸馏版的密斯式幕墙，就是少了窗框和托梁，只有一个平滑的玻璃表面。然而，你近距离观察就会发现其表皮的非同寻常。玻璃中熔入了渐变的瓷粒，也就是说，它覆盖着一层陶瓷釉点或块。它可以有不同的颜色和密度，这通常用于装饰或者减少建筑物的进光量。盖里在这里采用的是全白的熔瓷玻璃，并选用了多种密度的，立面中需要高透明度的部分就采用低密度的熔瓷玻璃，而在覆盖楼板的部分就用乳白色不透明的熔瓷玻璃。因为从透明到不透明的变化是紧凑且渐变的，所以整个立面看上去模糊不清，就像虚焦的照片一样。就这样，盖里制作出的这个现代化的玻璃幕墙，不经意间成了一个不小的壮举。他让现代玻璃幕墙看起来不是很温暖就是很模糊。

图 6-12　盖里及合伙人事务所，IAC 大楼，纽约，2007

纱幕

　　从 IAC 大楼穿过西 19 大街，你就会看到一个截然不同的建筑表皮。这是由让·努维尔设计的一栋 23 层的住宅楼（见图 6-13）。它位于 11 大街 100 号。建筑的背面和侧面并没有什么特别之处，黑色亚光的釉面砖搭配不同尺寸的开窗，弧形的立面面向河流。努维尔利用金属网格划分出各种不同大小的窗户。有些窗户很小，不到 60 厘米见方，有些则很大。这些金属网格与该立面是成不同角度的，这样便产生了超过 16 种不同的配置。此外，玻璃的颜色也有细微的变化。建筑评论家保罗·戈德伯格在《纽约客》杂志上评论道："当把所有这些放在一起时，它看起来像一幅巨大的、反光的蒙德里安画作，或者说是随意组装的巨大玻璃瓦。"甚至你说它像一条钢和玻璃组成的疯狂的大被子也不为过。

图 6-13　让·努维尔工作室，11 大街 100 号，纽约，2010

努维尔有时将表皮延伸出建筑的边缘。之后，他好像觉得一条这样的大被子不足以表达自己的设计，因此又加了第二个这样的表皮。他在较低的 5 层立面上叠加了一个金属网格，就像一个分层的屏幕一样。建筑外屏在伊斯兰建筑中有悠久的传统，其中木制的格子屏用于窗户和阳台外层立面，像一块木制的面纱。穿孔屏风由爱德华·迪雷尔·斯通（Edward Durell Stone）于 20 世纪 50 年代引入现代建筑中，并且在他设计的许多建筑中都有所体现。最出名的就是美国驻新德里大使馆，这栋两层的建筑被一层精致的釉面赤陶和混凝土格栅所覆盖。虽然斯通的建筑受到了大众的欢迎，但是这种装饰性的屏风备受争议。

努维尔第一次将这种屏风的概念付诸实践是在巴黎的阿拉伯世界文化中心
（Arab World Institute）。该建筑南面的玻璃幕墙被一层穿孔的金属屏幕覆盖，其
几何图案类似于伊斯兰马赛克。这面高科技屏幕由数百个像照相机镜头一样的光
圈组成，可以根据太阳的感光度来驱动马达，从而调节孔的大小。尽管努维尔复
杂的遮阳屏遇到了许多可预见的机械性困难①，但是这好歹也算得上是一个为玻璃
建筑添加渗透性表皮的想法，而且是一种改善密斯玻璃幕墙的方法。同样重要的
是，这使得建筑更加有趣，给建筑立面增添了一种有深度的感觉。

纽约时报大厦的玻璃幕墙也被一层附加的遮阳板覆盖。伦佐·皮亚诺将这个
遮阳板作为设计的主要元素，并把它加到了四个立面上，其中包括北立面。另
外，他将四面的遮阳板延伸出建筑顶部 6 层楼的高度，宛如一顶金丝皇冠。遮阳
板本身是由类似荧光灯管的水平陶瓷棒制成的。不幸的是，这种陶瓷棒表面有一
层暗淡的灰色，因此影响了整座大厦的外观。《每日新闻》抱怨说："这栋楼灰暗
阴沉得像一个被雨水浸泡过的星期日风格的专栏。"在最近美国驻伦敦大使馆新
馆（U.S. embassy in London）的设计竞赛中，斯蒂芬·基兰（Steven Kieran）和
詹姆斯·提姆布莱克（James Timberlake）建议用部分透明的聚合表皮覆盖三个
立面，在作为遮阳板的同时安装嵌入式光伏电池。由于柔韧的聚合物像水晶一样
透明，所以效果应该是闪闪发光的，而不是灰暗阴沉的。

基兰和提姆布莱克将包裹大使馆的聚合物称为"纱幕"。用剧院里的行话讲，
纱幕是一种由铁纱制造的幕布。当灯光从前面照过来时，纱幕是不透明的，但是
当灯光从舞台后面照过来时，它就变得透明了。音乐剧《悲惨世界》里的一些场
景就是用纱幕作为舞台的帷幕，所以在每一幕开始的时候，随着剧场的灯光变
暗，演员和布景就好像穿过了纱幕一样。

---

① 　正如罗伯特·休斯预言的那样，镜头组很快就坏了或者不能操作了。

　　纱幕于20世纪90年代末进入现代建筑领域，也就是建筑师们在设计中引入半透明屏，为设计增加一种模糊因素的时候。第一个这么做的是瑞士建筑师彼得·卒姆托（Peter Zumthor）。位于奥地利布雷根茨康斯坦茨湖边的布雷根茨美术馆（Kunsthaus Bregenz）是一个4层的方形玻璃盒子，有两层玻璃表皮（见图6-14）。里面的一层玻璃是画廊的实际墙体，外面的那层是玻璃纱幕，与内层有90厘米的间隔。半透明的毛玻璃把光线扩散到室内。毛玻璃板安装在金属框架中，看起来像是带有褶皱的羽毛或是一种鳞状的结构。玻璃与玻璃之间隔着一定的缝隙。纱幕的效果在夜晚表现得特别明显，透过乳白色的玻璃可以隐约看见楼梯和人的影子。卒姆托自己这样描述："从外面看这栋建筑就好像一盏灯。它吸收了天空中变化的光线和湖水上的薄雾，根据角度、日光和天气反射光和颜色，从而给出一种生命内在的暗示。"

图6-14　彼得·卒姆托，布雷根茨美术馆，奥地利布雷根茨，1997

　　大约在布雷根茨美术馆对外开放的同时，墨西哥建筑师恩里克·诺尔腾
（Enrique Norten）在墨西哥城也设计了一个纱幕（见图 6-15）。诺尔腾的任务是
将现有的破旧公寓楼改造成一家高档的酒店。在修复了室内之后，他用玻璃表皮
将 5 层楼的建筑整体覆盖，然后把它包裹在一层独立的磨砂玻璃纤维中。两层玻
璃之间的空隙足够容纳狭窄的阳台。在白天，纱幕呈现出乳白色，其间还有一些
随意分布的透明玻璃作为窗户。在夜晚，打开和没打开的窗帘绘制出立面上多变
的背光照明，形成一种与冷静的功能主义建筑对比鲜明的戏剧性效果。

图 6-15　恩里克·诺尔腾 / TEN 建筑事务所，哈比塔酒店，墨西哥城，2000

　　诺尔腾和卒姆托都是极简主义建筑师，他们都省掉了窗户的窗框，用金属支
架支撑纱幕。这样的手法给人一种玻璃幕墙飘浮在建筑前面的印象。同时，这种
安装方法也强调了纱幕的轻薄和非结构的本质。很难说是什么使得这两个来自不

同大洲的建筑师得出了相似的结论。很显然不是功能，因为这是两栋完全不同的建筑。当密斯·凡德罗在设计西格拉姆大厦时，为了避免立面呈现出凌乱的感觉，他设计的百叶窗只有三种呈现方式：开启、半开启、关闭。卒姆托和诺尔腾的考虑并不比密斯少，但是既暴露又隐约的纱幕让他们通过拥抱生活来让建筑富有生气，而不是像密斯一样，约束生活。[①]

诺尔腾和卒姆托的纱幕都紧紧包裹着建筑的外立面，从而创造出一层模仿建筑本身立面的第二表皮。汤姆·梅恩则用纱幕来创造建筑的形体。在旧金山美国联邦政府大楼的设计中，多孔不锈钢纱幕向上缠绕成建筑的立面，并向上折叠成屋顶，看上去像一个扭曲的折线形屋顶，但是比之前那种广告牌式外挂显得结实得多。在建筑的底部，纱幕开始变得褶皱，就像折纸一样。在为纽约的库伯联盟学院（Cooper Union）设计一栋学术大楼时，梅恩又弄了一幅多孔不锈钢纱幕，并且把建筑物内层立面的玻璃像揭开的伤口一样暴露出来。就传统建筑而言，这些尖锐的形状都是不"真实"的。然而，梅恩审美价值的一部分就是让我们意识到建筑本身的不真实。他的解释有些晦涩难懂："它开始于一种一般意义上的感觉，然后转变成某种具有更广泛功能的事物，也就是第二表皮的功能，也许这样说更能说明问题。"

纱幕的戏剧起源也是其吸引力的一部分，因为它是独立于建筑的。第二表皮可以随意操作，但实际的建筑通常就是个普通的盒子，静静地存在于第二表皮里面。这就是大卫·阿贾耶在华盛顿特区非裔美国人历史与文化国家博物馆中使用的策略，即用纱幕创造出一个惊人的日冕造型。纱幕上有穿孔的图形作为装饰（见图6-16）。据设计师介绍，这种图案是基于历史上查尔斯顿和新奥尔良的铁栅栏而设计的。孔洞的密度视需要的遮阳程度而定。选定几个角度，在纱幕上切

---

① 很巧合，诺尔腾于1998年获得密斯·凡德罗欧洲当代建筑奖，卒姆托则于次年获得该奖。

出"窗户"，框出独特的景色，比如华盛顿纪念碑和林肯纪念堂。阿贾耶的建筑纱幕在某种程度上既是建筑的表皮，又不是。装饰性的纱幕用与建筑保持合适距离的方式规避了现代建筑禁止装饰的规定。其实，表皮就是雕塑，但它的形式并不影响其背后建筑在功能和结构上的完整性。运用纱幕的结果是在建筑上形成一个相当于分层的外观：有些在建筑的外面，有些在里面；有时候你可以看得到，有时候却又看不到。

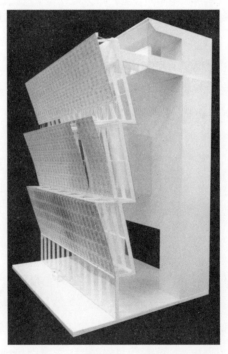

图6-16　弗里龙-阿贾耶-邦德团队／史密斯集团，非裔美国人历史与文化国家博物馆设计图，华盛顿特区，2015

　　非裔美国人历史与文化国家博物馆在设计上的演变，突出了表皮对建筑的影响的重要性。该博物馆的纱幕原本是青铜材质的，这会使这栋建筑与国家广场上其他所有建筑区分开来，因为美国国家广场上的建筑不是大理石就是石灰石材质的。又因为青铜在传统意义上与纪念碑雕像和纪念碑紧密相关，所以这种反差不会是不恰当的。

　　然而，在 2012 年 9 月艺术委员会的会议中，阿贾耶透露，青铜的纱幕会被喷成青铜色的铝替代，这可能是为了节省成本。这个小小的技术上的调整彻底改变了最后的结果。正如一位委员所观察到的，设计师的效果图上的建筑在阳光下是闪着光的，但是被漆成青铜色的铝却没有这样的属性。青铜的魅力在于它温暖的金色光泽，以及随着时间的推移呈现出来的愈发丰富的色彩，但是被均匀喷漆的表皮缺乏这些属性。随着时间的推移，它们不会有什么色彩上的变化，只会脱落。当弗兰克·盖里被迫放弃使用石灰石作为迪士尼音乐厅的表皮时，他并没有使用石灰石颜色的混凝土或者人造石，而是换成了一种截然不同的材料——不锈钢。就在我写这本书的时候，非裔美国人历史与文化国家博物馆的表皮的选择正危及其设计的初衷。在建筑中，美有时真的只浮于表皮之上。

HOW ARCHITECTURE WORKS

一个单一、明确、简单的形式可以
使一栋建筑具备明显的特征。在一
个项目中，主题必须贯穿始终。

弗兰克·劳埃德·赖特
Frank Lloyd Wright

07

细部：
理念的表现方式

　　建筑的基调取决于细部。建筑中的大量细节包括：门和门框、窗户和窗框、细木工的家具、踢脚板、照明灯具，以及门把手。当地板遇到墙壁时会产生细部，当墙体遇到悬吊的屋顶时会产生细部，或者在需要五金零件的地方也会产生细部。设计细部的方法不止一种：混凝土可以是光滑的或者粗糙的，砖之间的连接方式可以是齐平的或者倾斜的，木板的纹理可以是匹配的或者任意的，建筑的配件可以是暴露的或者隐藏的。

　　在一些建筑中，细部作为视觉装饰出现，比如西格拉姆大厦外立面的青铜竖向窗框，或者笛洋美术馆外墙上的孔洞和凹陷。而在另外一些建筑中，细部似乎消失了，比如赖特的古根海姆博物馆。细部或缺失细部体现了建筑师的很多意图。正如罗杰·斯克鲁顿（Roger Scruton）所观察到的，尽管建筑物的设计在很大程度上取决于环境和场地、客户的要求、建筑规范以及功能和结构要求，但是细部的设计几乎是建筑师可以完全控制的一件事。细部之所以重要，是因为它们表达了建筑的理念和意图。

　　想想一个简单的栏杆。词典将栏杆定义为"楼梯或阳台旁边防止人落下的围栏"，并且栏杆作为安全装置有着严格的规定：护栏的高度；为了防止儿童的头部通过，栏杆和主轴之间的距离要足够近；同时扶栏必须是连续的且便于抓握。所有栏杆必须满足这些相对不灵活的参数，但是我们看到的栏杆都一样吗？远非如此。虽然栏杆有相同的功能和类似的尺寸，但是在细节上可以千变万化。它们可以由不同的材料制成，如木材、金属或玻璃，并且这些材料还可以以各种方式进行组合。栏杆可以简单或复杂，粗犷或精致，保守或夸张。这一切都取决于建筑师。

　　建筑师并不是随意地设计像栏杆这样的细部的。杰出的建筑师有自己的一套设计细部的方法。这些细部被分为以下五类：与历史风格一致的细部、符合建筑师个人视角的细部、解释建造过程的细部、与建筑步调一致的独特的细部，以及淡入背景的细部。

风格一致

　　斯克鲁顿评论道："欣赏乔治亚式建筑的人们，同样会被格子推拉窗样式、独特的墙面和门框、铁栏杆和台阶，以及其优雅的比例所吸引。"对那些致力于某种历史风格的建筑师而言，准确掌握细节显然是很重要的。一本关于罗伯特·斯特恩建筑作品的专著将达拉斯巴伦住宅（Baron House）称为"从美国联邦中筛选出来的英国摄政风格"，之后还补充道："建筑从里到外，无疑是基于约翰·索恩爵士（John Soane）式的古典细部，但是其中又有些约翰·拉塞尔·波普20世纪的作品的影子。"（见图7-1）

英国摄政风格是基于乔治亚风格衍生出来的，但是视觉上更轻盈、活泼。18
世纪的英国建筑师约翰·索恩设计过几栋朴素的乡村砖房，他一致的古典主义风
格明显影响到了斯特恩。至于斯特恩对波普的借鉴就要追溯到 1915 年建造的奥
格登·L. 米尔斯住宅（Ogden L. Mills House）项目了。该住宅位于长岛的伍德伯
里（Woodbury）。斯特恩将其 H 形的平面布局应用到了自己的设计中。波普的入
口门廊、亚当风格的科林斯柱也几乎原封不动地再现，还有将砖砌的外墙连接起
来的石灰石镶边。巴伦住宅的门廊像伍德伯里的宅邸一样，以半圆形的黑白悬臂
楼梯为主，踏面是大理石的，栏杆是铁制的。栏杆的花饰由一系列重叠的圆环构
成，中间用金色的圆片连接，而上面的扶手和底端的基座则用金色圆形图案连接。

约翰·拉塞尔·波普最出名的就是他朴素的古典主义建筑，如美国国家档案
馆大楼、美国国家美术馆、杰弗逊纪念堂。他设计的乡村别墅不仅有摄政风格，
还有如画的都铎式风格、简洁的殖民复兴风格、凌乱的木瓦风格，以及不朽的乔
治亚风格，并按照不同的需求来安排不同风格的细部。与波普一样，斯特恩也是
一位折中的设计师，将自己的建筑交给甲方和场地。他在一次采访中表示："我认
为建筑不是一种自传，而是一种肖像画艺术作品，并且是地点和机构的肖像画。"

在斯特恩设计的住宅项目中，他追求的是耐用的美国本土风格，比如木瓦风
格、联邦风格、工艺美术风格和西班牙殖民风格。其中位于加利福尼亚的住宅就
受到了 20 世纪 30 年代洛杉矶风格的影响（见图 7-2）。这种风格也被称为好莱
坞摄政风格，是一种相当富有魅力的摄政风格，它起源于 19 世纪的法国新古典
主义和装饰艺术。住宅的外立面用的是漆成白色的砖墙和石灰石装饰，还有外观
现代的黑色烤漆钢窗。在入口大厅里有一个类似于巴伦住宅的圆形楼梯，楼梯的
底部也是一个渐渐收紧的圆弧。不同之处存在于细部。这里的栏杆更加迂回，几
乎像波浪一样，还有黄铜的栏杆，黑色石头的踏面和踢面。但是它所呈现的效果
更轻盈，在某种程度上很难给出一个明确的定义，只能说更现代了。

图 7-1　罗伯特·斯特恩建筑事务所，巴伦住宅，达拉斯，2000

图 7-2　罗伯特·斯特恩建筑事务所，住宅，加利福尼亚州，2005

　　斯特恩还在加利福尼亚州蒙特西托（Montecito）设计过一栋大型的住宅（见图 7-3）。在这栋住宅中，他采用了 20 世纪初的地中海风格，此时也是乔治·华盛顿·史密斯（George Washington Smith）在圣巴巴拉引进西班牙殖民风格的时候。史密斯设计的住宅宽敞且随性，还有露台和凉廊，加上大大的挑檐屋顶，都非常适合加利福尼亚南部温和的气候和悠闲的生活方式，至今仍旧适合。斯特恩的蒙特西托住宅明显不如前两个例子那么正式。该建筑用淡黄色灰泥替代之前的砖和石灰石，用木地板替代石头地板，还有户外的休闲空间。这种非正式的感觉还体现在用木头建造的弯曲的楼梯的设计上。对木制楼梯的传统处理方法是用与楼梯踏面垂直的紧密排列的栏杆来支撑栏杆扶手，休息平台上比较重的柱子起到加固的作用。斯特恩改进了这种古典的设计，将栏杆做得非常纤细，扶手在最后呈紧凑的螺旋，形成了一种螺旋楼梯中柱的集合，既简单又巧妙。

图 7-3　罗伯特·斯特恩建筑事务所，住宅，加利福尼亚州蒙特西托，1999

创造出一个世界

与罗伯特·斯特恩相比，理查德·迈耶可以说是另外一种类型的建筑师，也可以说他们是对立的两方。拿达拉斯附近的普雷斯顿霍洛区（Preston Hollow）的住宅来说，迈耶设计的拉乔夫斯基住宅（Rachofsky House）与巴伦住宅就只隔了一个小池塘，镀白釉的铝扣板与红砖和石灰石形成了鲜明对比（见图7-4）。拉乔夫斯基住宅的立面是一个平的、抽象的平面，上面有正方形网格图案。它最初是为单身的居住者设计的。这所房子是一个非常极端的极简主义的例子，也是迈耶的成名作。迈耶曾表示："拉乔夫斯基住宅是一栋理想化的居所，它是对建筑类型的可能性的一种探索，而不是通常意义上的妥协。"

迈耶的不妥协体现在各个方面，每一件家具、每一个物体、每一个花瓶，都有其规定的位置。除了抛光黑色花岗岩地板和密斯·凡德罗的黑色皮革家具以外，所有的表面都是白色的。没有踢脚板，没有飞檐，没有线脚，没有任何在视觉上会造成干扰的元素。就算遇到无法隐藏的接缝，也只用几乎不可见的细线来做处理。但即使是一个纯粹主义者也无法避免一些细节上的处理。可以俯瞰客厅的二层走廊扶手是全钢的。白色的栏杆扶手也是方形的钢管，栏杆上的柱子由两个角的钢打造，代替了传统的栏杆。钢构件是通过精密的焊接制造的，没有一点焊接的痕迹，也没有多余的部分。由于水平栏杆是连续的，并且是5根连续的栏杆，所以这种抽象的组合让我想起了五线谱。

图7-4　理查德·迈耶及合伙人建筑事务所，拉乔夫斯基住宅，达拉斯，1996

　　几乎没有谁的设计可以比迈耶的更冷静和简洁了，除了严苛的极简主义建筑师马克·阿普尔顿以外。他设计的帕斯菲卡别墅风景如画，富有诗意。这栋别墅是为了满足主人对希腊乡土建筑的怀念之情而建的。拱顶、穹顶、粗糙的墙面和不规则的铺路石一应俱全。阿普尔顿几乎将希腊乡土建筑完全从照片上还原了出来。但是，毕竟房子在加利福尼亚南部，而不是在希腊，并且设计师是耶鲁大学毕业的建筑师，而不是一个乡村泥瓦匠。他没有采用人工的方式将材料老化，而是用建筑的细节来体现乡土建筑的质朴感（见图7-5）。室外的棚架由被修剪的树枝搭建而成，上面还留有树皮。楼梯的材质是石头，只有踏面做了修饰，并且没有楼梯前缘。木栏杆也被还原为最基础的形式：简单的垂直栏杆，稍微粗一点的转角栏杆柱只是作为一种转角的暗示。栏杆由与扶手平行的横杆支撑，横杆也没有什么细节，看起来还没有楼梯踏板的侧面复杂。所有的白色栏杆和迈耶设计的一样极简，只是尺度比迈耶设计的略大一些。但是这几乎没有什么影响，还是很简单，很有居家风格的。因为木栏杆的形状要与手契合，所以它比方形的钢管更实用。

图7-5　马克·阿普尔顿联合建筑事务所，帕斯菲卡别墅，加利福尼亚州，1994

阿普尔顿让我想起了作曲家斯美塔那（Smetana）或者德沃夏克（Dvořák），他们把民歌转变成了交响乐。当然，我也可以这样评价许多工艺美术运动时期的建筑师。他们欣赏中世纪的建造工艺，并将古老的细节运用到新的建筑形式中。例如，中世纪的建筑师建造仿古的栏杆时，偶尔会在扶手下方装一块木板作为栏杆的加劲杆，而工艺美术运动时期的建筑师同样在设计中使用这种细节。在有些住宅中，他们会在木板上打孔或者做镂空处理。在伯纳德·梅贝克（Bernard Maybeck）这样的大师手中，切口变成了有机的形状，这与传统栏杆上的二维装饰有着相同的效果。

耶利米·埃克在缅因州艾尔伯勒岛上设计了一个小屋，屋内的楼梯栏板有着丰富多样的细节（见图7-6）。低调的小屋看起来像一个改建过的渔夫舢板棚，加了很多的窗户，还有一个观景门廊和一个非常大的石头壁炉。室内的部分由各种廉价的木材构成，全部涂成白色，但是整体的效果却和拉乔夫斯基住宅截然不同。原因是纵横交错的木屋顶桁架、柱子、墙体和地板都是露在外面的。埃克的设计很难用语言来描述，它一方面融合了传统（山墙屋顶和入口门廊），另一方面又表现得很现代（暴露的结构和全白的配色方案），还有极其简单的细节。他将这种风格称为震教徒式（Shaker）和阿第伦达克式（Adirondack）的组合。楼梯的栏板扩展成了一面落地的幕墙。扶手是一根手握上去尺寸刚好的木条，在木条上开了一个槽与栏板相接。根据埃克自己的描述："楼梯作为一个过渡空间，如果充满了细节，将会起到非常重要的作用。"在这个项目中，楼梯富有表现力的细节就是栏板上重复的几何图案。正面和背面的形式让人想起阿米什人（Amish）的一种被子上的图案，这又是一个在朴素的室内起到点睛之笔作用的独特装饰。

图 7-6　埃克 / 麦克尼利设计公司，坦普尔住宅，缅因州艾尔伯勒岛，2004

　　艾尔伯勒岛上小屋内的楼梯通向一间阁楼，那是孩子们的卧室。阁楼里面的一面隔墙也重复了楼梯栏板上的图案。因为这是一面墙，而不是楼梯栏杆，所以在这里细节成了强调主题的装饰图案。最常见的这种细节上的装饰大多发生在哥特式教堂，教堂内的尖拱有着不同的尺寸和材质：有木质的屏风和镶板、石头材质的祭坛、黄铜材质的灯具，甚至还有雕刻了装饰的长椅。擅长使用细节装饰的现代建筑师非弗兰克·劳埃德·赖特莫属。他做的图案要么是植物形态的，要么是几何形状的，还有在门把手、灯具、彩色玻璃和家具上出现的程式化图案。他是这样解释的："一个单一、明确、简单的形式可以使一栋建筑具备明显的特征，不同的形式可以服务于另外的建筑，但是在一个项目中，主题必须贯穿始终。"

　　当代建筑师往往避开赖特那种丰富的视觉表达方式，但是在建筑中对主题图

案的使用仍然存在。在位于华盛顿特区的瑞士大使住宅的设计中，斯蒂文·霍尔
（Steven Holl）用喷砂的玻璃板作为建筑外部的围护结构，并在楼梯栏板上重复
地再现了这个细部。在他为纽约大学翻新一栋 19 世纪的教学楼时，为这栋 6 层
高的楼新添了一个楼梯井，采光由上方的天窗提供（见图 7-7）。这样的设计使
得这个新增的楼梯看上去像一盏巨大的灯具。他用穿孔的灰色胶合板做墙的装饰
面，并随机在上面开了大小不等的孔，看上去像油漆飞溅的效果。在楼梯井内，
同样的图案出现在楼梯栏板上。不同的是，楼梯栏板由厚钢板制成，利用激光切
割技术切出了与墙体类似的孔。

图 7-7　斯蒂文·霍尔建筑事务所，纽约大学哲学系教学楼，纽约，2007

制造方法

彼得·博林（Peter Bohlin）曾经说过："我设计的细节只关乎制造方法。"这一点在他设计的位于纽约第五大道上的玻璃立方体（苹果零售店）中显而易见（见图 7-8）。这个 9.5 米的立方体结构是一系列支撑屋顶和墙体的全玻璃制的门式刚架①，可以说是彻头彻尾的玻璃建筑。整栋建筑中根本没有钢结构的影子，钢化玻璃片支撑着自己，并由钛合金和不锈钢配件连接。立方体的中心是一个玻璃的电梯井，围绕着电梯井的是一个盘旋的环形楼梯。建筑规范要求在公共建筑中，除了传统的 91 厘米高的栏杆，还需要安装至少 107 厘米高的安全护栏。在这个项目中，螺旋的玻璃板起到了护栏的作用，同时作为螺旋梁来支撑双层的玻璃踏板。扶手是连接在玻璃护栏上端的不锈钢管。金属配件与墙壁类似，几乎算不上一种装饰主题，因为它们只是执行相似功能的相同硬件。人们所看到的只是这些配件最基本的连接功能。

图 7-8　博林、齐温斯基与杰克逊建筑事务所，第五大道苹果零售店，纽约，2006

---

① 　这座立方体最初在 2006 年完工时，由 90 片玻璃板覆盖，5 年以后被 15 片更大的玻璃板替代。

　　伦佐·皮亚诺也喜欢展现事物如何制成的细节。位于达拉斯的纳赛尔雕塑中心（Nasher Sculpture Center）是一栋单层的建筑，由 6 个平行的围墙构成了朝向花园的 5 个平行空间（见图 7-9）。每个空间都有一个玻璃覆盖的拱顶，上面有穿孔的铸铝遮阳板。通过遮阳板过滤的光线为建筑内部营造出一个为雕塑作品量身定做的光环境。为了使拱顶尽可能地轻薄，每一个拱都由中心的不锈钢管支撑，这些钢管则连接到墙上。与皮亚诺设计的其他建筑一样，其中部分结构被暴露在外，而有些部分则没有。例如，厚厚的石灰石覆盖的墙面看上去很结实，但其实是中空的，墙体内包含了支撑拱的钢柱和一些机械装置。

　　皮亚诺不会清晰地表现出每一个节点，他认为这样做会造成视觉上的混乱。相反，他选择某些细节，并让它们成为建筑中的重头戏。其中一个突出的细节是钢化玻璃制成的栏杆。自从贝聿铭在美国国家美术馆东馆中使用了玻璃栏杆以后，它就变成了现代主义建筑的重要元素之一。但是皮亚诺的设计有些细微的不同之处。他摒弃了普通的金属镶边，将每块玻璃稍微分开一段距离，拐角处呈圆角。他选择用螺栓将玻璃固定在楼梯上，而不是让玻璃消失在地板的缝隙里。扶手本身是通过突出的金属托架连接到玻璃上的。与苹果零售店里的楼梯不同，扶手选用的材料是木材，而不是不锈钢。因为木材摸起来很暖和，并且给人们一种传统工艺的手工质感，而不是冰冷的机械感。

　　谭秉荣（Bing Thom）与博林、皮亚诺一样，也是一个建造者。在位于加拿大不列颠哥伦比亚省萨里的西蒙弗雷泽大学卫星校园的项目中，谭秉荣被赋予了一项非同寻常的任务，即在一座现有的商场顶部为 5 000 名学生设计一所新的学院。为了明确学院的学术身份，并将其与购物中心分开，他选用了不同寻常的结构体系：胶合层叠木梁、木桁架，还有一个由原木芯（从原木中剥离胶合板层时留下的木质圆柱芯）制成的空间框架。高高的柱子是一种由被黏合剂黏合的平行木材制成的工业产品。这些木材元素通过清晰的结构细节连接：铸钢节点、高压电缆，还有连接柱子和楼板的铸铁销接头（见图 7-10）。

图 7-9　伦佐·皮亚诺建筑工坊，纳赛尔雕塑中心，达拉斯，2003

图 7-10　谭秉荣建筑事务所，西蒙弗雷泽大学，加拿大不列颠哥伦比亚省萨里，2004

与皮亚诺一样，谭秉荣也用木质扶手搭配钢化玻璃护栏，但是他选用的是不同的组合方式。这里的玻璃并不支撑护栏。相反，玻璃护栏和木质扶手都由金属支柱支撑。每根支柱之间有 1.5 米的间隔，由两个金属夹固定在地面上。玻璃、木材和金属各自执行自己的功能，同时它们的建造细节也被清晰地表达了出来：枫木扶手实际上由一根内部的钢筋加固而成。

设计怪癖

细节遵循历史风格，有助于营造建筑的基本氛围，或表达事物的建造方式。在《建筑细部》（The Architectural Detail）一书中，建筑史学家和建筑师爱德华·R. 福特描述了第四个细部的类别——不兼容的细节。他在书中是这样描述的："（这种细节）与包罗万象的成分无关，遵循自己的规则，并寻求自己的格局。"玛利亚别墅中就出现了这样的一个例子。客厅里的柱子是用藤条或木条包着的钢管。尽管别的柱子都以工匠般的方式处理，但是阿尔瓦尔·阿尔托却将图书馆的一根柱子处理得很工业化。这根裸露的混凝土柱子上木模板的痕迹清晰可见，并且被漆成了白色。房间其他地方都没有出现裸露的混凝土，为什么会有这种矛盾的设计呢？

我曾经听说过一个关于阿尔托的故事。他在麻省理工学院任教期间，给学生们出了一道设计题目：设计一所小学。在其中一个学生汇报完自己的设计之后，阿尔托提出的第一个问题是："老虎从哪里进去呢？"他的意思是，幻想的元素应该是幼儿建筑设计的一部分。玛利亚别墅虽然不是一所小学，但是阿尔托的设计中也存在一定程度的幻想。它往往表现为一种特殊的细节：一盏灯、一个门把手，或者一个独立的混凝土柱。这些细节使他设计的建筑更平易近人，更人性化，同时也坚持了现代主义的严格信条。歌德曾写道："某些缺陷对整体而言是必要的，否则就跟缺乏某种怪癖的老朋友一样奇怪。"

　　路易斯·康辛苦研究的设计方式就不能用"怪癖"这个词来形容了。金贝尔艺术博物馆的内部是由混凝土拱顶、白橡木地板和比利时亚麻面板建造的。其中呈现的细节也很简单，通常不会引起人们的注意。不过有一个引人注目的例外，康称它为"自然光灯具"，其实就是一块挂在天窗上的多孔反光铝板。这些引人注目的金属形式由照明顾问理查德·凯利（Richard Kelly）设计。他们设计的这种细节强调出了不朽的拱顶引人深思的力量。另一个奇怪的细节是一个从底层通向楼上画廊的楼梯扶手，这也是大多数人进入博物馆的地方。扶手被固定在墙面上，是一条用不锈钢弯成的曲面，截面看上去像一个问号（见图7-11）。康本来可以用一个简单的金属杆或木栏杆，但是他选择了这个最初的解决方案。选择弯曲的金属板可能是受天窗上挂的铝反射板的影响。它创造了一个同样鲜明的对比，像纸一样薄的金属扶手和凝灰石墙壁之间的对比。不管灵感来自哪里，这个卷曲的扶手都会给每一个到达画廊的人留下深刻的印象，虽然在我看来这有点突兀。

图7-11　路易斯·康，金贝尔艺术博物馆，沃思堡，1972

　　安藤忠雄（Tadao Ando）作为康的崇拜者，也设计了许多同样低调的建筑。沃思堡现代美术馆（Modern Art Museum of Fort Worth）的画廊就矗立在金贝尔艺术博物馆对面，这是一个被玻璃包裹的混凝土盒子。它的平板屋顶由 Y 字形的支架支撑，并且延伸出建筑边缘，从而为玻璃盒子遮挡阳光。建筑的细部极其简单。超薄的混凝土屋顶板没有横梁，也没有拱腹。玻璃幕墙由不易察觉的铝框架支撑。灯的开关和电器插头，甚至紧急出口的标志都是嵌在混凝土里的。这虽然看上去简单，但是操作起来非常复杂。通高的大厅在二层的位置有一个过道，过道的栏杆选用的是钢化玻璃板，固定在地面上的插槽内，并用不锈钢管镶边（见图 7-12）。这个玻璃围栏说起来有些神秘，很难相信，易碎且需要轻拿轻放的玻璃竟然可以支撑我们的重量。安藤之后详细阐述了其中的原因。当围栏与楼梯相遇时，钢化玻璃板就像刀子穿过黄油一样插进了石头踏板，并在围栏的外侧留下了几厘米的长度。安藤强调，这些预留出来的"剩余"部分其实是用混凝土代替了花岗岩建造的。这对极简主义的安藤来说，是一个非常奇怪的细部。虽然引起了人们的注意，但是跟表现建造的方式毫无关系。有时候怪癖就仅仅是怪癖而已，不需要任何理由。

图 7-12　安藤忠雄，沃思堡现代美术馆，沃思堡，2002

　　玻璃围栏是如此普遍，以至于变成了一种"陈词滥调"。另一个烂大街的细部就是缆绳围栏，就是用水平拉伸的缆绳做成的围栏。缆绳围栏最初起源于赛艇，其安全护栏是用金属丝制成的，目的是减轻重量。这对建筑没什么实质上的意义，但是我怀疑许多建筑师只是喜欢这种看起来有技术含量的硬件：垂直拉杆、锻压螺栓、水平拉杆和其他零件。在室内使用缆绳栏杆总是让我觉得很做作，但在室外，缆绳栏杆有两点优势：它们不干扰视线，并且不像玻璃护栏那样要经常清洗。

　　这就是为什么耶利米·埃克在坦普尔住宅设计中，用缆绳护栏在弗兰德斯湾上围出了一个歇脚用的观景平台，虽然他采用的不是传统形式的缆绳护栏（见图 7-13）。护栏按照材料分为上下两部分：上半部分是缆绳，也就是人坐在阿第伦达克椅子上的时候，水平视线以上的部分；下半部分则采用紧密排列的横木板，因为埃克考虑到护栏外的地势急剧下降，这样做可以给人提供安全感，同时也对儿童的安全做出了应有的考虑。栏杆的边缘有一块平放的木板，这样做对视觉的干扰降到了最低，并且为安装玻璃留出了足够的空间。埃克故意减少了缆绳护栏的技术细节，因为这个栏杆只是作为住宅的一部分，所以在外观上与传统的住宅（木瓦屋顶、山墙、天窗和转角飘窗）匹配即可。航海赛艇上的护栏的垂直拉杆之间有一定的距离，这一点也恰好适合这里的景色，从而体现了这个场地的主要特性。

图 7-13　埃克 / 麦克尼利设计公司，坦普尔住宅，缅因州艾尔伯勒岛，2004

无声的细节

伦佐·皮亚诺的建筑有时候看上去好像是先有了细节，然后才有了剩余的部分，而弗兰克·盖里的建筑则是先有一个整体的想法，然后通过最初的草图表达出来，并带动整个设计。为了不让这个想法受到外界的干扰，盖里呈现的细节往往很普通。当然，要想处理好冲突的表面与奇怪的拐角连接也需要大量的工作，但是结果很少引人注意。复杂的栏杆或者钢索护栏在盖里的建筑中看起来是无用的。沃尔特·迪士尼音乐厅主入口楼梯的护栏是简单的不锈钢管，并没有什么特别之处（见图 7-14）。

图 7-14　盖里及合伙人建筑事务所，沃尔特·迪士尼音乐厅，洛杉矶，2003

管式护栏最早出现在 20 世纪 20 年代的建筑细节中。它们通常被漆成白色，这样做是受现代主义建筑师非常喜欢的远洋客轮的启发。管式护栏之所以被故意设计得相貌平平，其实是一种对中产阶级室内装饰风格的谴责。不过管式护栏还有另外一个优势：它们不引人注目。勒·柯布西耶认为建筑是"聚集在阳光下的体块"，他不想被那些吹毛求疵的细节分散注意力。

　　当雅克·赫尔佐格和皮埃尔·德·梅隆被授予普利兹克奖的时候，评委会的成员之一卡洛斯·希门尼斯（Carlos Jimenez）评论说："大家关于建筑师对材料的熟悉程度已经给出了很多的评论，但在某种程度上，他们的作品有时可能被视为一种对触觉特性、表皮或潜在纹理的执念。"事实上，赫尔佐格和德·梅隆所设计的建筑表皮往往是最令人难忘的部分，无论是多米纳斯酒庄（Dominus Winery）的玄武岩拼接外墙，还是埃伯斯沃德图书馆（Eberswalde Library）那光刻印刷般效果的混凝土立面，再或者是笛洋美术馆的穿孔铜板表皮，都是如此。使用铜板作为建筑的墙体可能会产生非同寻常的细节，但是像盖里、赫尔佐格和德·梅隆通常将它们置于背景中。笛洋美术馆主入口室内楼梯的栏杆就是由非常简单的立柱和被漆成黑色的钢管扶手构成的（见图 7-15）。在能力稍差的人手中，这种漫不经心的细节可能会看起来很简陋，但对赫尔佐格和德·梅隆来说，他们也许就像瑞士同胞勒·柯布西耶一样，只是不想被细节分散注意力罢了。

图 7-15　赫尔佐格和德·梅隆事务所，笛洋美术馆，旧金山，2005

赫尔佐格和德·梅隆的设计有时候会让细节完全消失。例如，在笛洋美术馆的设计中，当穿孔铜板与地面或者屋顶相遇时，并没有什么特别的事情发生，表皮就在那里戛然而止。评论家福特表示，许多当代建筑师认为细节是没有必要的，甚至是不受欢迎的。他引用了库哈斯的话："多年来，我们一直把注意力集中在如何让细节消失上。有时候我们成功了，细节也就不见了，就不会被关注。但是有时候我们失败了，细节仍然在那里。细节就应该消失不见，它们本来就属于古老的建筑。"库哈斯的这类言论虽然备受争议，但是他经常把细节放置在深远的背景中。也就是说，他的建筑中有一些细节，在整个建筑设计中没有担任任何角色。

在西雅图公共图书馆的项目中，位于主要楼层的柱子和斜撑被石膏板包裹着，包裹的高度大概是 2.5 米，以上的部分被喷上了防火涂层，并被涂成了亚光黑色的工字梁，就只是简单地裸露着。天花板里面以及电线管道和水管都被漆成了黑色，像折扣商店一样引人注意。另外，地面上铺的是 60 厘米见方的不锈钢地砖。这种不寻常的地面是用螺丝固定的，而不是通常的黏合固定。每片不锈钢地砖的角落上的一个槽头螺钉都清晰可见。这个直截了当的细节说明了库哈斯的实用主义建筑哲学。图书馆的楼梯栏杆是简单的镀锌钢格栅，没有扶手和支柱，整个栏杆都延续了地砖的肌理。同时，建筑中还存在一些古怪的细节。自动扶梯两侧是由明黄色的塑料制成的，并从后面照亮。紧急逃生楼梯的钢制栏杆也有着同样惊人的视觉效果，被漆成了亮橙色（见图 7-16）。管状护栏随着楼梯的坡度呈现出螺旋的流线，这些部件被简单地焊接在一起，在连接处没有任何的考虑。可以说，没有细节可言。

图 7-16　雷姆·库哈斯 & 乔舒亚·普林斯·拉默斯 / 大都会建筑事务所，
西雅图公共图书馆，西雅图，2004

文字

　　每当路过宾夕法尼亚大学法学院的教学楼时，我都很享受其中的细节。这栋建筑是由沃尔特·科普和约翰·斯图尔森于 1901 年设计建造的。与所有的优秀教学楼一样，它也极具本土特色。这是一栋 17 世纪斯图尔特风格的大楼，其材质也是传统的砖和石灰石，看起来相当宏伟、大气。这样的设计其实是为了纪念英国普通法形成的时期。建筑的亮点有很多，比如，入口上方的三角楣饰，还有高大的门板，以及铁艺护栏。立面上还有一系列圆形的装饰图案：圆形窗户、窗框上方的圆形顶端装饰，还有护栏柱子顶端的石头圆球。每个圆球上都刻有一个历史上的法学家、最高法院法官，或者著名的法律学者的名字。

这种用文字作为建筑装饰的传统最早可以追溯到罗马万神庙。万神庙柱廊的山花上刻有"M.AGRIPPA.L.F.COS.TERTIUM.FECIT"的字样，意思是"吕奇乌斯的儿，三度执政官玛尔库斯·阿格里巴建造此庙"。在美国建筑中，最著名的建筑文字装饰可能是由麦基姆、米德与怀特建筑事务所设计的詹姆斯·A. 法利邮政局大楼（James A. Farley Post Office Building）了。大楼前方刻有"无论雨雪炎热，还是黑暗的夜晚，都不能阻止这些信使迅速完成他们的任务"。这段文字来自希罗多德的《历史》一书。

罗伯特·文丘里也经常用文字来丰富自己的建筑。第一个例子就是 20 世纪 60 年代费城的老人之家。建筑入口上方刻有"GUILD HOUSE"的字样，文字的高度足足有 1.2 米。他设计的西雅图美术馆的石头立面上也刻有 2.4 米高的建筑名字。塞恩斯伯里翼楼的后墙上也刻有"THE NATIONAL GALLERY"的字样。在美术馆内部，通往画廊的大楼梯上，有一个广告牌大小的石灰石饰带，上面刻有文艺复兴时期的艺术家的名字：杜乔（DUCCIO）、马萨乔（MASACCIO）、凡·艾克（VAN EYCK）、皮耶罗（PIERO）、曼特尼亚（MANTEGNA）、贝利尼（BELLINI）、列奥纳多（LEONARDO）和拉斐尔（RAPHAEL）。

建筑上的文字既有装饰性，又可以唤起人们的记忆。我最近看到了另一个用文字装饰建筑的迷人例子。当时我在阿肯色州小石城的市中心寻找图书馆，有人告诉我，这里的图书馆被安置在一个改建的 5 层仓库里，之后也没有什么大的变化。当我走近一栋朴实无华的建筑时，抬头看到檐口饰带上刻着几个名字：莎士比亚（SHAKESPEARE）、苏斯博士（DR.SEUSS）、柏拉图（PLATO）和惠特曼（WHITMAN）。那时我就知道，这就是我要找的地方了。

雕塑

　　另外一个我很喜欢的宾夕法尼亚大学的校园建筑是方院宿舍（Quadrangle），也是由沃尔特·科普和约翰·斯图尔森设计的。尽管这家建筑设计公司在普林斯顿大学实践了哥特式校园的概念，但是在宾夕法尼亚大学，他们却采用了一种詹姆士复兴风格与伊丽莎白都铎风格的折中混合，汉普敦宫样式多于中世纪的牛津风格。石头雕刻的三角楣饰以及徽章比比皆是，还有怪诞面具形状的拱心石，以及传说是仿照学生和教授的模样雕刻的石像鬼，其中还有一个手拿书本的学者和一个蹲着的足球运动员。雕塑式的细节在历史上具有两个功能：作为建筑的一部分，或代表着某种东西。科林斯柱式的柱顶既起到了将柱身和檐部连接起来的作用，又是一串毛茛叶装饰；铁艺栏杆既起到了护栏的作用，又是一排矛尖；石像鬼既是滴水嘴，同时又是一个小妖怪，或者一个足球运动员。

　　雕塑式的细节是装饰性的，但是也承担着建筑中的部分功能。这就要提到宾夕法尼亚大学校园里的另一栋建筑，由保罗·克雷于 20 世纪 40 年代设计的化学实验室大楼。这栋建筑是由若干个简单体量组合而成的大体量，没有装饰，有流线型的圆角和带状窗户，这就是克雷的国际风格。这些特征从远处就可以看见。凑上前观察的话，你可以发现砖的纹理和严格的石灰石分割线。只有当你向门口靠近时，才会意识到大门上方的墙壁上有一块雕刻的石匾。这是雕塑家唐纳德·德·鲁（Donald De Lue）的作品，名字叫《炼金术士》（*The Alchemist*）。这件高凸浮雕作品刻画了一个穿着中世纪长袍的粗糙老男人，手中握着一个球坐在工作台上，背景里有一个曲颈瓶（见图 7-17）。整个浮雕迷人、有趣，又传递了丰富的信息。[1]

---

[1]　出生于波士顿的德·鲁后来成为第二次世界大战后著名的纪念碑人物雕塑家，代表作品有诺曼底奥马哈海滩纪念碑、华盛顿国家童子军纪念碑。

图 7-17   保罗·菲利普·克雷，宾夕法尼亚大学化学实验室大楼，费城，1940

德·鲁的高浮雕提醒我们，建筑细节是需要近距离体验的。罗杰·斯克鲁顿曾写道："这种对于细节天赋的缺失，是许多现代建筑令人沮丧的地方。"现代建筑师对雕塑式细节的态度最早受到阿道夫·路斯于 1908 年所写的一篇论文的影响。这篇论文的题目叫《装饰与罪恶》(*Ornament and Crime*)。它主张去除建筑中所有的装饰性图案。这篇论文事实上是一张"魔鬼契约"，按照它设计出来的建筑缺乏亲密感以及更深一步体验建筑的机会，理论和感知上都是如此。从希腊雕塑家在帕特农神庙柱间壁上雕刻浅浮雕开始，雕塑式装饰就已经是建筑的一部分了。也有一部分建筑师尝试把这种与建筑的亲密关系带入现代主义的细节中。密斯在设计中选用具有丰富纹理的天然材料，比如石灰华、缟玛瑙和热带木材；勒·柯布西耶在朗香教堂的门窗上也融入了手绘的装饰图案；阿尔托设计过手工制作的门把手。这些设计虽然没有石像鬼和炼金术士那么妙趣横生，但也都还算有趣。

迈耶、盖里和库哈斯设计的当代建筑虽然提供了丰富的体验性，但是最亲密的距离也往往控制在一个手臂之内。例如，拉乔夫斯基住宅崭新的建筑外立面，从远处就可以将一切尽收眼底。近距离观察会发现划分立面的网格线仅仅是一条条窄缝，铝面板本身就是白色的表面。迪士尼音乐厅扭曲的金属表皮在近距离看不到任何东西。还有就是西雅图公共图书馆的釉面网格，仔细看的话，就只是填充缝而已。

在现代主义建筑中，倒是有那么一个通过雕塑细节唤起建筑功能的罕见案例，那就是耶鲁大学艺术与建筑学院大楼。这栋建筑由保罗·鲁道夫设计。他将历史的碎片散落在室内：消防楼梯的墙壁上的希腊罗马式饰带、阁楼公寓客房里的埃及风格浮雕、大厅里中世纪风格的雕塑，还有位于4层工作室里希腊女神雅典娜雕塑的复制品。这些石膏模型都是耶鲁大学布杂艺术时期的遗留物，但是鲁道夫在其中还加入了其他的碎片，如从纽黑文破败的场地中拯救出来的柱头、用新型混凝土制作的勒·柯布西耶的模度人浮雕、从路易斯·沙利文设计的芝加哥证券交易所搬来的电梯格栅，还有他自己的办公室门上，是最近拆除的沙利文设计的席勒大楼（Schiller Building）的饰带。当时，许多建筑评论家认为鲁道夫作为一个坚定的现代主义建筑师，是在用这种方式取笑过去。作为现任院长的罗伯特·斯特恩却不同意这样的说法："鲁道夫之所以将这些过去的东西收集并呈现出来，是想让他的学生们认识到，现代建筑不是凭空产生的。"

耶鲁大学艺术与建筑学院大楼建造于1963年，距离之前使用具象装饰来丰富建筑体验的设计方式已经有20多年了。曾在耶鲁大学师从鲁道夫的托马斯·毕比赢得了设计芝加哥哈罗德·华盛顿图书馆的竞赛（见图7-18）。毕比对家乡的传统建筑很感兴趣，因此在图书馆巨大的砖墙上加上了人物铸石装饰：交错的带状饰带，底部还有被称为扭索状装饰的饰带；拱心石是罗马的谷物女神刻瑞斯，还有芝加哥的座右铭：URBS IN HORTO①。另外，建筑顶部的圆雕饰是一个鼓起腮帮吹气的人，这是为了呼应芝加哥的昵称——风城。在圆雕饰的下方是下垂的楣饰。一条带状窗一直贯穿到整栋建筑的高度。毕比解释说："所以这一切都是为了表明这是一座公共建筑。"

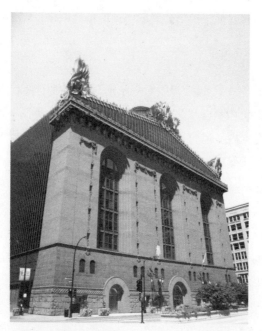

图 7-18　哈蒙德、毕比 & 巴布卡建筑事务所，哈罗德·华盛顿图书馆，芝加哥，1991

这栋芝加哥建筑包含了超大尺度的山尖饰，还有猫头鹰样子的屋顶装饰，这是古罗马符号中智慧的象征。自古以来，建筑师就使用各种各样的装置来活跃建

---

①　拉丁语，意为"花园中的城市"。——译者注

筑的天际线，其中包括雕塑、方尖碑、尖顶饰、球体、壶、菠萝和松果。另外，在建筑顶部设计这些东西还有一个原因，就是使建筑看起来更加人性化。这就是为什么巴洛克建筑的屋顶通常会有栏杆，即便它们没有功能上的需求。有时候这些东西是具有象征意义的，菠萝代表了热情好客，而松果则是古老符号中重生的象征。有时候，它们仅仅是装饰。

英国当代建筑师罗伯特·亚当（Robert Adam）曾写道："改变设计装饰水准的机会有很多，适当的尺寸、建筑的意义或者建造成本都会给建筑的建造带来一定的灵活性，同时可以将其应用到单独的特征或者细节中。"亚当在这里谈论的不只是简单地将经典的片段添加到现代主义建筑中，而是像鲁道夫那样，或者像一些后现代建筑师所做的那样，提倡全面复兴古典建筑中的词汇。这就给我们带来了有关风格的棘手问题。

HOW ARCHITECTURE WORKS

一种风格会经历从诞生到成熟，然后年老，直至死亡的过程，最后被新的、有活力的后来者所取代。

乔尔乔·瓦萨里
Giorgio Vasari

风格：
视觉逻辑

　　莱斯·沃克（Lester Walker）的著作《美国住宅》（*American Shelter*）是一本关于住宅风格的手册，其中列举了 100 种住宅风格，从原木屋（Log Cabin）到盐盒住宅（Saltbox），从意大利牧场风格到加利福尼亚牧场风格，统统被记录在该书中。这本书在某些方面类似于赏鸟的现场指南，引导读者去寻找某些特征，如穹顶、屋顶板、细柱子、大型落地窗等。这就是所谓的风格。一个执业建筑师编写这些关于住宅风格的合集既不是为了学术，也不是为了争辩。但是这样说对作者好像又有些不太公平。

　　沃克在书中写道："我想公平地对待每一种风格，棚屋风格和希腊复兴风格我都感兴趣。"他将展示美国的住房风格视为一系列独立的冒险，冒险者是拥有不同资源和处于不同情景中的个人。种类繁多的风格按照时间顺序呈现在读者面前，从建筑师到 DIY，从商业建筑建造者到木工，再从镀金时代的金融家到内布拉斯加州的农民。它们被依次呈现出来，但有时顺序也令人困惑。

艺术历史学家面临的挑战是将过去变得有意义，风格在这项任务中派上了很大的用场。詹姆斯·S.阿克曼（James S. Ackerman）曾说过："对历史的编写，我们要从中找到所研究的因素，并证明这些因素是足够连续的，能够产生一条清晰且变化的故事线。"对风格的探索起源于文艺复兴时期的画家兼建筑师乔尔乔·瓦萨里，他的著作《艺苑名人传》（*The Lives of the Artists*）被认为是艺术史的基础理论文本。瓦萨里认为，艺术风格的演变其实反映了生命的周期。也就是说，一种风格会经历从诞生到成熟，然后年老，直至死亡的过程，最后被新的、有活力的后来者所取代。尽管这种观点在该领域占据了长达几个世纪的主导地位，但不是每个人都同意这种说法。

1914年出版的《人文主义建筑学》（*The Architecture of Humanism*）的作者杰弗里·斯科特（Geoffrey Scott）认为这种说法是"生物学上的谬论"。根据斯科特的说法，风格并不像物种那样进化，它们既不是施工方式改变的结果，也不是道德判断减少的结果。他认为风格没有好坏之分。身为学者和诗人的斯科特，同时也是一位多才多艺的园林设计师，还是一个唯美主义者。他曾在勒·柯布西耶之前，写过这样的文字："建筑是一种简单且可以被立即感知的集合，一种在光与影下展示的空间、体量和线的集合。"① 斯科特将观察者作为体验的主角，因此他认为风格的变化是人类自主选择的结果。他还认为，文艺复兴时期的建筑师之所以做出那样的设计，仅仅是因为他们喜欢某一种建筑形式。

历史学家约翰·萨默森（John Summerson）在描述哥特式建筑起源时赞同了这种观念："尖拱在哥特式建筑中被认为是一个必不可少的元素，并不是因为它

---

① 更为实用主义的是，斯科特曾将建筑定义为"将一群工匠组织起来的艺术"。

在实质上是否必要，而是因为它的形式满足了当时人们对那个时代建筑的幻想。"
尖拱在结构上其实并没有圆拱那么实用。还有带花边的扇形穹顶，看上去更像是
一个精致版的罗马式穹顶。而且它仅仅支撑了自己的重量，屋顶实际上是由隐藏
的木桁架支撑的。然而，无论是扇形穹顶还是尖拱，都成为哥特式建筑的本质。
萨默森还指出，风格的变化往往会受品位变化的影响，这个问题我将会在本书的
最后一章来探讨。

　　虽然艺术历史学家试图根据非连续的时期来划分风格，但是许多建筑很难
被归于某一类。哥特式建筑的确替代了罗马式建筑，但是在尖拱流行之后，圆
拱仍然在使用，这一点从拉昂大教堂（Laon Cathedral）和努瓦永大教堂（Noyon
Cathedral）的设计中都可以得到证实。风格也不一定就会枯萎或者死亡。威尼
斯哥特式就是一种豪华版的拜占庭式（Byzantine）和摩尔式（Moorish）的装饰
性建筑风格的融合。它一直伴随着威尼斯进入文艺复兴时期。当总督宫（Doge's
Palace）被火灾严重损坏后，帕拉第奥想用古典建筑风格来修复15世纪哥特式
立面的提议被否决了，最后还是还原了原本的立面。这还算不上是对历史性建筑
保护的案例，相反，我觉得它是对一种特定风格的偏好。

　　威尼斯人称帕拉第奥的设计为"过时的建筑"，因为他的设计中借鉴了古罗
马建筑的图饰。罗马并没有乡村住宅、宫殿或者基督教堂的案例，以供帕拉第奥
借鉴。因此，他不得不将这些神庙建筑的原型应用到新的建筑类型中。正如阿克
曼所指出的，建筑师对美学问题的解决方案的追寻，往往就是风格发展的关键动
力。但是追寻解决方案的方向与实际上解决最原始问题的方向可能是相反的。换
句话说，当建筑师们探讨美学问题时，经常会出现新奇且不可预见的解决方案。
在帕拉第奥的案例中，他对古董模型的探索，使他开发出与罗马先例无关的全新
的乡村住宅设计，并且在接下来的几个世纪影响了世界各地的建筑师。

风格一致

　　建筑从业者关于风格的观点与历史学家有所不同。历史学家用风格来划分过去，而建筑师用风格来组织当下。无论是设计特定的历史风格，还是追求个人独特的视角，建筑师都必须保持一致性。这种一致性不仅要体现在单独的细节中（像我之前列举的楼梯栏杆等），而且要自始至终地贯穿整栋建筑。想象一下，如果弗兰克·劳埃德·赖特的田园学派（Prairie School）建筑中出现了包豪斯的门把手和管状安乐椅，或者范斯沃斯住宅里出现了手工制作的沙发和台灯，会是怎样一幅画面。所有建筑都应该名副其实，无论是传统的还是现代的。建筑将我们带入了一个特别的世界，一个具备一致的视觉逻辑的世界。创造这种逻辑的就是对风格的感知。

　　路易斯·康的建筑风格非常独特：距离感，偶尔粗糙，从不让人觉得舒适，还总给人一种受约束的感觉。菲利普斯埃克塞特学院图书馆的内部是由裸露的砖块和混凝土组成的，看上去相当朴素。其中的柚木家具可能会给这栋整体冰冷的建筑增添一丝温暖，但是家具的细节却像震教徒式的会客室一样朴素（见图 8-1）。还有那一排单独的学习空间，像极了修道院的忏悔室。实际上，这栋图书馆与路易斯·康的大多数建筑一样，宁静得就像一座严肃的修道院。

图 8-1　路易斯·康，菲利普斯埃克塞特学院图书馆，新罕布什尔州埃克塞特，1972

由雷姆·库哈斯和乔舒亚·普林斯·拉默斯共同设计的西雅图公共图书馆也很严肃（见图 8-2）。它的细节质朴，有些地方甚至粗糙，但是整栋建筑给人的印象却与修道院不同，它像是一栋被改造成时尚都市中心的工业建筑。其建筑风格的一致性就在于它的不和谐，一种从平庸到非凡的能力。鲜黄色的自动扶梯、不锈钢的地面，还有时尚的家具，虽然看似被安排得杂乱无章，但一同奠定了这栋建筑的室内基调。一栋原本应该有序且冷静的图书馆建筑，却经历了无序的躁动。这种非同寻常的设计方法的优势就是没有什么是不合适的，尤其是对不讲究的西雅图人来说。他们开心地占据库哈斯不羁的世界，使它成为自己的地盘。这种方法的劣势就是建筑师的专一可能会带来坏处。从建筑的外部来看，一成不变的玻璃网格将其与周围的建筑隔离开来，从而使其在城市中有些令人生畏，给人的感觉好像是一个玻璃的结晶形态，笨拙地降落到陡峭的场地上。

图 8-2　雷姆·库哈斯和乔舒亚·普林斯·拉默斯 / 大都会建筑事务所，
西雅图公共图书馆，西雅图，2004

加拿大不列颠哥伦比亚省的萨里公共图书馆位于西雅图以北几百千米外,很和谐地融入了郊区的环境中(见图8-3)。该图书馆属于一个社区中心的分支,并不是该地区的中央图书馆。即便如此,谭秉荣同样面临着一个极大的挑战,那就是图书馆不可知的未来,因为公共图书馆在数字时代的实质性作用仍然是一个问号。他解释道:"显然,图书馆需要为阅读、学习,以及社区活动提供活动空间。该建筑非常灵活,可以容纳所有这些功能,但是采取这样的方式就会使读者不愿意停留在其中某一个区域。"因此,这绝对不能是一座路易斯·康修道院式的图书馆。建筑的内部会让人想起赖特的古根海姆博物馆,一个盘旋的围栏围绕着带有天窗的中央空间,只不过这里的地板是水平的,不是坡道。建筑整体看上去像一个流动的几何体,就好像古根海姆博物馆是用明胶做成的那样。与赖特一样,谭秉荣试图用细节营造出一种无缝的整体印象。但是与库哈斯的作品不同,它不会令人震惊。相反,平静的建筑内部容纳了许多不同的活动区域,同时保留了一座图书馆本该有的沉稳。

图 8-3 谭秉荣建筑事务所,萨里公共图书馆,加拿大不列颠哥伦比亚省萨里,2011

　　萨里公共图书馆获得了可持续发展绿色建筑的银级认证。绿色建筑代表了领先的能源与环境设计，是一个应用于北美洲的衡量建筑减少温室气体排放程度的评级系统。在这个图书馆的案例中，建筑对自然光的利用达到了最大化，从而减少了人工照明和空调的使用率。同时，为了避免类似于法国国家图书馆那样过度照明的问题再次出现，灯光被控制得很严格。建筑外立面，玻璃的面积只有外墙面积的50%，从而减少了建筑在冬季的热损失。西立面的玻璃比东立面的少，这样是为了减少热量的获得。向外倾斜的墙壁有助于遮蔽南立面的玻璃窗。提倡可持续发展的绿色建筑有时似乎代表了一种新的风格。尽管可持续发展同消防安全和抗震一样，是一个至关重要的问题，但是它不能决定建筑的形式。绿色建筑可以是高科技的玻璃，可以是传统的砖和砂浆，也可以是暴露的混凝土，就像谭秉荣的杰作一样。

古典的外衣

　　查斯特菲尔德勋爵四世菲利普·斯坦诺普（Philip Stanhope）曾经做过一个非常奇妙的比喻，他说："风格就是思想的外衣。如果你的语言风格是平凡、粗糙、庸俗的，并且让它们一直这样，那你就会暴露出许多缺点。就像人一样，尽管形体完美，但是穿着不得体同样会受到不公平的对待。"这位18世纪的英国绅士就是这样告诫他儿子的。不过这段有关言语的忠告，也适用于建筑。尤其是内容与传递方式之间的这种区别，在纽约现代艺术博物馆和华盛顿特区的美国国家美术馆两个案例中表现得淋漓尽致。两座博物馆的开放时间相隔不到两年，分别是1939年和1941年。在纽约，画廊是垂直堆叠的，而在华盛顿，它们在水平方向上延展。但这两栋建筑最大的不同，在于建筑师处理相似问题的不同方式。

　　两座博物馆的立面都使用了大理石作为建筑材料，在现代艺术博物馆的设计中，爱德华·迪雷尔·斯通和菲利普·古德温（Philip Goodwin）将材料尽可能地拉伸，效果平整得像鼓面一样（见图8-4）；而在美国国家美术馆的设计中，约翰·拉塞尔·波普利用模数来控制立面上开口、线脚和玻璃窗的位置和关系（见图 8-5）。斯通和古德温用曲线的雨棚来强调建筑的入口，而波普用的是一个圆柱状的庙廊。现代艺术博物馆在广阔的室外台阶尽端设有一扇高大的青铜门，而不是像其他纽约的大厦一样，在人行道同等高度的入口处设置一个普通的旋转门。另外，它在入口处还设有一个大的圆顶大厅，而不是一个低矮的大堂。两栋建筑上都刻有它们的名字，不过"NATIONAL GALLERY OF ART"用的是雕刻在大理石上的古罗马字体，而"MoMA"则是附加在立面上的无衬线的金属字体，而且与地面垂直排列。[①] 这些差异都是风格上的体现。美国国家美术馆用不朽的古典主义来表达这是一座神庙或者宫殿，是专属于历史的伟大的艺术品。现代艺术博物馆则避免一切历史性的元素，使用商业图形和非传统的形式来传递一个完全相反的信息：这不是你祖父的博物馆。

图 8-4　爱德华·迪雷尔·斯通和菲利普·古德温，现代艺术博物馆，纽约，1939

---

① 　变了形的"MoMA"的垂直标志是对包豪斯现代主义垂直标志的设计风格的致敬。在 20 世纪 30 年代的美国市中心，大型的垂直标志并不常见，仅用于像酒店、百货商店以及电影院等商业建筑，而不用于文化机构。

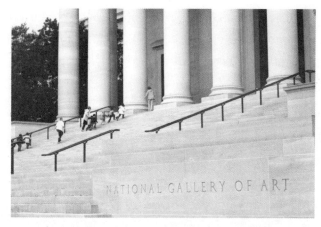

图 8-5　约翰·拉塞尔·波普，美国国家美术馆，华盛顿特区，1941

　　波普的最后一个项目是杰弗逊纪念堂（Jefferson Memorial），它在当时的建筑界引发了激烈的争论。他的设计灵感来自罗马万神庙。一些评论家认为，在经济萧条时期，利用公共资金建造一个昂贵的纪念碑很不合时宜。但大多数的争论都与风格有关，也就是现代主义与古典主义之间的争议。现代艺术博物馆的馆长、哈佛大学建筑学院的院长、专业期刊的编辑，以及很多首席建筑师都倾向于前者。但是曾经通过了美国国家美术馆方案的美术委员会不是很喜欢波普的方案，就连哥伦比亚大学建筑学院也没有站在自己最杰出的学生这边。更有甚者，弗兰克·劳埃德·赖特写信给富兰克林·德拉诺·罗斯福总统，他在信中说，波普的方案简直就是对杰弗逊的侮辱。然而，罗斯福总统却是波普的崇拜者，他亲自干预这个设计和施工过程，以确保波普的方案顺利实施。

　　波普有时被人称为"最后的罗马人"，这么说也不都是为了奉承他。哈佛大学设计学院院长约瑟夫·赫德纳特（Joseph Hudnut）曾于 1941 年写下了一段关于美国国家美术馆的文字："用一种古老文化的死亡面具来表达美国的英雄灵魂是多么微不足道啊。"① 然而，还不到 25 年，古典主义就再次出现在美国首都，并准确地代表了这个国家的"英雄灵魂"。其坐落在刚刚建成没多久的美国国务院所在的街区内，这在我看来就是一个不起眼的国际风格的融合地。该建筑上面两层包括了行政办公室和外交接待室。国务院的管理者克莱门特·E. 康格（Clement E. Conger）将其称为"20 世纪 50 年代的汽车旅馆"：落地玻璃窗，裸露的钢梁，只有门洞却没有门，被涂了防火层的承重柱就立在房间的正中央，还有铺满整个房间的地毯和廉价的吸音天花板。为了呈现一个在康格看来更适合国际外交的场所，国务院决定为这些房间配备一些美国早期的古董。这就需要在建筑上做一些相应的配合，因此这个翻新室内设计的任务就交给了爱德华·维森·琼斯（Edward Vason Jones）。

琼斯的专长是古典主义的室内装饰。他设计了一个入口大厅、一个肖像画廊和几间接待室，这些都是联邦风格的。在他过世之后，这个任务由瓦尔特·麦康伯（Walter Macomber）、约翰·波拉图（John Blatteau）和艾伦·格林伯格继续完成。在 20 世纪 80 年代，格林伯格重新设计了一套用于典礼活动的房间。条约厅（Treaty Room）作为建筑的新核心，是一个由弧形墙以及一系列科林斯柱围合而成的椭圆形空间。格林伯格表示："科林斯柱式上这种轻薄的毛茛叶，是我从波普设计的国家档案馆里看到的，那可能是我见过的最美的毛茛叶装饰了。"

一个镀金的美国官方大纹章复制品（正品保存在美国国务院），依偎在科林斯柱头上茂密的毛茛叶丛中（见图 8-6）。条约厅中到处都是这种典型的标志。地板正中央镶嵌了一个罗盘，代表着世界上各个国家和谐相处。线脚上的卵锚饰为门画上了一圈白色玫瑰边，这是代表和平的传统符号。还有烟草植物的叶子和

① 赫德纳特严重低估了波普的影响力。2007 年，美国建筑师学会成立 150 周年时，进行了一次全国调查，评选出公众最喜爱的 150 栋建筑，杰弗逊纪念堂排在第 4 位，美国国家美术馆排在第 34 位。赫德纳特引进到哈佛大学的包豪斯明星建筑师瓦尔特·格罗皮乌斯和马塞尔·布劳耶（Marcel Breuer）却没有建筑上榜。

花，参考了美国印第安人象征和平的烟斗装饰。

图 8-6　艾伦·格林伯格建筑事务所，美国国务院条约厅，华盛顿特区，1986

在古典建筑中，吸引格林伯格的部分也同样吸引着波普。设计杰弗逊纪念堂对波普来说是一个可以追溯传统古希腊和古罗马建筑的机会。这种传统的核心就是柱式，一种由柱子和水平元素组成的程式化的系统，构成了古代神庙的主要建筑特征。据萨默森所说，柱式让建筑师着迷了几个世纪的原因，一方面是祖先的权威，另一方面是建筑所营造出来的神秘感。历史上存在五大柱式：塔司干柱式、多立克柱式、爱奥尼柱式、科林斯柱式、组合柱式。它们都有各自的比例、设计原则和使用规则。萨默森曾写道："柱式的基本价值包括两方面，就是它们有限的多元性和相对的永恒性。"同时他还指出，这些"现成的建筑"可以凭借多种多样的方式进行搭配和重组。

柱式可以很理想地统领整个设计。它凭借传递垂直比例和建筑的轮廓来表现其地位。第二级的柱式可能与第一级的柱式冲突，因此在两个不同尺度上的运动可能是和谐的，也可能是相反的。同一种柱式可以首先出现在柱廊中，然后继续以壁柱的形式出现，柱与柱的间距是一半或者三分之二柱子的高度。它也可能连续出现，将建筑紧紧环绕，或者有时出现，或者根本就不出现，只借用一些属性来暗示建筑的整体氛围。

在波普设计的美国国家美术馆中，爱奥尼柱式出现在门廊和圆形大厅的巨大圆柱上。虽然波普对古典主义的定义特别严格，但是这些光滑的石头柱子却没有凹槽，柱顶也是经过高度简化的，檐板也没有突出的齿状装饰物。建筑的其他部分主要是空白的墙体（因为美术馆是通过顶部采光的），尽管通过露出的一点点壁柱进行了调节，但是细微到几乎不会被人察觉的地步。门廊檐部的柱廊沿着建筑的四边排列，用萨默森的话说就是"延续的对话"。

由格林伯格设计的位于佐治亚州雅典市的新闻大楼是一栋普通的报社兼印刷厂，几乎不能与波普设计的纪念馆相提并论。但是，古典主义的设计语言在任何情况下都是一样的。波普用一个类似于神庙的柱廊强调了办公室的入口，虽然柱子采用的是多立克柱，而非爱奥尼柱。另外，光滑的柱子是由预制混凝土建造的，而不是田纳西大理石。与波普一样，格林伯格也用柱子包围了建筑，只不过这里用的是砖砌的壁柱和檐部。建筑严肃的外观看上去像一个缺乏装饰的工业盒子（见图8-7）。建筑前面被装饰性的铸铁栏杆包围，入口平台的实用主义的顶棚上带有铸铁狮面装饰和花状装饰（带叶子的花纹图案）。前厅的室内装潢色彩较为丰富，这是对18世纪末期希腊复兴风格的一种致敬，在美国南部有许多这样的例子。

图 8-7　艾伦·格林伯格建筑事务所，新闻大楼，佐治亚州阿森斯，1992

　　格林伯格的设计没有什么特别复杂的地方，一个功能性的大盒子外加一个神庙的门廊，这是一种在博物馆、银行和校园建筑中很常见的安排。这就是这座大楼可以如此迅速地被熟悉和理解的原因。建筑的正前方是主入口，侧边是功能性的卸货平台，后面则是带桌椅的室外屋顶平台。是什么让这栋简单的建筑同时在比例、开口的韵律以及细节方面都让人满意呢？因为它证明了萨默森曾经说过的一句话："正确的古典建筑是非常难设计的，但如果设计得好也就不难理解了。"

新古典主义

　　波普的古典主义作品有时候被人们称为典范，因为他严格遵守罗马作家维特鲁威（Vitruvius）所描述的建筑样式，同时按照文艺复兴时期建筑师莱昂·巴蒂斯塔·阿尔伯蒂和安德烈亚·帕拉第奥的详尽制图说明来设计。保罗·克雷对古典主义有一种更宽泛的理解。虽然克雷是美术学院的获奖毕业生，并且认为古典主义确实适用于美国公共建筑，但是他认为风格理应适应那个时代的需求和品味。他是 20 世纪 20 年代提倡古典风格的几位建筑师之一，他提出了所谓的"新古典主义"：否定柱式，但是保留古典主义的构成和对称。最好的例子可能就是位于华盛顿特区的美国联邦储备委员会大楼（Federal Reserve Board Building）了。这是克雷在一次竞赛中获胜的项目，参加此次竞赛的还包括波普、小阿瑟·布朗（Arthur Brown Jr.）、埃杰顿·斯瓦特伍特、威廉·亚当斯·德拉诺（William A. Delano），还有詹姆斯·甘布尔·罗杰斯（James Gamble Rogers）。主要的古典主义建筑师基本都在这里了。10 年后，在史密森尼美国艺术博物馆（Smithsonian National Gallary of Art）的竞赛中，克雷是 10 个入围者中唯一一个非现代主义建筑师，最后获胜的是埃罗·沙里宁和他父亲埃利尔·沙里宁。

克雷面对现代主义的崛起十分淡定，他曾于 20 世纪 30 年代写道："他们现在获得的胜利是轻浮的、不谦虚的，就像古典主义的昨天一样。意大利风格、新希腊主义和布杂艺术于 1880 年到 1910 年战胜了哥特式复兴主义、孤立的个人主义，以及'黑暗时代'的残骸①，成为当时的主流风格。"他将建筑的历史描述为一种周期性的重复。

在艺术中有两大类风格——古典主义和浪漫主义，二者之间是一种像跷跷板一样的此消彼长的平衡关系。在艺术史中是这样记载的，某一时期是古典主义占上风，过段时间又是浪漫主义处于优势，总有一方处于相对较高的地位。占优势的一方相信自己发现了唯一的真理，并永远击败了对手，直到自己再没有上升的空间，这时就出现了他们称为"反作用力"的现象。而此时，另外一方就开始了新的趋势，因此昨天被征

---

① "'黑暗时代'的残骸"，大概指的是威廉·莫里斯（William Morris）和他发起的工艺美术运动。

服的一方就变成了今天的胜者。

克雷认为，尽管现代人主张理性主义，追求个人主义，追求乌托邦式的完美主义，但它拒绝历史的本质其实就是浪漫主义。

新古典主义在克雷设计的福尔杰莎士比亚图书馆中被展现得淋漓尽致（见图 8-8）。福尔杰原本想要的是一栋伊丽莎白时代风格的建筑，但他的建筑顾问亚历山大·特罗布里奇（Alexander Trowbridge）认为，如果都铎式的木骨架出现在美国国会山上会很奇怪。克雷的设计没有经典的柱式和任何古典主义的装饰图案，被简化的壁柱既没有柱头也没有基座，更像是一整块的凹槽板。窗户上的装饰格栅和流线型的线脚明显受到了法国装饰艺术的影响。然而古典主义的平衡感依旧存在。环绕着建筑屋顶那宽宽的空白带其实也是一种装饰，而且在檐口处还有一圈锯齿装饰带。

福尔杰莎士比亚图书馆与克雷设计的美国联邦储备委员会大楼、伯特伦·格罗夫纳·古德休（Bertram Grosvenor Goodhue）设计的美国国家科学院（National Academy of Sciences）和雷蒙德·胡德设计的洛克菲勒中心的 GE 大楼一样，都是用艺术作品来平衡建筑本身的严肃的。在该项目中，克雷设计了 9 块浮雕板，分别描绘了莎士比亚戏剧中的不同场景。墙上还刻着塞缪尔·约翰逊（Samuel Johnson）和本·琼森（Ben Jonson）的引文，当然也少不了威廉·莎士比亚的经典语录。

福尔杰在室内装饰的部分终于遂了自己的意愿。剧院是伊丽莎白建筑风格的，展厅则像 17 世纪英国乡间别墅的大厅。主阅览室是仿照亨利八世在汉普顿宫的宴会厅设计的，装饰着锤梁天花板和都铎镶板。建筑内部和外部的对比有点令人不安，正如克雷所挖苦的：“对那些有充分理由相信建筑物内部和外部必须具有一致性的人来说……这确实有些麻烦。"

图 8-8　保罗·菲利普·克雷，福尔杰莎士比亚图书馆，华盛顿特区，1932

工作风格

　　克雷一直坚守着设计上的一致性，但是他不反对在工作中尝试不同的风格。他设计过地中海风格的住宅、西点军校的几栋新哥特式建筑、华盛顿特区的装饰艺术风格的发电厂，还有得克萨斯大学奥斯汀分校那融合了西班牙和墨西哥装饰图案的红瓦屋顶建筑。克雷那一代的建筑师大部分都是折中主义者，而使他们成为折中主义的主要原因其实是甲方。事实确实如此，正因为甲方想要哥特式的校园建筑，想要板式结构的海滨别墅，想要现代主义钢和玻璃的办公建筑，想要前卫的现代主义艺术博物馆，这些建筑才成为现在的样子。彼得·博林为苹果公司设计了简约的玻璃店面，但是为皮克斯动画工作室总部构思了一栋类似于工业厂房的建筑（皮克斯动画工作室总部位于加利福尼亚北部一个小镇的仓库区）。另外，博林和詹姆斯·卡特勒（James Cutler）为比尔·盖茨设计的位于西雅图华盛顿湖边的庄园，是一栋不规则伸展的混凝土和木材混合的建筑，并且被半掩在景观中。

　　埃罗·沙里宁可以算是现代折中主义的鼻祖，发起了"工作风格"的表达方式。这也是他吸引到像 IBM、环球航空、贝尔电话公司和哥伦比亚广播公司这样的大客户的原因之一，因为这些企业要的是可以反映各自企业文化的独特建筑。像迈克尔·格雷夫斯、弗兰克·盖里、伦佐·皮亚诺这样的现代建筑师都已经形成了自己独特的风格，但是像另外一些现代建筑师，比如赫尔佐格 & 德·梅隆、让·努维尔、摩西·萨夫迪则可以根据甲方的需要、建筑的功能和环境采取不同的表达方式。这在年轻的建筑师群体中好像已经成为一种常态。当大卫·阿贾耶被问到是否有特定的专属于自己的建筑风格时，这位非裔美国人历史与文化国家博物馆的建筑师是这样回应的："对我们这一代建筑师来说，专属风格的想法似乎已经有些过时了。"

　　萨夫迪最近的两个项目证实了这个观点。两栋都是现代主义建筑，但是采用的现代主义的方式却不同。第一个项目是位于新加坡的一座面向滨海湾的娱乐度假综合体——滨海湾金沙酒店（Marina Bay Sands）。这个项目最吸引人的地方就是 3 栋 55 层的酒店大楼上方的"空中公园"平台。这其实是沙里宁式的构图，简单到让人立即可以理解它的意图，夸张到让人一下就能记住它。第二个项目是位于美国阿肯色州本顿维尔市（Bentonville）的水晶桥美国艺术博物馆（Crystal Bridges Museum），是为了安放爱丽丝·沃尔顿（Alice Walton）收藏的美国艺术作品而建造的（见图 8-9）。这座博物馆与第一个项目截然相反，零零散散的建筑群稳稳当当地栖息于景观之中。由于受到丹麦路易斯安那现代艺术博物馆的影响，这座位于阿肯色州的博物馆由一系列围绕着水池的展馆构成，展馆之间是相连的，周围是树林。萨夫迪还对这两个在同一年建成的作品进行了比较。

　　水晶桥美国艺术博物馆在建筑作品中算是很特别的一个。这种特别与建筑的功能紧密相关，同时体现了建筑是如何融入环境的，以及设计中对场地的理解和概念的产生，当然还有建筑材料和处理特定场地的方法。相反，滨海湾金沙酒店需要的是普适性，以及一种适用于巨大规模城市的概念。这是一个关于你如何建造一栋13 000平方米的建筑和如何在一个高密度且拥挤的城市中创造公共空间的问题。

　　萨夫迪的这两个项目虽然没有成为家喻户晓的历史或区域的案例，但是他对两个不同的环境做出了自己的回应。一个在新加坡，一个在欧扎克山脉（Ozarks），分别使用不同的形式、不同的材料、不同的结构体系，甚至不同的细部来安排不同的功能。滨海湾金沙酒店是高冷的、商业的，并且是光滑的；而水晶桥美国艺术博物馆却是平易近人的，充满着手工制作的质感，并且故意设计得很低调。

图 8-9　萨夫迪建筑事务所，水晶桥美国艺术博物馆，阿肯色州本顿维尔，2012

吸引甲方选择像萨夫迪（在他之前是沙里宁）这样的折中主义建筑师的原因也同样困扰着许多建筑评论家，因为他们不喜欢多样化，更喜欢一致性的风格。在学术界也是一样，学者们更倾向于一致性的风格，因为这样更适合进行学术分析，特别是当一种风格拥有某种理论基础的情况下。但折中主义建筑师并不这样认为。加拿大建筑师亚瑟·埃里克森曾写道："建筑并不来自理论，建筑设计也并非建筑师对建筑的想象。"埃里克森的作品也展现了一个颇为广泛的风格范围：浪漫主义的柱梁结构房屋、温哥华罗布森广场（Robson Square）上的高技派空间框架屋顶、多伦多罗伊·汤姆森音乐厅（Roy Thomson Hall）雕塑式的建筑形式，以及渥太华加拿大银行大楼（Bank of Canada）光滑的玻璃盒子。折中主义建筑师不安的想象力使得他们看上去不是很可靠，当然这也使他们付出了相应的代价。克雷和沙里宁的声誉在他们过世后急剧下降，于2007年过世的埃里克森也是一样。

现代与非现代

我曾于20世纪60年代中期参观过查尔斯·穆尔（Charles Moore）位于加利福尼亚州奥林达市的周末度假别墅（见图8-10）。当时我在参加一次学生建筑之旅，我们驱车来到伯克利后面的一座小山上，穆尔当时就在那里教书。我所熟悉的现代建筑都是由平屋顶和大片玻璃构成的，但是这栋别墅的屋顶稍稍有些坡度，而且是个四坡的屋顶。玻璃角打开的时候以一种现代的方式呈现在人们面前，但是关着的时候却像一个仓库门。事实上，其粉饰的木墙和风化的雪松木瓦使得整栋建筑看起来像个小谷仓。整个室内是一个不可分割的"现代"空间，一扇大天窗下有敞开的淋浴。天窗是由四根塔司干柱支撑的，这一点非常让人意外。因此，整栋建筑的风格既现代又不现代。当时，我作为一名受过常规训练的21岁的建筑系学生，还不是很确定它是怎么建造的。

图 8-10　查尔斯·穆尔，穆尔自宅，加利福尼亚州奥林达，1962

　　像穆尔自宅这样的小房子其实是后现代主义建筑的先驱，它试图将历史的装饰主题与现代主义的意识形态相结合。最有成就的后现代主义实践者非詹姆斯·斯特林莫属。他设计的斯图加特州立绘画馆，用独特的创造力和精湛的工艺展现了多种风格（见图 8-11）。其辨识度颇高的新古典主义元素将新建筑和原有的博物馆完美地搭配在一起，但是加建的部分也是现代主义风格的拼贴。暴露的钢结构被漆上了像红蓝椅一样鲜艳的颜色，与看似传统的砌体结构相连。巨型通风管道好像是从蓬皮杜艺术中心搬过来的，还有粉红色的栏杆像是从拉斯维加斯借过来的。亮绿色的橡胶纹理地面让人想起一栋现代主义的标志性建筑——皮埃尔·查里奥（Pierre Chareau）的巴黎玻璃之家（Maison de Verre）。翼楼的图书馆还带有国际风格的带形窗，带形窗下方则是非国际风格的条形遮阳板。

　　斯特林把建筑视为一种语言，但是他并不仅仅满足于说好这门语言。有点类似于建筑中的捣蛋鬼，他想用玩笑、双关语、俚语和文字游戏来延伸和丰富现代主义建筑语汇。1981 年，他在接受普利兹克奖的获奖演说中说道："对许多人来说，我们更倾向于使用抽象的现代建筑语言，比如包豪斯、国际风格，随便你怎么称呼它。这种语言变得重复、简单和过于狭隘。我个人非常期待我们能尽快度过现代运动的革命阶段。"有些时候，建筑中的强烈冲动可能会变得非常乏味。

图 8-11　詹姆斯·斯特林和迈克尔·威尔福德，斯图加特州立绘画馆，斯图加特，1984

　　后现代主义在后来被证明是昙花一现。在穆尔这样聪明的建筑师手中，或者在斯特林这样的历史系学生眼中，再或者在文丘里这样认真负责的建筑师的管理下，其设计的结果可能是对过去的一种重新解读。然而，缺乏知识的建筑师倾向于以特殊的方式组合这些历史元素，完全不顾上下文，就像喜鹊肆意囤积鲜艳的物件。后现代主义很快就失去了它原本的意义，并且成为一个贬义词，用来泛指任何带有模糊的历史图案、幼稚的建筑形式，以及蜡笔画色彩的建筑物。同时，公众以及专业人士很快就厌倦了这一切。尽管如此，后现代主义还是在对现代主义的反思和对古典主义的复兴中发挥了重要的作用。

一些后现代主义建筑师转向了一种更彻底的对历史风格的应用。最近罗伯特·斯特恩有一本关于住宅项目的专著，其中列举了 26 栋房屋，以及十几种不同的历史风格。大部分项目都要追溯到 20 世纪初期，也就是美国乡村别墅的黄金时代。对于那些不确定自己想要什么的甲方，斯特恩建筑事务所为他们准备了一本之前案例的参考书，其中包括了根据房屋类型分类的不同的建筑风格（板式结构、工艺美术风格、美国殖民时期风格、地中海风格、诺尔曼风格、法国总督风格），比如农舍或乡村小屋，或者根据美国国内的不同地区来划分的风格，比如南加利福尼亚州或新英格兰州。

斯特恩至今还没有设计过任何现代主义的住宅，但是他的校园建筑作品却表现出了更宽泛的建筑风格。佛罗里达南方学院最早是由弗兰克·劳埃德·赖特规划的，其中有三栋建筑由斯特恩设计。这三栋建筑的大悬臂和倾斜几何形状是赖特式的，除此之外，它们的设计算得上出人意料、丰富多彩和现代。内华达大学拉斯维加斯分校的校园，自 1957 年建成以来就迅速扩张，但一直缺乏一个令人信服的建筑形象。斯特恩在校园里设计的现代主义建筑，以大面积的玻璃立面和一个由光伏板棚架搭建的庭院，给人留下了深刻的印象。在斯坦福大学校园中，一栋计算机科学大楼让校园原本的理查森罗马式风格得以延续。在莱斯大学的校园中，斯特恩设计的商学院从校园原本的拜占庭式的罗马风格中脱颖而出。

斯特恩曾经被问到，当他在设计中引用某种历史风格的时候，是如何复制过去的建筑语言的。他是这样回答的：

　　我不是在重复，而是在用自己的方式叙述。这两者之间是有区别的。当你在讲英语的时候，并不是在重复莎士比亚的英语，或者惠特曼的英语，甚至弗吉尼亚·伍尔夫的英语。你有自己的措辞方式，但是仍然使用差不多相同的词汇，以及差不多相同的语法。你试着把话说得像你之前崇拜的人一样。

　　位于达拉斯的南方卫理公会大学的建筑语言，属于乔治亚复兴时期的红砖建筑风格。当斯特恩担任南方卫理公会大学的乔治·W. 布什总统图书馆[①]的建筑师时，人们普遍认为他将继续使用校园中传统的红砖建筑语言。然而，小布什总统中心仅仅在体量、规模、轴线以及对称性上呼应了校园原本的建筑群，其建筑材料明显不是乔治亚复兴时期的风格（见图 8-12）。斯特恩在这里使用的是石灰石装饰砖。他的合伙人格雷厄姆·怀亚特解释说："从一开始，小布什总统夫人（设计审查委员会主席）就明确强调，从她的角度出发，她想要一座适合南方卫理公会大学整体氛围的图书馆，但是图书馆也应该有自己独特的个性。"

图 8-12　　罗伯特·斯特恩建筑事务所，小布什总统中心，达拉斯，2013

① 　即小布什总统中心。——译者注

劳拉·布什要求图书馆是一栋现代主义建筑，但是要具备持久的魅力。怀亚特还补充说："她不想要一栋特别新颖的建筑，因为人们会在10年后回过头来说'哦，是的，那是2013年的事'。"设计在细节上严格按照现代主义的标准，在构图上的策略却是平衡、冷静和坚决的传统主义。怀亚特说斯特恩研究了第二次世界大战前后的民用建筑，于是中央的灯饰和入口柱廊的支墩都回归到了克雷的新古典主义风格。这栋建筑大部分是砖砌的，这对总统图书馆来说算是一种很不起眼的建筑材料。同时它让我想起了另外一栋图书馆，那就是埃利尔·沙里宁于1942年在匡溪艺术学院设计的最后一栋建筑。斯特恩将沙里宁设计的图书馆收入他编写的美国建筑史著作《最值得骄傲的地方》（*Pride of Place*）中，将其称为"典型的美国梦之家，它在营造一种场所感和记忆感的同时，还体现了主人的个性，正如他想要的一样，建造一栋持久且复杂，同时符合自己设想的理想建筑"。这也是对小布什总统中心相当好的描述。

为什么建筑师对风格尤为谨慎

斯特恩在处理风格的问题时是与众不同的。大多数建筑师对风格这个问题都很谨慎。伟大的英国工艺美术风格实践者麦凯·休·贝利·斯科特（Mackay Hugh Baillie Scott）解释了其中的原因："有意识地去追寻设计中所谓的'风格'，无论新旧，都是一种幻想。对风格的追求，如同追求幸福一样，一定会导致必然的失望或失败。基本上，两者都属于副产品。但就价值而言，副产品的品质与所追求的理想是成正比的。"值得强调的是，贝利·斯科特并没有否认风格的存在。只是对建筑师而言，它代表的是一个陷阱。他还写道："以风格为目标的人只会画蛇添足，而不去解决实质性的问题。"

保罗·克雷是一个终身的教育家和实践者。虽然他认为古典主义是理所当然的，但同时也相信，过分关注风格对于学习如何成为一个建筑师是不利的。他曾这样告诉美国建筑师学会的同事："在我看来，风格的问题必须完全排除在设计课程之外。这个问题应该属于建筑历史的范畴。"

　　我认为在学习具备一定风格的建筑的不同表现形式之前，学生必须先熟知建筑的构成元素。对没有这种准备的学生而言，艺术历史变成了考古学。也就是说，它会是一门非常有意思的科学，但没有力量激发创造新的艺术作品的灵感。这样，它就是为学者而存在的，而不是为建筑师而存在的科学。

克雷的同事乔治·豪（George Howe）和威廉·莱斯卡兹（William Lescaze）共同设计了第一栋国际风格的摩天大楼——费城储蓄基金会大楼（PSFS Building）。从风格上看，它像是一栋纯粹的历史性建筑。乔治·豪认为世界上有三大风格，"分别体现在古希腊的神庙、欧洲中世纪的大教堂，还有 17 世纪的巴洛克教堂"。但是他还强调："现代主义并不是一种风格，而是一种态度。"也许他真的相信自己所说的。费城储蓄基金会大楼很明显是一种视觉风格，也就是20 世纪 30 年代被人熟知的现代流线（Streamline Moderne）风格，也是这栋迷人的建筑最重要的部分。"现代主义不是一种风格"，这种说法放在今天肯定是站不住脚的。如今，我们有了理查德·迈耶和阿尔瓦罗·西扎这样的国际风格的代表人物，还有加利福尼亚州南部早期的现代主义者。他们将"微细节"表现在建筑中，比如伦佐·皮亚诺设计的加利福尼亚州科学馆。这些都说明现代主义已然成为一种风格。

皮亚诺是一位对风格要求很高的建筑师，但是他对风格也很谨慎。

是的，作为一个建筑师，你无论做什么，大家都会认为这就是你的风格。因此，如果他们喜欢你所做的设计，就会让你再做同样的事情。这就是末日的开始，因为你理所应当地被困在一种风格的笼子里。也许有时候这是一个金笼子，但是它仍然是一个笼子。这才是最可怕的，因为建筑的美就在于它完全取决于你自己——你身在何处、何时，在做什么，以及你所知道的一切。建筑实际上是一面镜子，一面反映当下的镜子，反映与你一起工作的人的镜子，反映客户和社会本质的镜子……你必须远离这种风格的概念，它就像给你盖上橡皮图章一样糟糕。

与克雷和贝利·斯科特一样，皮亚诺将风格甚至个人风格，视为实践过程中的一个无意识的产物。这听上去有些不够坦率，因为许多建筑师都养成了自己的设计习惯，有最喜欢的细节、首选的材料，甚至最常用的颜色。然而，对一名设计师而言，坚持自己的观点并没有什么不妥，因为过分关注风格的建筑师有变成某一类风格造型师的危险。设计师与造型师之间的区别就好比格伦·古尔德（Glenn Gould）演奏巴赫的音乐与维托·埔柱（Victor Borge）以巴赫的风格进行演奏之间的区别。与古尔德一起，我们体验的是巴赫的创作；与埔柱一起，我们只能听出巴赫的风格。一个是艺术，另一个只是娱乐。

HOW
ARCHITECTURE
WORKS

如果我们挑战过去，就会明白，那
种属于我们时代的风格已经出现了，
而且这场革命已经发生了。

勒·柯布西耶

Le Corbusier

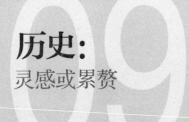

历史:
灵感或累赘

　　高空住宅（High Hollow）是乔治·豪于 1914 年为父母建造的一栋房子，那年他 28 岁。建筑坐落在费城板栗山费尔芒特（Fairmount）公园附近的一个陡坡上。乔治·豪是一个富有的年轻人，这栋住宅是他建筑设计的处女作。1913 年，他从巴黎的美术学院毕业，这栋住宅的设计灵感就来自他的毕业设计。其平面有着从一名美术学院毕业生身上能预想到的所有精致的设计。超出预期的则是细节，或者说是留白。

　　保罗·克雷在《建筑实录》杂志（*Architectural Record*）中写道："所有的造型、装饰品、壁龛，以及所有通常被称为'建筑装饰'的东西全部被去掉了。在第一次世界大战前不久建造的这些墙体看起来都很陈旧，但一个显著的事实是，这栋房子在细节方面摆脱了对历史著名建筑的模仿。它的任何一个部分都无法被贴上'风格'的标签。毋庸置疑，许多甲方对此都会感到很失望。"

克雷指出，高空住宅毫无风格可言，这一点是很奇怪的。它有着红砖切角的接缝、红棕色石墙、陡峭的石板屋顶和醒目的圆塔，都依稀有法式风格的味道，但是它们的联系非常模糊，就像一段遥远的记忆。尽管之后的房主粗陋地将室内重新装修成法式风格，添加了一些造型和小摆设，但人们还是可以感受到乔治·豪的建筑风格的痕迹：棋盘格地面、入口大厅的夸张楼梯、美丽的椭圆形书房，以及豪华的客厅。客厅的地板铺的是从当地陶瓷厂生产的乡村风格的黄色恩菲尔德瓷砖，周围带一圈深蓝色的边框。高高的法式门巧妙地滑入墙内的预留梁洞。高空住宅有着均匀分布的房间，轴向的视角，并且与自然景观巧妙地融合在一起。尽管乔治·豪在其漫长的职业生涯中继续设计了许多优秀的住宅作品，但人们从这个他早期的杰作中看到了一个已经成熟的天才设计师。"'现代艺术'这个词难道不是因为要掩饰许多罪过才名誉扫地的吗？"克雷写道，"在这里，我看到了现代艺术应该有的样了，这是一个非常典型的例子，一个对最好的传统在逻辑上的延续。"虽然克雷和乔治·豪是好友，但这也是很高的评价了。

在描述高空住宅不可言喻的魅力时，克雷并没有看到任何现代与传统之间的矛盾：

> 最强烈的幸福感出现在：发现这座建筑的特点的瞬间，尽管这乍看似乎是未经缜密思考的采纳，其实是对设计原则的巧妙改编；意识到这栋很少参考先例的建筑，才是忠实于最好的艺术传统的；找到艺术的灵魂，而不仅仅是丢弃历史的外衣。

克雷明显没有为那些只是复制历史的建筑师考虑太多。他为"我们艺术的灵魂"的独创性而喝彩。与此同时，他也认为"伟大的设计原理"根植于历史。这是一个细微的区别，但是建筑师永远都与过去有着复杂的关联。

建筑师趋于历史的原因，与政治家喜欢阅读成功领导者的自传类似：虽然情况一直在变，问题永远不同，但人性（就像材料和空间一样）是不变的，总是希望能够从过去的成就中收集一些东西，来为现在服务。老建筑是最好的"阅读"资料，因此有了"建筑旅行"的传统。早在 13 世纪，来自法国的石匠大师维拉尔·德·奥内库尔（Villard de Honnecourt）曾去沙特尔（Chartres）、拉昂（Laon）和兰斯（Reims）画教堂素描。伊尼戈·琼斯和约翰·索恩也编过旅行日记。18 世纪的建筑之旅是一群有抱负的英国绅士建筑师和他们的甲方的专属主题。如今，年轻的毕业生有预算指南和相机在手，继续游览文艺复兴时期的宫殿、哥特式的教堂和希腊的庙宇。建筑之旅并未因成熟而走向灭亡。所有我知道的建筑师都会进行建筑旅行，为的是亲眼看看这些地方，亲自观察某栋具体的建筑形态在一束光或者某个具体的尺度中的效果，并且学习和研究人们在特定空间里的行为。

这种与过去的亲密关系将建筑这个行业与其他行业区分开来。药学和工程学都有历史记载，但不论是医生还是工程师都不会考虑将过去的知识，尤其是时隔久远的过去，作为从事当代实践的必备条件。在这一方面，建筑师更像是那些参考先前案例来工作的普通法律师。建筑的先例当然不是必须被捆绑的，但是它们经常为我们带来一些启示。与众不同的当代建筑师，如路易斯·康、罗伯特·文丘里和迈克尔·格雷夫斯都借鉴了文艺复兴时期的罗马建筑。帕拉第奥到罗马城里去研究它的古代遗迹。勒·柯布西耶为了学习帕拉第奥去了维琴察。年轻的理查德·迈耶去了巴黎，而且还申请去勒·柯布西耶的公司工作，可惜失败了。

追溯到我的学生时代，每所建筑学校都有自己的历史学家。伦敦大学有尼古拉斯·佩夫斯纳，哥伦比亚大学有詹姆斯·马斯顿·菲奇（James Marston Fitch），耶鲁大学有文森特·斯卡利，我的母校麦吉尔大学则有彼得·科林斯

（Peter Collins）。科林斯曾经在利兹大学学习建筑，并在巴黎为奥古斯特·佩雷工作过。他写过一本很重要的书，是关于佩雷以及混凝土的早期历史的。他曾经教过建筑历史学的课程，尽管很难找到比按时间顺序学习历史更有效的方法，这门课在今天还是被许多人轻蔑地称作历史中的"调查课程"。[①]我们从古代建筑开始学习，之后转移到罗马式和哥特式建筑。在第二年的学习中，我们涉及了文艺复兴时期。第三年，我们致力于学习法国新古典主义，这也是科林斯最爱的时期，当然还有 20 世纪早期的建筑。

尽管麦吉尔大学的设计课程受到格罗皮乌斯在哈佛大学设置的课程的影响，但仍然有一种与哈佛不同的持久意义，那就是，过去是非常重要的。尽管为了考试记那些希腊庙宇的名字和日期让我觉得是在浪费时间，但是多年以后，当我看到书本中的实物时，那些建筑给我带来的熟悉感让它们更加有意义。

尽管我们经常从图书馆借书，但是都有一本班尼斯特·弗莱彻（Banister Fletcher）写的《建筑的历史》（*A History of Architecture*）。这本书的第一版印刷于 1896 年，开本是词典大小。与他的父亲以及这本书的合著者一样，弗莱彻也是一名实践型的建筑师兼历史学家，而且这本综合性的图书从未与建筑学的基础失去关联。书中还有照片，囊括了平面图、立面图、剖面图、剖透视和细节详图。我自己的那一本是第 7 版，有 650 页插图，插图的页数几乎是整本书的一半。弗莱彻并不是一个相信复兴运动的建筑师，他于 1937 年在伦敦的一个郊区布伦特福德（Brentford）设计的吉列工厂，就是装饰艺术风格的。他将研究历史看作建筑师最重要的事。他写道："只有希腊建筑被认为无可指责，所以被定为建筑系学生的必修课，否则学生学习的将是完全不同的设计准则。"

---

① 　让人难过的是，大多数建筑学院都将建筑历史学从必修课程中去掉了，代之以选择性的研究课程，被称作某一选定主题的历史理论和专题课程。

复兴

建筑复兴是建筑师与过去之间的独特关系的主要标志。英国建筑师罗伯特·亚当曾写道："建筑复兴是建筑师渴望的有形表现，是为了提醒公众，有一个存在于过去，但是由于种种原因，在随后的一段时间不再普遍存在的历史性建筑形式。无论这种复兴是多次，还是只有一次，无论是否完整，是否精确，它仍旧是一次复兴。"最后这一点非常重要。评论家有时会觉得建筑复兴缺乏历史依据，所以认为它不可靠，但是按照亚当所说的，问题的关键并不在于此。有的时候，仅仅创造出一段关于过去的氛围就足够了。

建筑复兴是定期发生的。文艺复兴是关于古罗马建筑的，欧洲新古典主义复兴是关于古希腊建筑的，美国建筑是复兴古罗马、古希腊和文艺复兴时期的建筑。哥特式是最经久不衰的复兴风格之一。北欧教堂建筑的鼎盛时期从 12 世纪一直持续到 13 世纪，但是哥特式教堂在西班牙和意大利持续的时间远远长于前者。例如，米兰大教堂（Milan Cathedral），从 14 世纪开始，直到 19 世纪中叶才完成全部的建设。

事实上，哥特式从来没有在某一个时期完全消失过。菲利波·布鲁内莱斯基被认为是意大利文艺复兴与古典主义的先驱，但是他在佛罗伦萨设计的圣母百花大教堂，却是哥特式多于古典主义。克里斯托弗·雷恩以古典主义的风格改造了圣保罗大教堂，但是他同样在伦敦设计了圣玛丽·阿尔德玛丽教堂（St. Mary Aldermary），并被尼古拉斯·佩夫斯纳评为 17 世纪末英格兰最重要的哥特式教堂。圣玛丽教堂的扇形拱顶是石膏材质的，而不是石头的。为了还原真实度，也只能做到这样了。19 世纪中叶，奥古斯塔斯·普金（Augustus Pugin）在英国引领了哥特式复兴，欧仁·维奥莱-勒-杜克（Eugène Viollet-le-Duc）在法国做了同样的事情，随后，拉尔夫·亚当斯·克拉姆（Ralph Adams Cram）成为美国哥特式建筑的主要倡导者。

　　20 世纪，大西洋两岸的哥特式建筑主要包括贾莱斯·吉尔伯特·斯科特（Giles Gilbert Scott）设计的利物浦大教堂（Liverpool Cathedral）、马钱德和皮尔逊（Marchand & Pearson）共同设计的渥太华和平塔（Peace Tower），以及拉尔夫·克拉设计的纽约圣约翰神明大教堂（Cathedral of St. John the Divine）。1924年，克拉姆的合伙人，伯特伦·古德休设计了位于芝加哥大学校园的洛克菲勒礼拜堂（Rockefeller Chapel）。6 年后，古德休的继任公司在隔壁的芝加哥大学东方研究所（Oriental Institute）的设计中同样采用了哥特式风格。托马斯·毕比于 20世纪 90 年代为芝加哥大学东方研究所设计加建部分时，也沿用了前人的风格。6年前，德米特里·波菲里奥斯（Demetri Porphyrios）完成了普林斯顿大学惠特曼学院（Whitman College）的设计，并且沿用了早在 100 多年前克拉姆带到这所大学的学院哥特风（见图 9-1）。因此，这其实是一次复兴中的复兴。

图 9-1　波菲里奥斯联合建筑事务所，普林斯顿大学惠特曼学院，普林斯顿，2007

时代精神

麻省理工学院建筑学院的前任院长威廉·米切尔（William Mitchell）非常气愤地向《纽约时报》表示，惠特曼学院的设计意味着"对我们自己所处的时代和地点而言，建筑在创造性和批判性上都难以置信地缺乏了应有的兴趣"。由于建筑复兴有长达 600 多年的历史记录可以追溯，所以"难以置信"这个形容词似乎有些过分了。米切尔在这里提到的"我们自己所处的时代和地点"与黑格尔的"时代精神"的想法相呼应，表明每一个时代都有自己独特的建筑存在。但是正如列昂·克里尔（Léon Krier）所说的，虽然"建筑可以标志一个时代"是显而易见的，但是反过来说好像也并非那么显而易见，有许多历史时期并没有产生一种独特的建筑风格。

然而，时代精神的观念依然存在。例如，宾夕法尼亚大学制定了一套指导建筑师的设计方针：校园内新添建筑的风格应体现时代的审美理念，这样当我们回顾这些建筑的时候，它们的存在本身也是一种对建筑和校园生活的记录。撇开我们这个时代的美学思想实际上意味着什么不说，即使这样的美学思想存在，无论这些思想是否像设计方针暗示的那样经常改变，至少意味着"不允许新建历史风格的建筑"。的确，一位以古典主义建筑作品著称的获奖建筑师曾告诉我，他私下里被告知宾夕法尼亚大学从未考虑他担任设计师的原因就是，该大学只建造"现代建筑"。

认为建筑应该由时代精神来驱动的观点是比较新颖的，可以追溯到现代主义建筑的早期阶段。勒·柯布西耶在他 1923 年出版的著作《走向新建筑》中这样解释：

> 建筑历史随着结构和装饰的改变在几个世纪里慢慢展现出来。但是

在过去的 50 年里，钢铁和混凝土为建筑带来了新的领域。这是一种对建造能力的更大的挑战，同时也是一个旧规定被推翻的过程。如果我们挑战过去，就会明白，"风格"已经不复存在了，那种属于我们自己时代的风格已经出现了，而且这场革命已经发生了。

勒·柯布西耶的主张听起来似乎有些道理：新的建筑材料和方法需要一个新的建筑形式；旧规则不再适用；我们是现代人，所以我们应该有自己现代的风格。但是仔细思考一下，这个论点并没有什么说服力。混凝土其实是很久以前古罗马人发明的，但是罗马的建造者们很容易将这种新材料与古希腊的建筑形式结合起来。钢筋混凝土发明于 1849 年，比《走向新建筑》出版的时候早了许多。像奥古斯特·佩雷和格罗夫纳·阿特伯里（Grosvenor Atterbury）这样的建筑师，在美国早已经实践了如何在不推翻"旧规范"的情况下使用混凝土。沙利文和伯纳姆已经建造了钢结构的摩天大楼，但是同样没有颠覆传统的规则。

建筑师总是让旧的形式去适应新的材料，反之亦然。帕拉第奥用砖来砌罗马柱，有时候把它们涂成大理石的样子，有时候就将红砖暴露着。伊尼戈·琼斯设计的白厅（Whitehall）中的国宴厅就受到了帕拉第奥的启发，但是它是用料石建成的，而不是抹了灰的砖。杰弗逊设计的蒙蒂塞洛（Monticello）中的多立克柱是木质的。约翰·拉塞尔·波普设计的美国国家美术馆圆形大厅的爱奥尼柱是由整块大理石搭建的，不是白色的，而是深绿色的帝国绿大理石。在位于佐治亚州雅典市的新闻大楼中，塔司干柱是艾伦·格林伯格用预制混凝土建造的。如今，除了木材、石头和混凝土，预制的古典柱子还可以用铸石、玻璃增强石膏和玻璃纤维增强塑料制成。

还有一个问题是如何界定"我们自己的时期"。勒·柯布西耶在《走向新建筑》中提及的工业时代建筑持续了不到 50 年的时间，而交通运输技术是现代建筑风格革命性的理由，远洋轮船、蒸汽机车、飞艇，还有德拉奇巡回车都统统在我们的生活中消失了。根据勒·柯布西耶自己的逻辑，他对现代建筑的看法现在已经过时了，需要重新考虑。事实上，他之后将设计从白色立方体盒子转型到了粗糙的混凝土雕塑式的建筑形式。如今，流体建筑和参数化设计的支持者们觉得数字化时代应该有自己的建筑，就像工业时代有自己的建筑一样。但是持续性的建筑革命真的有可能吗？更不要说可不可取了。如果承认建筑是时代的反映，那么这个时代也应该包括回顾过去和展望未来的部分。如果时代精神包括了对过去的兴趣，正如它经常表现出来的一样，那么回顾过去难道不是"现代"的事情吗？

斯滕·埃勒·拉斯姆森在《建筑体验》的第一章中就提出了"过去"这个问题。他在书中放了一张一位著名的丹麦演员的照片，照片上的演员穿着一件文艺复兴时期的紧身且带有花边的衣服，还骑着自行车。拉斯姆森写道："这种服饰无疑是很漂亮的，自行车也是最好的那种，但是它们的确无法搭配在一起。同样的道理，要承接过去那个时代的美丽建筑是不可能的。当人们再也无法忍受时，它就会变得虚伪和做作了。"

在我看来，这种类比明显存在很多问题。拉斯姆森指出文艺复兴时期的服饰和一辆自行车不相配，那是因为后者是一种现代的交通工具。自行车早在 19 世纪初就被发明出来了，第一辆"安全的自行车"是在 19 世纪末之前流行起来的。这些早期骑自行车的先生搭配的是灯笼裤和硬草帽，女士搭配的是灯笼裤和太阳帽。然而，我们并不认为今天穿着短裤和棒球帽骑车的人是"虚伪且做作"的。另外，"当人们再也无法忍受时，它就会变得虚伪和做作了"的说法忽视了人们总是愉快地使用旧建筑这个客观存在的事实。如今住在研究生院的学生不用再像 20 世纪 20 年代克拉姆在普林斯顿大学建造学院哥特式的时候一样，穿着西装和法兰绒裤了，Polo 衫和休闲裤就很好。

一直存在的过去

如果建得好，建筑将会持续很长一段时间。加上定期维修或偶尔翻新，建筑其实可以使用数百年之久。建筑不是一次性的，这使得它们在我们如今的一次性文化的世界中变得比较特殊。我的学生没有机会在大街上见到正常使用的蒸汽机车，更没有机会乘坐飞艇。然而，他们却可以穿梭于纽约中央车站的大厅，或者参观帝国大厦的观景平台，这平台上的桅杆原本是打算用来固定飞艇的。美食、服饰，甚至言行举止都会随着时间，一代一代地发生变化。我不会像100年前的人那样穿衣打扮、吃东西，或者表现得跟他们一样。我也不会开一辆100年前的汽车上路，但是我会住在一栋100年前修建的建筑中。我不认为我的家是个古董，或者已经过时了。确切地说，那只是一栋老了的房子而已。在老建筑中的日常体验可能就是公众接受老建筑的原因，因为这些建筑可以使他们想起过去，有时公众甚至主动要求使用老建筑。

勒·柯布西耶、拉斯姆森和米切尔想让我们相信，人们把对建筑物的体验看作不同历史时期的独特表达方式。费城是一个新建筑与旧建筑的大杂烩。除了街道和街道上一排排的房子，还有费城图书馆（Athenaeum）以及三十街车站（Thirtieth Street Station）这样的存在。另外，这里还有令人敬佩的费城音乐学院（Academy of Music）、金慕演艺中心（Kimmel Performing Arts Center）、新希腊风格的费城艺术博物馆（Philadelphia Museum of Art），以及最近刚刚建成的巴恩斯基金会（Barnes Foundation）。列举到这里，我有必要停下来想想，其实费城图书馆才是美国文艺复兴的开始，三十街车站是最后一个宏伟的火车站，这里有我喜欢的费城音乐学院，也有我不喜欢的金慕演艺中心。

然而，像大多数人一样，我并不认为建筑代表着某一段历史时期。这些建筑就是城市景观中的一个个地方。另外，我不奢望每栋新建筑所呈现的景观都是完全不同的。贝聿铭设计的社会山公寓大楼（Society Hill Towers）是与众不同的，这一点很好。但是，罗伯特·斯特恩设计的里滕豪斯广场（Rittenhouse Square）10 号公寓与环境相处融洽，这一点也很好。贝聿铭设计的公寓大楼已经有 50 多年的历史了，但是对大多数人来说，这栋楼看上去还是很现代。相反，斯特恩设计的大楼虽然是崭新的，但是大多数人会将其定义为传统建筑。与街上的行人一样，有些建筑穿着最新款式的"衣服"，有些建筑穿着不起眼的"衣服"，还有一些则穿着一种倒退到另一个时代的"衣服"——复古的服饰。但是，这就是费城。我喜欢偶尔看到穿泡泡纱西装的男士或者戴着得体帽子的女士，建筑也是一样。如果每个人都穿得一样，那这个世界应该会很无聊吧。

历史的复兴不单单体现在建筑上，虽然在其他艺术形式上发生得不是那么有规律。就复兴而言，有一个领域倒是与建筑很相似，那就是字体设计，其悠久的历史与建筑有着惊人的相似之处。15 世纪中叶，古登堡（Gutenberg）开始使用首个活字版面，字体设计是基于中世纪的书写体，被称为黑体字，并广泛应用于德国、荷兰、英国和法国。黑体字之后就出现了罗马体，是由意大利的字体设计师发明的。他们从残留的罗马古迹上复刻了这些文字，可以算是第一次字体复兴。罗马字体随即传遍整个欧洲。

克洛德·加拉蒙（Claude Garamond）是一名 16 世纪早期的巴黎字体设计师，他在罗马体的基础上设计了几种广为流传的字体。加拿大字体设计师罗伯特·布林赫斯特（Robert Bringhurst）曾写道："加拉蒙设计的罗马字体具备人文主义的轴线、适度的反差，以及长长的延伸，这一切都使其成为一种庄严的文艺复兴时期的典范。"加拉蒙的字体在之后经历了许多次复兴。1900 年，原版的加拉蒙字体首次出现在巴黎世界博览会上。1924 年，法兰克福的斯坦普尔字体公司铸造发行了加拉蒙字体。1964 年，著名的字体设计师扬·奇肖尔德（Jan Tschichold）基于加拉蒙字体设计出了 Sabon 体，这种字体是以 15 世纪法国的一位铸字工人的名字命名的。1977 年，数字版的加拉蒙字体被发布。从 1984 年到 2001 年，这种 16 世纪的字体经历了另一次复兴，苹果公司将其作为自己的企业字体。

我在处理文字的时候通常使用新罗马字体，布林赫斯特称其为"一种对历史的模仿"，说这种字体用"人文主义的轴线搭配风格主义的比例、巴洛克的厚重和尖锐，以及新古典主义的收尾"。1931 年，伦敦《泰晤士报》开始使用新罗马字体。尽管现在的报纸已经不再使用原版的新罗马字体了，但是它已然成为历史上使用范围最广的字体，这还多亏了它在微软文本中的默认设置。新罗马字体像大多数图书和报纸使用的字体一样，都是衬线字体。也就是说，这些字形在笔画末端处会有一些装饰性的细节，这是古罗马字体绘制者发明的一个特点。

无衬线字体也可以追溯到古希腊和古罗马时期，但是无衬线印刷体直到 19 世纪早期才于伦敦面世，并且只用于广告牌和报纸标题。无衬线字体于 20 世纪经历了一次复兴，因为它的纯粹的几何体特别适合包豪斯美学。20 世纪 20 年代，由字体设计师保罗·伦纳（Paul Renner）设计的 Futura 字体，成为现代主义的典型字体。当我还是个学生的时候，我们经常在绘制的图纸中使用 Letraset 印刷体。供选择的字体还有一种瑞士的无衬线字体——赫维提卡体（Helvetica）。最近一次对无衬线字体的复兴是由于技术上的变化。无衬线字母更容易在低分辨率的电子屏幕上显示，因此它成为所有数字设备的标准字体。

排版技术在过去的 500 年中已经发生了根本的变化，正如布林赫斯特所说的，这种变化并不一定意味着字体设计的基础在发生变化：

> 字体风格并不取决于任何一项排版和印刷上的技术，而是取决于最原始的手写技巧。字体是从人书写的动作中派生出来的，之后被工具限制或放大。该工具可能像数字化的平板电脑一样复杂，或者像一个特制

的键盘，再或者像一根削尖的木棍一样简单。无论在什么情况下，其意
义所在都是写字时手势的坚固和优雅，而不在于书写的工具。

建筑也同样不取决于建筑材料和建造技术，而是封闭的空间和人类在其中的
活动。在排版中，没有什么是绝对的，也没有什么道德责任可言，但是存在一定
的规则。这些都来源于实践，有时是非常久远的实践，而不是理论。这就是为什
么建筑的历史一直影响着当代的建筑师，并会一直继续下去。"传统"（tradition）
这个词的根源，正如奇肖尔德所指出的，它来自拉丁文 tradere，意思是一代代的
传递。

惯例

扬·奇肖尔德注意到 "convention"（惯例）这个词源于拉丁语 "conventionem"，
意思是 "协议"。"我在这里使用'惯例'这个词以及它的衍生词并不带有任何
贬义色彩。"复兴建筑师往往遵循惯例。正如我们所看到的，罗伯特·斯特恩
设计了许多复兴风格的校园建筑，其中包括乔治亚式、哥特式，还有理查森罗
马式，其作用通常是对周围建筑的补充。不过他在宾夕法尼亚大学麦克尼尔美
国早期研究中心（McNeil Center for Early American Studies）的设计中，选用
了联邦风格，其原因与以往不同（见图 9-2）。研究中心的长期捐助者坚持认为，
这栋新建筑反映了该中心学术上的使命，因此学校在校园的风格准则上做了让
步。联邦风格是美国版的亚当风格，在 1780 年到 1820 年的美国非常流行。尽
管宾夕法尼亚大学之前并没有联邦风格的建筑存在，但是费城却是整个国家最
好的联邦建筑的所在地。斯特恩模仿了校园中最早的医学院来设计这个研究中
心。医学院由本杰明·亨利·拉特罗布（Benjamin Henry Latrobe）于 19 世纪
初期设计，早已被拆毁。该建筑是一个简单的砖砌体量，一栋扁平的三段式建
筑，没有古典的细节，只有一个低矮的四坡屋顶。

斯特恩在设计中回顾了一下过去，但不局限于 19 世纪的建筑。麦克尼尔美国早期研究中心的顶部有一面带有方形孔洞的墙。这个细节并不属于联邦风格，而是来自路易斯·康，他可以算是一位作品在大学校园中长久存在的建筑师。建筑上端的镂空以路易斯·康设计的菲利普斯埃克塞特学院图书馆作为参考，砖砌的拱门也是一样。麦克尼尔美国早期研究中心与这座城市两位伟大的建筑师——拉特罗布和路易斯·康有了联系，一位是 19 世纪的大学之家，一位是费城红砖建筑的传统代表，使得这栋小建筑充满了历史的记忆。

图 9-2 罗伯特·斯特恩建筑事务所，
宾夕法尼亚大学麦克尼尔美国早期研究中心，费城，2005

斯特恩的设计与过去有着明确的联系，而在迈阿密大学，列昂·克里尔却设计了一个没有先例的八角形的演讲厅——豪尔赫·M. 佩雷斯建筑中心（Jorge M. Perez Architecture Center）。虽然它不盲目追寻传统风格，却显得很经典（见图 9-3）。礼堂的内部是一个倾斜的大厅，上面有一个由裸露钢梁支撑的工业圆顶。外墙没有柱式，也没有古典主义的细节，层层叠叠的塔楼像一个骨灰龛。整体效果既原始又略带神秘。亚历山大·戈林（Alexander Gorlin）这样描述道："不同于用传统建筑语言工作的建筑师，克里尔通过大胆设置比例和自由使用修辞和装饰扩展了古典主义的建筑词汇。"

图 9-3　列昂·克里尔 / 梅里尔·帕斯特，豪尔赫·M. 佩雷斯建筑中心，迈阿密大学，2006

　　风格主义也遵循一定的规则，但是这种规则是变形的。罗伯特·文丘里和丹妮丝·斯科特·布朗的作品充满了扭曲的惯例和畸形的先例：奇数的柱间距、对不齐柱顶过梁的柱头和线脚，还有尴尬的位于"错误"位置的装饰嵌线。他们最喜欢的策略之一就是玩比例游戏。例如，普林斯顿大学胡应湘堂（Gordon Wu Hall）的入口就包含了伊丽莎白时期的室内装饰元素。文丘里写道："入口处通过大胆的象征性图案装饰提高了建筑的辨识度，否则这将会是一栋隐形的建筑。通常情况下，这种伊丽莎白时期的图案或者叫詹姆斯图案，往往用来装饰壁炉或者出现在一个伊丽莎白时期的校园建筑中。"但是在胡应湘堂的设计中，这些图案被放大了，而且变得平整，就好像被压路机碾过一样。

　　即使是勒·柯布西耶这样的建筑革命家，也曾经试图挑战过去，最终却顺应了传统。他 1950 年后的作品，如位于巴黎的乔尔乌住宅（Jaoul House）和位于印度艾哈迈达巴德（Ahmedabad）的萨拉巴伊住宅（Villa Sarabhai）都包含了粗糙的砖墙和砖砌的拱顶，这其实是一种对地中海乡土建筑的现代解读。勒·柯布西耶最具雕塑性的作品朗香教堂，也包含了许多间接的、来自地中海建筑的参考元素：粉刷墙壁、粗糙的细节，还有女神塔。

对一栋建筑的体验，尤其是对现代主义建筑而言，如果设计中包含了一些过去的典故，就会使得这种体验更好。理查兹医学研究实验室将建筑师所谓的"服务人员与被服务空间"区分开。设计师路易斯·康提出了主空间和辅空间的概念，所谓"主空间"指的是周围包括实验室和研究室的塔楼，"辅空间"则是中心服务塔楼。其实这是一个相当模糊的概念，人们爬楼梯和空气通过排气管道之间并没有相似之处，大多数人都会忽略，但是那些去过意大利圣吉米亚诺地区（San Gimignano）的塔司干小镇的人将不会错过高耸的砖石楼梯井和中世纪的塔楼之间的联系。（路易斯·康曾于 1928 年拜访过圣吉米尼亚诺。）路易斯·康的另外一个从过去的联系中得到启发的设计就是金贝尔艺术博物馆（见图 9-4）。展示艺术品的长拱形的房间可以追溯到文艺复兴时期。18 世纪之前，从顶部采光的拱形画廊通常是一种主要的房屋规划方式。康虽然不是复兴主义建筑师，但是他的顶部采光的拱形画廊确实是对旧传统的一种现代诠释。

文丘里设计的英国国家美术馆的加建部分，包括柱廊中庭和拱形屋顶的房间，直接借鉴了约翰·索恩设计的杜尔维治美术馆（Dulwich Picture Gallery），虽然后者的规模要小得多，而且索恩使用的古典主义细节其实比文丘里要少。诺尔曼·福斯特在塞恩斯伯里视觉艺术中心的设计中并没有直接提及过去，然而，正如雷纳·班纳姆所指出的，福斯特的设计与历史有着一种非常微妙的关系（见图 9-5）。长条形的棚式建筑让人想起了飞机机库，毕竟这里距离一个古老的皇家海军航空服务机场不到 32 千米。同时，在公园般的环境中，如此简单的线性建筑让人不禁想起许多古希腊神庙，一位评论家称它为东安格利亚的神庙。因此，塞恩斯伯里视觉艺术中心成了对两种对立的过去的影射，其中一个相对较近，另一个相对古老。

图 9-4　路易斯·康，金贝尔艺术博物馆，沃思堡，1972

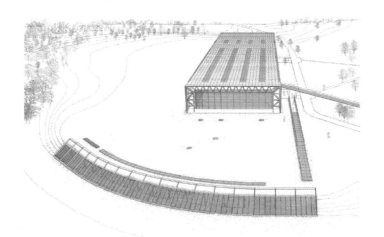

图 9-5　福斯特联合建筑事务所，塞恩斯伯里视觉艺术中心，诺维奇东安格利亚大学，1978

有些建筑师完全忽略过去，故意用新颖且意想不到的方式解决老问题。这些建筑用新奇吸引了人们的注意，但是那些完全脱离过去的建筑是要付出代价的，因为新奇很快就会过时。在这一点上，我觉得伦敦的泰特现代美术馆（Tate Modern）就是一栋比旧金山笛洋美术馆更有趣的建筑。它位于一家发电厂内。因为是在泰特，所以赫尔佐格和德·梅隆肆无忌惮的创新设计，被贾莱斯·吉尔伯特·斯科特[①]20世纪40年代设计的发电厂那严肃的基调所调和。同样，弗兰克·盖里的迪士尼大厅比毕尔巴鄂古根海姆博物馆更引人注目，因为传统的衬木音乐厅与环绕它的不锈钢帆船形状形成了一个有趣的对话。在新世界交响乐中心的设计中，盖里把喧闹的雕塑式趣味塞进一个传统的南方海滩上的白盒子里，这比他那些通过自我约束获得释放的建筑更细致一些。

牢记过去

纪念碑是一种明确处理历史的建筑类型，因为它唯一的功能就是纪念一件事或一些过去的人物。接下来，我用4座优秀的纪念碑建筑来说明建筑师是如何用不同的手段来实现这一艰巨任务的。

和平纪念碑

伦敦的和平纪念碑（The Cenotaph）是大英帝国许多复制品的原版，然而这座标志性的纪念碑的建成其实是一个偶然事件。英国政府计划举行一个全国性的节日来庆祝签署和平条约，正式结束第一次世界大战。和平日的中心事件是伦敦的胜利游行。当时，法国人在巴黎也打算举行类似的游行。当英国人得知法国人

[①] 斯科特是利物浦大教堂和巴特西发电站（Battersea Power Station）的设计师，也是英国标志性的红色电话亭的设计者。

要在凯旋门旁边搭建一座临时的葬礼纪念碑以追悼逝去的人时，他们决定在伦敦游行时也搭建一座类似的临时建筑。当时的英国首相大卫·劳合·乔治（David Lloyd George）找到了英国最伟大的建筑师埃德温·勒琴斯爵士来设计这座临时纪念碑。因为当时距离和平日还有不到三周的时间，所以勒琴斯爵士必须迅速采取行动，据说他在当天就完成了草图的绘制。他的设计基于一种古老的用于丧葬纪念的装置（见图 9-6）。这种装置从古代起，就用来纪念埋葬在其他地方的死者："Cenotaph"是"空冢"之意（来自希腊语，意思是空的坟墓）。勒琴斯爵士的设计极其简单：台阶式的底座搭配逐层缩小的多层方塔，顶部则为棺椁式样。和平纪念碑通体几乎没有战争或暗示战争的装饰，没有爱国情绪的流露，也没有提到上帝或国家。只是在两侧花环下方刻有劳合·乔治所建议的"The Glorious Dead"字样（意为"光荣的殉难者"）。在花环上方则以罗马数字刻上第一次世界大战的开始和结束之年：MCMXIV（1914）、MCMXIX（1919）。

图 9-6　埃德温·勒琴斯，和平纪念碑，伦敦，1919

临时的和平纪念碑原本是木结构、石膏质的建筑，被安置于穿过威斯敏斯特政府管辖区的宽阔的白厅街中间。盟军阅兵于 1919 年 7 月 14 日举行，随后发生了一件意想不到的事情。在和平游行之后的几天，人们在勒琴斯设计的纪念碑前排起了长队，并留下鲜花，表达敬意。经过 4 年毁灭性的人身伤亡，英国公众既没有为战争的胜利感到兴奋，也没有为自己国家的军事实力感到骄傲，只有一种深深的丧亲之痛。《泰晤士报》曾发表过这样的言论："临时的和平纪念碑比声势浩大的伦敦胜利游行给人留下了更深刻的印象。其设计简单、庄重、美观，在用来纪念那些做出最大牺牲的人的纪念碑中，它是最公正且最合适的一个。三个月以来，纪念碑前每天放置的鲜花说明它满足了公众的想象力。"

公众支持的意愿如此之强，以及要求将纪念碑保留下来的呼声如此之大，因此两周后，英国内阁决定在原地用波特兰石重新建造永久性纪念碑。临时纪念碑的两侧以及空冢上放置了月桂枝编就的花圈和真的丝制的旗帜，而设计永久性纪念碑时，勒琴斯的原意是这些旗帜也弄成石雕，但内阁坚持要保留真正的旗帜。他还做了一些其他细小但至关重要的修改。垂直的表面有非常轻微的做旧，但是水平方向的表面有不易察觉的弯曲。勒琴斯爵士的设计是基于对古希腊神庙在光学上的改进，这些细微的改进给纪念碑以明显的坚固性和人道主义的优雅。和平纪念碑的高度刚刚超过 10 米，然而，因为它在一条重要街道的中心占据着突出的位置，再加上其精致程度，所以给人留下了深刻的印象。像所有好的纪念碑一样，它为那些旁观者留下充足的空间去寻找纪念碑之于他们的意义。纪念碑既不应该鼓吹，也不应该说教。和平纪念碑成就了纪念碑最基本的品质——永恒。

林肯纪念堂

位于华盛顿特区国家广场最西端的林肯纪念堂建于 1922 年，也就是和平纪念碑建成 3 年后，但是这个项目有一个很长的酝酿过程。1901 年，参议院公

园委员会决定重新规划并扩大国家广场，并提议在轴线的最西端建一个亚伯拉
罕·林肯的纪念性建筑，在长长的倒影池另一边，面对着华盛顿纪念碑。查尔
斯·麦基姆作为该委员会的成员，提议建一个巨大的露天柱廊，支撑着一层刻
有葛底斯堡演说稿的阁楼。阳台上立着一尊林肯总统铜像，俯瞰着喷泉和倒影
池。历史学家柯克·萨维奇（Kirk Savage）针对这个方案评论道："这个非常优
雅的解决方案创造了多个卓越的阶段，林肯作为人的形象被提升到喷泉所暗示的
历史性冲突之上。他的话反过来又脱离了其创作的历史背景，在作品的顶部被提
升到近乎神圣的地位。这座纪念碑的顶峰不再是他本人了，他所说的话超越了他
自己。"

　　国会中的许多人不同意这个方案，因为这即将成为最昂贵的美国纪念碑，而
另外一部分人则对纪念碑的选址不是很满意。麦基姆于 1909 年去世，他的设计
也没有得以实现。1912 年，纪念碑终于得到国会的批准。麦基姆的门徒亨利·培
根（Henry Bacon）和崭露头角的年轻建筑师约翰·拉塞尔·波普应邀为林肯纪
念碑提出设计方案。波普的设计是一个巨大的露天多立克柱廊环绕着一尊林肯总
统雕像；培根的设计更像是一座神庙。最后胜出的是培根的方案。

　　虽然培根的纪念堂总是被拿去和帕特农神庙做比较，但它包括几个很明显的
非神庙的特征（见图 9-7）。古希腊神庙的入口总是在狭窄的一端，但是培根把
建筑转动了 90°，把入口放在长边的中央。而且，他把墙上的一个缺口作为建
筑的入口。这种没有门的设计是为了创造畅通无阻的通道，传达的信息是，这是
一个民主的圣殿，向所有人敞开。培根还淘汰了被视为古希腊神庙传统特征的坡
屋顶和装饰图案。林肯纪念堂的屋顶是平的，或者说，它的屋顶其实是一个方方
正正的阁楼。这是对麦基姆原设计的肯定，其中隐藏了一扇巨大的天窗。因此，
林肯纪念堂其实是古希腊模式的一种变形。

图 9-7　亨利·培根，林肯纪念堂，华盛顿特区，1922

　　纪念堂的内部分为三个厅。左侧墙壁上，镌刻着林肯连任总统时的演说词，右侧则刻着著名的葛底斯堡演说稿。 纪念堂的正中是一座大理石制林肯坐像，由雕塑家丹尼尔·切斯特·弗伦奇（Daniel Chester French）设计雕刻。雕像后面上方的墙上是一句题词——"谨以此殿纪念亚伯拉罕·林肯，他为全体人民挽救了联邦。"[1]古希腊神庙通常有一尊供膜拜的雕像，帕特农神庙里供奉的是一尊黄金象牙镶嵌的全古希腊最高大的雅典娜女神像（菲迪亚斯亲手制作）。从表面上看，这种模型对一个通过民主选举出来的总统来说有点奇怪，尤其是像林肯这么朴实的总统。弗伦奇显然意识到了这一点，因为阴沉的林肯雕像上没有一点奥林匹克色彩。雕像中的林肯是坐着的，而不是站着，并且看起来很坚定，虽然很疲倦，不欢欣鼓舞。培根解释道："雕塑家的奇妙表现力，表现了林肯这个人的温柔、力量和决心。这一点不仅仅体现在脸上，还有他紧紧握住椅子的双手。"

---

[1]　题词作者是培根的朋友，艺术评论家罗伊·科蒂索斯（Royal Cortissoz）。

与勒琴斯一样，培根也在这次实践中对古希腊神庙进行了光学上的改造。他写道："柱子不是垂直的，而是向中心微微倾斜，4个角柱比其他的柱子更倾斜。檐部外面的墙面也向内倾斜，但倾斜的角度比它下面的柱子小一些。"与和平纪念碑不同的是，林肯纪念堂采用的是一种复杂的叙述方式，表达了牺牲、痛苦和国家的救赎。36根白色的大理石列柱围廊环绕着纪念堂，象征着林肯任总统时所拥有的36个州。每个廊柱的横楣上分别刻有这些州的名字以及加入联邦的时间。在楼顶还有一个横楣，上面刻有修建纪念堂时美国所拥有的48个州。纪念堂的侧面还有一个3.4米高、由一块大理石雕刻而成的巨型陪葬三角台，象征着林肯最终奉献了自己的生命。

林肯纪念堂没有得到普遍的认同。许多评论家认为它过于拘泥于过去，一座古代的神庙在这里是一个不合适的、非美国的标志。刘易斯·芒福德写道："这里感受不到美国过去生活的美好，只能感受到考古学墓葬的气氛。"培根可能会回答说，世界上第一个民主国家的建筑就是对林肯纪念堂最合适的交代，但事实上，培根的确是一位古典主义建筑师，所以无论他设计的是火车站也好，图书馆也罢，甚至是纪念堂，使用的都是古希腊和古罗马的建筑语言。他应该像勒琴斯一样，简化这种建筑语言，再或者像麦基姆一样，设计更原始的形式。但是另一方面，这个巨大的沉思着的林肯和他的两段演讲还会继续被人传颂，而纪念堂已经成为人类斗争和民族解放的象征。

沙托蒂耶里纪念碑

1918年夏天，正值第一次世界大战的第四年，马恩河变成了激战现场。同年7月，德国发动了最后一次大攻势，史称第二次马恩河战役。这次战役是德国对抗法国军队和新到达的美国远征军。德国军队一直将战火蔓延到沙托蒂耶里，这里距离巴黎只有87千米。盟军停止了前进，他们的反击把筋疲力尽的德军赶回到他们之前的战线上，从而加速了战争的结束。这场战役中总共有 12 000 名美国人死伤。战后，每个盟国都修建了军事公墓，同时也在战场上建造了纪念碑。这座纪念碑的选址就在步兵 204 号营地上，在这里可以俯瞰整个沙托蒂耶里镇和马恩河。

战争纪念碑分为两种。一种是像和平纪念碑一样，纪念活动并非发生在战争发生的现场，而是在其他地方；另外一种则像战场上的纪念碑一样，建立在历史事件发生的实际地点。保罗·克雷作为沙托蒂耶里纪念碑（Château-Thierry Monument）的建筑师，决定让场地自己发声，因此他将纪念碑设计得极其简单：带屋顶的双层柱廊，15 米高，约 45 米长，笔直地矗立在宽广的基座上。一条路从后面通向纪念碑，到达一个铺好了的半圆形的广场（见图 9-8）。

纪念碑正面的中心有两个英雄般夸大尺度的女性雕塑，分别代表着美国和法国。一个人手中拿着剑，另一个人拿着盾牌；她们的另一只手紧紧握在一起。纪念碑上的献词也分为英文和法文两种语言，上面写着："这座纪念碑是美利坚合众国为纪念她的军队而修建的，同时也为了在世界大战期间在这个地区作战的法国人。它象征着法国军队和美国军队之间的友谊和合作。"在纪念碑的对面，还有一个可以俯瞰马恩河谷的平台。铺装地面上的玫瑰罗盘指向战争发生的主要地点。在这一面，柱廊上装饰着一只巨大的美国鹰，并写有："时间不会抹去他们的荣耀。"雕塑家阿尔弗雷德-阿方斯·博蒂亚（Alfred-Alphonse Bottiau）与克雷合作了几个项目，他和克雷一样，也曾在法国陆军服过役。[①]

沙托蒂耶里纪念碑是在林肯纪念堂建成 10 多年后设计的，它用一种不同的方式表达着古典主义的过去。建筑是朴素且严肃的。传统的柱式被一个巨大的方

---

① 克雷因为在军队中的服役而获得了法国军功十字章。他于 1927 年成为美国公民。

形柱子替代，既没有基座，也没有柱头，却刻有凹槽。这些方形的柱子是如此紧凑，以至于柱与柱之间的空隙和柱子本身差不多宽，给人的印象更像是在一个巨大的石壁上凿出的柱廊。横梁和柱子几乎在一个平面上，同时上面刻有每个作战地点的名字。整体效果看上去是实用主义的风格。另外，碑文采用看上去很现代的非衬线字体，而不是古典的罗马体。多立克柱式的饰带——棕榈叶三联浅槽饰（象征着战胜死亡）和橡树叶排档间饰（象征着长存），是整座纪念碑上唯一的装饰图案。饰带上方是一个突出的檐口，装饰着青铜奖章，不是通常装饰的狮子图案，而是狼头。檐口上面是低矮的阁楼。正如克雷所描述的，这座纪念碑的风格"虽然是对古希腊神庙的极简化处理，但是这并不是一个对遗迹的改造，它的设计追随了后殖民时期的美国传统建筑风格，并且是通过我们的时代精神发展出来的"。有趣的是，克雷提出的许多简化方案都是为了响应甲方的要求，潘兴将军（General Pershing）任主席的美国战争纪念碑委员会认为克雷设计的沙托蒂耶里纪念碑的最初方案太过庄重了。克雷服从了他们的要求，后来在福尔杰莎士比亚图书馆及美国联邦储备委员会大楼的项目中继续实践了他的简约古典主义。

图 9-8　保罗·菲利普·克雷，沙托蒂耶里纪念碑，法国沙托蒂耶里，1937

如今，人们很难不带着偏见地正视这座令人唤起记忆的纪念碑。在 20 世纪 30 年代，希特勒的建筑师保罗·特罗斯特（Paul Troost）和艾伯特·斯佩尔（Albert Speer），复制了克雷简约的古典主义，因此，今天对许多人而言，这种风格其实就等同于纳粹主义。这真让人遗憾。与培根在林肯纪念堂浮于表面的表达方式相比，克雷这种间接引用过去的方式更为巧妙，也正是这种表达方式给予了沙托蒂耶里纪念碑一种严肃的现代感。从镇上眺望，山顶上巨大的柱廊像堡垒般岿然不动，或者也可以说是一队士兵在坚守阵地。

圣路易斯拱门

修建圣路易斯拱门的想法早在 20 世纪 30 年代就有了，当时城市先锋派想借助这个拱门为城市复兴贡献一臂之力。人们计划用一个滨河公园来取代一个有着 40 个街区的 19 世纪的商业建筑地区已经有数十年的时间了，但是支持该计划的人认为将这个项目与纪念托马斯·杰弗逊及其西部扩张战略联系起来[1]，加上在大萧条时期可以增加就业机会，从而会获得联邦政府的支持。事实证明，他们是对的。没过多久，富兰克林·罗斯福就签署了批准修建纪念碑的行政令，要求国家公园服务署申请地皮，并且从 WPA 和 PWA 基金中为这个项目划拨了大约 700 万美元的资金。1935 年，由于国会每次分配资金时都十分缓慢，这次也未能幸免，而且加上第二次世界大战的阻碍，该项目又被拖后了十几年。

纪念碑的设计师是在由建筑师乔治·豪组织的国家级竞赛中选拔出来的。乔治·豪解释道："我之所以被选为这个竞赛的专业顾问，可能是要我来消除当地的影响，同时也是联系过去和现在之间的必要的一环。"当时，现代主义还未盛

---

[1]　这个计划修建的公园即"杰弗逊国家扩张纪念地"，纪念地的核心建筑即是圣路易斯大拱门，象征着进入美国西部国土的大门。——译者注

行，在美国还没有出现重要的现代主义纪念碑，并且许多建筑公司对是否应该修建现代主义纪念碑还存有疑虑。作为第一位美国建筑师协会的现代主义建筑师成员，受过巴黎的美术学院训练的乔治·豪显然是最佳人选。他平衡了古典主义和现代主义两方面的评委，其中包括费城艺术博物馆的主管菲斯克·金博尔（Fiske Kimball），最近他还主持过建造杰弗逊纪念堂的委员会的工作，还有路易斯·拉·博梅（Louis La Beaume），一位当地的古典主义者，以及两位加州的现代主义建筑师理查德·诺伊特拉和威廉·W. 伍斯特（William W. Wurster）。

这个竞赛吸引了 170 多名建筑师参加。乔治·豪的出席确保了许多年轻一代现代主义建筑师的参与，其中包括爱德华·迪雷尔·斯通、华莱士·K. 哈里森（Wallace K. Harrison）、查尔斯·伊姆斯（Charles Eames）、路易斯·康、戈登·邦沙夫特、山崎实（Minoru Yamasaki），以及一些当时已经颇有名气的建筑师，如瓦尔特·格罗皮乌斯和埃利尔·沙里宁。他们中没有一位进入前五名，而入围者中也没有古典主义建筑师。

乔治·豪在第二个阶段的竞赛简介中呼吁大家，设计需要"引人注目的元素，不仅仅要能够在远处就被看见，更要能成为这个国家醒目的纪念碑，从而被人们铭记并谈论"。有些入围者使用了垂直元素，如电缆塔，但是只有埃罗·沙里宁对符号的形式做出了直接回应。他提出使用不锈钢建造一个巨型拱门来将创新与传统相结合，从而赢得了两方评审的认可。从任何一个方面来说，他的方案都是迄今为止最优的。《建筑论坛》杂志（*Architectural Forum*）认为其他入围者都"有些令人失望"，并且得出了"美国建筑师对设计这个尺度的项目并不是很得心应手，而且发挥也并不稳定"的结论。

沙里宁设计的高耸的拱形非常适合建造在广阔的密西西比河旁 32.4 公顷的土地上（见图 9-9）。尽管拱形的形状有时会被描述为抛物线，但是它实际上是一个倒转的拱形悬链。它是在两个同样高度的固定点上挂一条悬链，然后将其倒转成为最后的形状。拱形悬链的设计效果非常好，因为弧线本身就具有推力。这种说法听起来很像工程学的成果，但是沙里宁在学习建筑之前曾经受过雕塑方面的训练。他的设计方法，不论是设计一把扶手椅，还是一栋建筑，从来都不会拘泥于纯粹的技术。他希望拱形的三角形横截面能够随着高度的增加逐渐变窄，最终成为一条扁平的或者弯曲的悬链，同时保证高度和跨度都是 192 米。

图 9-9　埃罗·沙里宁联合建筑事务所，圣路易斯拱门，圣路易斯，1968

由于土地征用和集资的延期，工程建造直到 1962 年，也就是沙里宁去世一年后才开始。当纪念碑完工时，它的设计已经足足有 20 岁了。然而不仅沙里宁那雕塑般的形式依旧如新，它还确切地展示了现代主义和纪念性是能够共存的。沙里宁所设计的拱形不仅保持了现代主义的特征，完全抽象，没有象征性的装饰，甚至没有碑文，而且令人感到熟悉。用于庆祝胜利的拱形建筑起源于古罗马时期，而且由于文艺复兴，门和拱形成为城市的重要标志。

　　詹姆斯·斯特林曾经评论说："建筑师为了前进，一直都在回顾过去。"回顾过去有各种各样不同的形式。在埃德温·勒琴斯设计的纪念碑中，他理所当然地使用了历史带来的影响，尽管他非凡的天赋让他能够在旧的形式中发现新的意义。亨利·培根对古代世界深深的敬意更加平实，尽管像和平纪念碑一样，林肯纪念堂与过去的联系使它更加丰富。保罗·克雷承认历史，尽管相对于上一个时代而言，他对建筑如何根据当代世界而改变更感兴趣。埃罗·沙里宁意识到了过去，纪念碑的形式是一扇门就是证明，尽管作为现代主义者，他的诠释依然非常抽象。

　　从建筑层面的优势来说，回顾过去唤起了人们的回忆和关注。如果仅仅是波特兰石头，和平纪念碑在人们眼中未免贫瘠。如果林肯纪念堂只是一个薄薄的外壳，就失去了古代神庙和林肯总统雕像之间的动人的对比。

　　回顾过去也许是由不同的情绪唤起的，如乡愁、崇敬、钦佩，或者仅仅是我们认为对祖先有所亏欠。如果二选一，只是向前看，就产生了所谓的幻想建筑，但是什么都没有那些昨天对明天的憧憬褪色得更快。这就是为什么令人崇拜的老科幻电影更追求令观众发笑，就像老的幻想建筑一样——房子的形状犹如肥皂泡或岩石晶体，很快就会因为仅仅显得古怪，而不会成为人们的老朋友。

HOW ARCHITECTURE WORKS

品位的本质是恰到好处。抛去字面上古板和自负的含义，用心灵和眼睛去感受那种对对称、一致以及秩序的需求。

伊迪丝·华顿
Edith Wharton

10

品位：
对美的认知和捕捉

在伊迪丝·华顿成为美国文坛举足轻重的女作家之前，她曾编写过一本叫作《住宅装潢》（*The Decoration of Houses*）的书。这本书主要记录了从 16 世纪到 18 世纪住宅装潢的历史，但是华顿和这本书的共同作者——建筑师小奥格登·科德曼（Ogden Codman Jr.）的初衷是为了争辩，而非学术。他们批判当时维多利亚时代住宅的杂乱，呼吁回归意大利和法国的古典建筑原则。

华顿和科德曼在书中提议："装饰房间的方式有两种，一种是表面上的装饰，完全独立于建筑本身，另一种是通过建筑设计的特征来将房间内外以及整栋建筑，作为一个有机整体来装饰。"他们很明显偏向后者，并将其称为建筑的"黄金时代"，同时批判当下的建筑装饰是"镀金时代"的过度装饰。华顿和科德曼都在罗德岛纽波特度过了无数个夏天。那里有一些当时最夸张的室内过度装饰的例子，大部分住宅是由范德比尔特（Vanderbilt）

家族成员建造的。华顿用非常激烈的言语对科德曼说："我多希望范德比尔特家族没有将文化阻碍得如此彻底。他们深陷低级品位的泥潭，无法自拔。然而这世上又没有什么力量可以将他们驱逐出去。"

华顿和科德曼并不否认"品位的变幻莫测"，但是同时深信，建筑装饰中的品位与个人的感受无关，就像绘画和音乐一样。他们在书中写道："建筑与建筑的分支是有所不同的。就建筑装饰而言，这里的美取决于是否合适。生活的实际需求就是合适与否的终极考验。"他们显然不是实用主义者，但看到了建筑和装饰的实用性。华顿在《法国方式及其背后的含义》（*French Ways and Their Meaning*）一书中写道："品位的本质是恰到好处。抛去字面上古板和自负的含义，用心灵和眼睛去感受那种对对称、一致以及秩序的需求。"华顿在自己著名的山峰庄园（The Mount）中实践了她书中所宣扬的那些观点（见图 10-1）。这个庄园是在她自己的指导下建造的，并由华顿和科德曼共同设计了室内的装潢。亨利·詹姆斯（Henry James）将华顿的家描述为"坐落在马萨诸塞山脉的一座精致的法国城堡，并且还是最具魅力的一座。屋内还布满了法国和意大利的旧家具和装饰品"。

图 10-1 山峰庄园画室，马萨诸塞州莱诺克斯（Lenox），1902

　　埃尔西·德·沃尔夫（Elsie de Wolfe）当初开创高级室内装饰设计师这个职业，就是受华顿有关装饰想法的影响。他们二人虽然熟悉，但又谈不上亲密，原因是华顿反对沃尔夫浮华的生活方式。1913年，沃尔夫出版了一本名为《高品位住宅》（*The House in Good Taste*）的书，收录了她曾经在一本女性杂志里发表过的一些文章。这本装饰手册在处理实际问题上给出了具有建设性的建议，比如，暖气装置（壁炉加热比蒸汽加热更容易被人接受）、电气照明（确保它位于你需要的地方）、安排壁橱（不要浪费空间），以及装修小户型公寓（远离庞大的扶手椅）。但是贯穿整本书的线索是品位的重要性，这一点从书名上就表现得很明显了。品位是指导我们完成家庭装修所要做的无数决定的向导，无论是油漆颜色、家具风格，还是写字台的最佳位置。

　　沃尔夫认为，品位就像良好的举止一样，是需要学习的。她写道："我们要如何提升品位？我们必须学会认识合适、简约和比例，并将知识应用于我们的需要中。"合适，这个词跟美学一样，与方便和舒适息息相关。沃尔夫相信是室内装潢给人带来了视觉上的感受，而不是风格上的一致性，因此她更偏向于各种风格的混合，也能接受先锋派。她特别钦佩以黑白装饰为主的维也纳建筑设计师约瑟夫·霍夫曼。总之，她倡导极简主义风格——少量的家具、有限的颜色、较少的装饰品（见图10-2）。她的终极目标是她提出的所谓的现代化住宅。"不久之后，我们将有极简的住宅，室内有正在燃烧着的壁炉，电灯被放置在恰当的地方，屋内有几件舒适又耐用的家具，而不是到处摆放着花式镀金的椅子和桌子。"她的这些思想好像在预示着包豪斯现代主义的到来，如果包豪斯的这些设计师能与印花棉布和格子结构达成妥协的话。

图 10-2　埃尔西·德·沃尔夫，格子客房，纽约科勒尼（Colony）俱乐部，1907

对形式的热忱

杰弗里·斯科特的《人文主义建筑学》在《高品位住宅》出版一年后问世了。这两本书虽然类别不同，但是写书的人有着相同的情感。斯科特曾担任科德曼和华顿的秘书，同时与沃尔夫关系密切。他将书的副标题定为"品位的历史研究"，并认为，即便建筑师受功能、材料、工程方面的影响，他们的设计成果也是个人品位的结果。他将其定义为"对建筑形式无私的热情"。这有点像当初约翰·萨默森的观点——所有哥特式建筑者对尖顶拱深深地着迷，但不同的是，影响斯科特的历史时刻是意大利文艺复兴时期。

文艺复兴时期的建筑是有着杰出品位的建筑。文艺复兴时期的建筑师有几种特定的建筑风格，原因是他们喜欢被某种特定的建筑形式包围。这些形式之所以存在，只是因为他们喜欢，与他们建造时的操作手法无关，与施工时选择的材料也无关，有的时候甚至与建筑的实际目的也无关。他们对某些组合有着直接的偏好，比如，虚与实，光与影。相较之下，在他们的独特风格的形成过程中，所有其他的动机都是微不足道的。

斯科特的观点有大把的论据支撑。文艺复兴时期的建筑师设计了许多相似的装饰壁柱，有的是石砌的，有的是砖贴面的，还有的是壁画式的。无论在平面还是立面的设计上，对称性一直都在。如果一个空间的右侧需要一个封闭式的楼梯，那么与之相同的体量就必须要加在左侧。尽管这个体量里面是空的，并且没什么功能，一般情况下就将其定为衣橱。如果依照对称性原则，某处需要一个额外的窗户，不管这个窗户有没有用，都要加上。当真窗户不可行时，就用个假的替代。文艺复兴风格的主题是拱，无论结构跨度的大小如何，都要有拱的存在，如果需要更大的力，那就再加一个铁制的拉杆。

斯科特并没有解释文艺复兴时期的建筑品位来自哪里。与其说他是历史学家，不如说他是批评家，他写作的主要目的是影响当代的观点。他认为大家对建筑做了过于理智的研究，并且他对学术上的古典主义持怀疑态度，就跟对约翰·罗斯金（John Ruskin）和浪漫主义运动持怀疑态度一样。但他忽略了当代的几位建筑师，甚至包括埃德温·勒琴斯，其古典主义是他欣赏的那一类。他也没有同阿道夫·路斯和瓦尔特·格罗皮乌斯等现代主义理论家争论。身处与世隔绝的佛罗伦萨，斯科特也许根本不知道当前建筑的流行趋势，或者根本不感兴趣，抑或他只是精明地避免局部引用别人的观点，这其实也是他的书能拥有永恒品质的主要原因。

斯科特还反对冲动地建立任何美学理论。他在书中写道："我们认为美的东西其实与逻辑论证毫无关系。"斯科特的这种含糊不清的说法着实让人恼火，他最接近实际的建议就是鼓励大家更直接地熟悉人文建筑，以形成自己的品位。他知道对很多人来说，这听起来很任性且无关紧要，但至少，他呼吁了美学的首要地位，以及用眼睛和心灵来回应建筑物，而不是用理智。

保罗·克雷完全赞同最后这一点。他曾经这样描述建筑学教育的目的："激发处于潜伏期的学生的艺术感。换句话说，建筑学教会你的是鉴赏能力，以及对美的形式的认知和捕捉。"克雷还强调，这个教育过程不应该是机械和呆板的。"真正深刻而有效的，是这个连续且缓慢的阶段。它让一个人学到如何欣赏新的事物，同时看清其他的事物。这个教育过程必须属于个人，否则就是单纯的思维能力，而不是情感被触动或者永久性被影响。"

　　克雷应该是想起了他在美术学院的那段时光。学校被分成若干个工作室，每个工作室有 60 ～ 70 名不同年级的学生，新生和高年级的学生都在一位杰出的执业建筑师的指导下做设计。当规划师兼建筑师安德鲁·杜安伊（Andrés Duany）在 20 世纪 70 年代早期进入美术学院学习的时候，虽然课程发生了很大的变化，但是工作室制的教学方式仍然存在。杜安伊回忆说，因为导师只有在每个星期六的上午才来学校指导，所以大部分的教学其实是由高年级的学生完成的。评图是另外一个延续下来的教学形式。在学期末的时候，学生为了完成最后的设计任务，需要经历一段非常紧张的时期。这个时候低年级的学生通常会协助高年级的学生一起完成最后的作业。杜安伊写道："在赶图的那段时间，高年级的学生有时会请他的助手们去学校附近经济实惠的餐厅吃饭。他们就是在那儿了解了葡萄酒和奶酪，还有华丽的服饰和前辈延续下来的惯例等。"他强调："社会化不仅仅是建筑文化的传播途径，还是风度、习惯和品位的传承方式。"

　　大多数建筑学院将第一年的课程设计着眼于锻炼和提高视觉和构思上的能力，而不是急于教授一些具体且实用的知识。换句话说，也就是先提高学生的品位。包豪斯设计学院将这一部分教学安排在了入学前的预备课程或者初级课程中，起初由约翰尼斯·伊顿（Johannes Itten）负责，后来是拉兹洛·莫霍利－纳吉（László Moholy- Nagy）和约瑟夫·亚伯斯（Josef Albers）。学生通过一系列练习来探索颜色、纹理和图形，比如制作拼贴画、活动物体，以及各种颜色和形式的探索研究。艺术史学家利亚·迪克曼（Leah Dickerman）是这样描述的："这些训练的组合是包豪斯学院的首创，之后在包豪斯的历届学生中重复，从而为所有艺术实践定义出了一种主要的视觉语言。"

　　包豪斯视觉语言的早期应用是瓦尔特·格罗皮乌斯于 1923 年设计的包豪斯学院主任办公室（见图 10-3）。这个房间被认为是一个步入式的建构主义雕塑。同样的几何法则支配着家具、地毯和壁挂的设计以及摆放位置。一个没有灯罩的管状灯具悬浮在房间的中央。但是建筑评论家雷纳·班纳姆指出了其功能的不足，这一点也被一盏不在最初设计之内的台灯所证实。与家具和纺织品一样，这盏台灯是在学校的车间里制作的。虽然这个办公室是一个展示艺术和工业统一的样板间，但是其室内物品的手工质地连同设计，却比艺术先引起人们的关注。如果一个访客坐在格罗皮乌斯设计的扶手椅上，那么就不得不尴尬地盯着公文格，然后越过桌角去和主任说话。这几乎不能满足华顿所谓的适当的概念。

图 10-3　瓦尔特·格罗皮乌斯，包豪斯设计学院主任办公室，1923

当我在麦吉尔大学读书的时候，我们的学前预备课程叫作"设计元素"。当时任课的老师是戈登·韦伯（Gordon Webber），他是莫霍利 - 纳吉在芝加哥设计学院的学生。老师每周都会挑出一个下午的时间训练我们画彩色图表，用绳子和细线创造三维的雕塑，还会建造"夸张的盒子"。最后的课程作业就是用一个纸箱，在纸箱上开一个足够伸进整只手的洞，然后用各种触觉比较明显的材料来填充箱子，比如毛皮、钢丝绒、石头、砂纸、湿海绵。这门课程最有趣的部分就是教授来检验这些箱子的时候，整个过程充满了惊讶和欢呼的叫声。

我们将韦伯这堂有趣的课视为在钢结构和钢筋混凝土课程之外的一种令人愉悦的放松，但是设计元素这门课其实有着相当严肃的目的。这门课的目的有点类似于军事基础训练，就是先"打破"我们的视觉偏见，然后"建立"一套新的美学价值观。（对大多数学生而言，我们的视觉偏见源于自己在郊区的成长经历。）我这里说的是价值观，而非规则。实际上，我们从来没有被禁止设计传统的屋顶或弓形窗户，但我们本能地意识到，这些并不属于现代主义设计。然而，现代主义设计是具有挑战性的。在我的第一个设计作业中，我改造了自己所欣赏的马塞尔·布劳耶的一栋建筑，结果受到了教授的严厉斥责，我这才知道抄袭是被严令禁止的。但是，模仿绘图风格是可以接受的。勒·柯布西耶简约的绘图风格在当时很流行，因为这种风格很容易实现。我就是在那时学会了如何画他的简笔小人和细长的树。我的一个同学有一套勒·柯布西耶的金属刻字模板，那种军事风格的字体可以让任何一张图纸变成向大师致敬之作。

6 年的教化和灌输是有效的。虽然我是一个在郊区平房里被彩色的墙壁围绕着长大的孩子，但在毕业的时候，我想象不出用除了白色以外的任何颜色来粉刷我的房子会是怎样的效果。铺满整个房间的地毯也过时了，带点颜色的小地毯是可以的，但裸木地板才是最佳选择。屋内的装饰有一把木头和帆布材质的导演椅就足够了。然而，品位唯一永恒不变的特征就是不断变化。几年后，后现代主义流传开来。在参观了一座巴伐利亚的洛可可风格的教堂之后，我在卧室天花板上加了一片蓝天和几朵蓬松的云，而墙壁依旧是白色的。10 年后，情况又发生了变化。当我在客房贴上有条纹的墙纸时，感觉自己非常像一个资产阶级叛徒，背叛了在我内心深处扎根了的勒·柯布西耶。当我翻阅《家》（*Home*）这本书时，认识了埃尔西·德·沃尔夫。她让我深入认识了室内装饰这个领域，并拓宽了我的品位范畴。在那之后，我买了一把高背椅，它至今仍是我最喜欢的阅读的地方。我对瑞典画家卡尔·拉森（Carl Larsson）的家特别着迷，于是把家里餐厅的木质天花板涂成了蓝色。10 年后，我们用海绵粉刷卧室的墙壁，形成一个有纹理的饰面。我们现在住的房子的墙壁和天花板都是一样的颜色，一种温暖的黄白色，像旧羊皮纸，带有沙子在油漆中产生的粗糙表面。我用海绵粉刷了浴室，一间用土黄色，一间用粉红色，主要是为了掩饰灰泥上的裂缝，同时破旧的外表也会让我想起一栋古老的意大利别墅。

人会觉得自己年轻时候的品位很可笑。那个穿着尼赫鲁上衣①、留着长长的鬓角和萨帕塔式小胡子②的小伙子是谁？随着时间的推移，丢弃的时装被放在壁橱的后面。装束会改变，装饰也会，但是建筑会一直存在。旧建筑的魅力之一就是它见证了我们曾经是谁，以及我们所相信的事情，还有我们的价值观和品位。我们可以怀着钦佩、尊敬或敬畏的眼光回顾过去，或者带着困惑。维多利亚时期的人们在不加选择地搭建那一层一层的惊人的装饰时在想什么？现代主义者真的认为空中的街道会和地面上的街道一样好吗？20 世纪 60 年代的粗野主义建筑师相信有一天大家会被他们冰冷、笨重的混凝土作品所温暖吗？那些后现代主义者怎么会用那些平淡柔和的颜色？然而，品位是无法解释的。

---

① 一种窄身高领的上装。——译者注
② 两边各向下弯曲的八字胡。——译者注

建筑品位

我敢肯定，约翰尼斯·伊顿一定不认同他所教授的预备课程或者初级课程与审美毫无关系。事实上，自杰弗里·斯科特之后，一些建筑师在设计时就已经将品位纳入合理的考虑范畴之内了。现代人拒绝品位的结果就是，将当下公认的理论作为设计的基础，同时也使得设计的需求远离无聊的流行趋势。当理查德·罗杰斯在设计伦敦劳埃德大厦（Lloyd's of London Building）时，他写道："品位是美学的大敌，无论是艺术还是建筑，都是一样的。品位于典雅与时尚而言，是抽象的。同时品位也是短暂的，因为它不是基于哲学或者工艺产生的，而是纯粹的感官产物。因此，它总是会受到挑战，并总是被取代。所以谁才有资格评判谁的品位是最好的呢？无从知晓。"

与斯科特和克雷不同，罗杰斯对品位的质疑正是因为它受感官支配。但品位就真的可以如此草率地被全盘否定吗？建筑师难道不是有对某种穿着方式的偏爱吗？建筑师同样的视觉品位难道不会影响他们的设计？弗兰克·劳埃德·赖特喜欢带飘拂质感的领带和披风，甚至自己设计自己的衣服。他设计的衣服与他的建筑一样，既独一无二，又引人注目。正如人们所预料的，密斯·凡德罗的穿着就更为保守，但是他的手工西装与他的建筑一样，做工精细。那位放荡不羁的煽动者勒·柯布西耶也经常穿着裁剪得体的西装，尽管通常搭配活泼的领结。①

建筑师的装束是一种严肃感（我是一个负责任的建设者）与创造力（同时我也是一位艺术家）之间的平衡。有些建筑师通过时尚的配饰，如彩色的袜子、随意搭配的围巾，或者一副不同寻常的眼镜来表明自己更倾向于艺术家的立场。最

---

① 有一张勒·柯布西耶和密斯在 20 世纪 20 年代的合影。勒·柯布西耶穿着时髦的短外套，戴着领结和一顶呢帽；密斯戴着小礼帽，穿着宽松的双排扣大衣和高筒靴。

后一种方式是由勒·柯布西耶开创的，他本身视力极差，有一只眼睛是看不见的，因此他做了一副粗边框的圆形眼镜作为自己的标志。后来这被菲利普·约翰逊和贝聿铭相继效仿。

建筑是要被看见的，因此建筑师关注时尚是再自然不过的事了。当我还是个年轻建筑师的时候，我经常穿着手工编织的花呢夹克，上面带有很多纹理和颜料。现在的年轻建筑师更喜欢全黑的装束，穿得像牧师一样。也许他们认为自己是在传播好设计的福音，或者这只是一种在有限的预算下显得比较时髦的方法。并不是所有的当代建筑师都赞同这种阴郁的着装规范。理查德·罗杰斯经常被拍到穿着五彩缤纷的无领衬衫，在一些正式的场合，他就换成白衬衫。诺曼·福斯特在一个创意领域里打扮得像一个非常成功的商业主管。伦佐·皮亚诺的着装就不像一个建筑师。他的衣服既不是黑色的，也不是彩色的，也不时髦，出人意料的不是意大利风格，而是随意的美式装扮——套头衫、宽松的斜纹棉布裤，还有不打领带的直筒衬衫。他穿的是 Gap，而不是 Prada。

正如罗杰斯所说，品位可能转瞬即逝，但他自己的建筑品位多年来一直保持着相当高的一致性。信达控制电子厂（Reliance Controls Electronics Factory）是一栋里程碑式的建筑，由罗杰斯和诺曼·福斯特在 30 出头的年纪一起设计而成。员工食堂配的都是伊姆斯椅。45 年后，罗杰斯在华盛顿特区新泽西大道 300 号的一个办公楼食堂用了类似的椅子。这个选择足以说明问题。伊姆斯的 DSR 椅是由查尔斯·伊姆斯和雷·伊姆斯（Ray Eames）共同设计的，是一种带有细长椅子腿的铸模成型的塑料椅。这种椅子适合批量生产，并且完美地概括了一种特定的品位：创新、进步、不受历史约束。尽管这个现代主义的标志性家具早在 1948 年就问世了，但是它至今仍然在生产，而且很有可能一直生产到 2048 年，直至最初的椅子变成古董。

那栋华盛顿的办公楼同时也体现了罗杰斯对鲜艳颜色的持久品位：中庭的柱子是淡黄色的，结构柱是翡翠绿的，至于伊姆斯椅，则是明亮的红色的。他对色彩的这种偏爱在蓬皮杜艺术中心再一次被证实：建筑的外立面是夸张的各种色码的管道，蓝色的是空调管道，绿色的是水管，黄色的是电子线路管，红色的则是自动扶梯和电梯。

蓬皮杜艺术中心是建筑中的一个特例，它将美学作为建筑的形式完全展现出来。建筑评论家认为没有什么其他可评论的了，只能把它描述成高技建筑的绝笔。但在接下来的几十年里，罗杰斯设计的一系列引人注目的建筑（伦敦劳埃德大厦、马德里巴拉哈斯机场、波尔多法院）充分证明了，蓬皮杜艺术中心仅仅是一个开始。

罗杰斯痴迷的另一个部分就是复杂且轻量的结构。新泽西大道 300 号建筑中，支撑玻璃中庭屋顶的桁架演变成了不同寻常的桅杆柱（见图 10-4）。设计团队中的丹尼斯·奥斯汀（Dennis Austin）解释道：

> 入口处的桅杆柱支撑着桁架的两端。它们基本上都是 9 层的支撑柱，在这种高度下，外伸支架可以为整体结构增加稳定性。桅杆柱其实是一根高度为 1.8 米的柱子，附带一系列的杆件用来提供柱子中段的支撑力，其效果就是使这根 15 厘米的柱子被误认为是一根直径为 1.5 米的中柱。为了避免引起人们的注意，它们开始都被涂成了浅灰色。然而，理查德看到它们被建造得如此完美，他觉得应该把它们漆成明亮的绿色，也就是我们最后呈现的颜色。

罗杰斯最后一刻改变桅杆颜色的决定听起来有点任性，但他经常用颜色来区分他设计的主要结构元素，是想让我们知道建筑是怎么一回事。从另一方面来看，他偏爱那些艳丽的颜色，如明亮的橙色、红色、铬蓝，从来不用淡色或者柔和的颜色，其实这也是一种品位。罗杰斯选用的这些颜色可以说是打破常规的。新泽西大道 300 号的玻璃中庭本来可以只用一种颜色，白色或灰色，这样会更符合这栋高端的国际法律公司办公楼的气场。但是通过使用这些出乎意料的亮色，罗杰斯削弱了那种公司建筑通常带有的严肃和傲慢。

图 10-4　罗杰斯·斯特克·哈伯及合伙人事务所，新泽西大道 300 号，华盛顿特区，2010

　　位于圣莫尼卡（Santa Monica）的查尔斯·伊姆斯夫妇的住宅兼工作室，在早期对罗杰斯产生了较大的影响。这座建筑建于 1949 年，材料采用的是预制厂制造的材料，如空腹钢托梁、波纹钢桥面，还有精巧的标准型窗。这使得建筑看起来既有一种工业感，同时又有些随性。外观漆成黑色的钢框架，填充上有色的玻璃和彩色面板。这种灵感显然来自密斯，但是这栋建筑设计得太放松，太具有舒适的凌乱感，也太平凡，所以还不能被称为密斯风格。

　　诺曼·福斯特年轻的时候也拜访了伊姆斯住宅。与罗杰斯一样，他对轻钢结构欲罢不能，并且也在自己设计的许多项目中摆放了伊姆斯椅，不过他在色彩上的品位相对稳重一些。其早期作品也有一些值得注意的例外，如威利斯－费伯办公大楼（Willis Faber Office Building），在建筑首层铺上了亮绿色的橡胶地板，还有雷诺分销中心（Centre Distribution Renault），它暴露的结构全部被涂上了明亮的淡黄色，不过福斯特的室内装饰趋于单色。塞恩斯伯里视觉艺术中心以灰色和银色为主，学生食堂里的伊姆斯椅也是白色的。香港汇丰银行总部大楼（炭灰色）是朴素版的蓬皮杜艺术中心，因为它也将结构暴露在建筑外部。但是这栋建筑却是福斯特最后一批"哥特式"结构的建筑之一。

　　这些年来，福斯特已经从极致的工程风格转向了结构、表皮和机械服务的无缝集成，这一点与罗杰斯不同。他这一阶段早期的案例有塞恩斯伯里视觉艺术中心的扩建，这部分扩建是在原有建筑建成 10 年后加上的。如果说原有的塞恩斯伯里视觉艺术中心是反映 20 世纪早期的工程美学的飞机棚，那么福斯特扩建的这部分更像是起飞的意大利滑翔机：精确、呈流线型，而且还很光滑（见图 10-5）。福斯特一直是一位极简主义者，但是今天他的极简主义变得豪华，甚至奢侈。

图 10-5　福斯特及合伙人建筑事务所，塞恩斯伯里视觉艺术中心新月楼，东安格利亚大学，1991

　　在蓬皮杜艺术中心这个项目中，伦佐·皮亚诺也是罗杰斯的合作伙伴。但是当他自己独立出来做建筑的时候，他的品位也显得更加保守了。他的第一个重要作品是位于休斯敦的曼尼尔美术馆，是彻头彻尾的单色。他把钢结构漆成了白色，遮阳棚是白色的混凝土，还有柏木墙板也被漆成了灰色。在高科技建筑设计中使用木头不是很常见，但是它给工程般的建筑带来一种独特的手工般的外观。这种手工与技术的组合已经成为皮亚诺的招牌。他在后来的几个项目中，还使用了绿柄桑木、赤陶板、胶合板和纺织面料。纽约时报大厦是我知道的为数不多的几栋在大厅里用木地板作为铺装的办公大楼之一（见图 10-6）。它采用的是白橡木，而不是常见的花岗岩或大理石。墙上涂抹的是威尼斯灰泥。这些使得整个商业环境更加人性化。威尼斯灰泥的颜色像暖色的金盏花。

　　皮亚诺偶尔会用一些明亮的颜色，但是不像罗杰斯，他不是一位天生的善用色彩的建筑师，所以有的时候设计出的结果难免有些不自然。洛杉矶郡艺术博物馆侧翼的钢结构被漆上了明亮的红色，多少显得有些做作。对于圣吉尔斯中心颜色鲜艳的陶土立面，《独立报》的建筑评论家杰·梅里克（Jay Merrick）质疑道："这栋吵闹的多色建筑真的出自一位 72 岁高龄的设计师之手吗？毕竟他之前设计的博物馆已经成为稳重的现代主义优秀典范了。"

　　罗杰斯、福斯特、皮亚诺都是斯科特所说的"对某些形式的狂热主义者"，特别是在现代工程结构中发现的那些形式，如飞机库、钻孔平台、厂房、输电塔。然而他们中的每一个人都用不同的方式诠释着这种狂热，这也是他们工作的日常。像盖里、赫尔佐格和德·梅隆，还有让·努维尔这样设计独立建筑的建筑师，他们用不寻常的形式引起人们的关注。但是像罗杰斯、福斯特以及皮亚诺这些建筑师重新定义了建筑的整个类别：机场航站楼、办公楼、公共建筑、博物馆。我敢说，他们对技术创新和结构改良的特殊组合引领了整个时代的精神，或者说，我们都只是来分享他们的品位罢了。

图 10-6　伦佐·皮亚诺建筑工坊，纽约时报大厦，纽约，2007

建筑师自宅

1971 年，还是研究生的我拜访了马塞尔·布劳耶在康涅狄格州新迦南镇的住宅。这是他 20 年前设计的。我们还和这位著名的建筑师共进了午餐，围坐在一张方形的花岗岩餐桌旁。椅子是他设计的经典西斯卡（Cesca）单椅，铬合金金属管搭配木边框以及藤条。这把椅子还是他在包豪斯学习家居设计的时候设计的。他的现代主义品位在整栋建筑中随处可见：大大的平板玻璃窗，被漆成白色的砖砌壁炉。不过也有一些不加修饰的原始装饰：用石头垒成的墙、粗糙的石板地面和宽柏木天花板。但是这些装饰组合到一起却给人带来了意想不到的质朴感觉。怪不得菲利普·约翰逊要称布劳耶为"农民风格主义者"。

建筑师为自己设计住宅这个传统已经延续很长一段时间了：赖特在春绿村设计的庞大复杂的建筑群、阿尔托在穆拉察洛岛设计的夏日住宅、穆尔在奥林达设计的小仓库，当然，还有约翰逊的玻璃住宅。通常情况下，建筑师所做的决定会受到来自项目本身或其他方面的限制，比如建筑功能上的要求、有限的经费、法律法规的约束，尤其是甲方的喜好。但是对于建筑师自己的家，建筑师的品位就得以完全释放，最不济也会少一些限制。即使房子不是按照建筑师自己的设计理念来设计的，正如约翰逊所做的，但它始终是建筑设计上的一种释放。

乌鸦别墅

马克·阿普尔顿既不是一个现代主义者，也不是一个风格主义者。他曾就读于耶鲁大学的建筑专业，是查尔斯·穆尔的学生。他还为弗兰克·盖里工作过。但当阿普尔顿自己出来单独做设计的时候，发现自己既不想做穆尔的后现代主义建筑，也不想做盖里的现代主义建筑。他在一次采访中透露："当我想到南加利福尼亚州我最欣赏的建筑时，它们中的大多数都是由20世纪早期经过传统建筑训练的建筑师设计的。我最欣赏的是这些人可以灵活而娴熟地掌控不同风格的设计，并不将自己的个人风格凌驾于建筑风格之上，这深深吸引了我。再加上开始恢复和重建老建筑这一事实，这些因素一起，将作为一个年轻建筑师的我指引到了不同的方向上。"这里的"不同的方向"指的是探索南加利福尼亚州本地不同风格的宗教建筑，其中包括西班牙殖民复兴时期风格、英国工艺美术风格，以及地中海风格。

阿普尔顿在蒙特西托（加利福尼亚州）为他和妻子乔安娜·克恩斯（Joanna Kerns）设计的住宅被命名为乌鸦别墅（Villa Corbeau）。这样命名的一部分原因是场地周围有飞来飞去的乌鸦，另一部分原因是"乌鸦"这个词与勒·柯布西耶的"柯布"发音相似。该住宅的建筑形式就是一个简单的盒子，外加一个四坡的黏土瓦片屋顶（见图10-7）。不平整的墙面用的是乳白色灰泥粉饰，拐角进行了柔和的处理。整栋建筑唯一有点建筑设计感的就数立面上不同尺寸的窗子了。整体来看，窗子的位置几乎是对称的，带有整齐布置的木制窗框。立面底部的正中间是一个被突出的檐口环绕的石头门，看起来相当朴实。住宅的前院有一棵用石头围起来的加利福尼亚橡树。

图 10-7 阿普尔顿联合建筑事务所，乌鸦别墅，加利福尼亚州蒙特西托，2002

　　住宅的室内同样单纯朴实（见图 10-8）。部分地面的铺装是法国粗糙的石灰岩，另外一部分则铺的是再生橡木板，客厅天花的横梁用的是再利用的手伐木料。平面设计得也很简单。楼梯将下面的一层一分为二，一边是客厅，另一边是一间大厨房和餐厅。客厅墙壁上的木镶板虽然井然有序，但是并不显眼。木窗框将自然光线分割成几块。通过餐厅可以到达室外的一个用铁架凉棚遮住的石砌露台。阿普尔顿说："杂草丛生的花园最终会像地中海乡村风格的房子一样。"总之，这栋建筑看起来像一个新近装修的塔司干农舍，或者说像一栋由经验丰富但没学过专业设计的塔司干石匠设计的住宅。

　　阿普尔顿的祖父母的住宅"弗洛雷斯塔尔"就在乌鸦别墅附近，是由建筑师乔治·华盛顿·史密斯设计的。阿普尔顿解释说："我的灵感来自圣巴巴拉地中海复兴风格的建筑，但是我不想再盖一栋西班牙殖民时期风格的住宅，重点是乔安娜非常喜欢塔司干和普罗旺斯农舍。"使阿普尔顿设计的住宅如此传统的原因不是他的设计风格，而是品位。他显然更喜欢无门第的老建筑。阿普尔顿还补充说："我喜欢乡土建筑是因为它简化古典传统建筑的那种方式。我的设计让这栋住宅变得更加简单。例如，我去掉了百叶窗。这里并没有太多的打磨和细节。"与此同时，他觉得没有必要做这种设计师的自我说明。

图 10-8　客厅，乌鸦别墅

阿普尔顿的建筑可能看起来毫不费力，但是按照克己的现代主义标准，这几乎是奢侈的。装修虽然简单，但称不上朴素；客厅里的家具是充足且舒适的，但都算不上是"设计"过的家具，并没有伊姆斯椅。非现代主义等同于一种杂乱的舒适，字面上如此，比如壁炉上堆满的小物件；空间上也是如此，比如空间充满了丰富的图案、颜色和纹理。这是一间埃尔西·德·沃尔夫会喜欢的房子。

仓库住宅

迈克尔·格雷夫斯同样也是从地中海风格的建筑中得到的灵感。要到达他家的前门，需要通过一个挂满了紫藤的凉亭和一个露天的休息室，并伴随着石头水槽中喷泉冒水的低沉声音。水槽是 19 世纪的罗马石棺的复制品。他的粉红色的灰泥建筑隐藏在新泽西州普林斯顿市中心的一个街区（见图 10-9）。最初的两层结构建造于 20 世纪 20 年代，本来是一个供学生们在暑假储藏东西的仓库。格雷夫斯买下了这个荒废的仓库，并用几十年的时间将它改造成一栋大且不规则的高度个人化的住宅。他给这栋住宅起名叫"仓库住宅"（The Warehouse）。

图 10-9　迈克尔·格雷夫斯联合建筑事务所，格雷夫斯自宅，新泽西普林斯顿，1970 年至今

　　土地区划管理规定不允许格雷夫斯改变或增加这个 L 形平面的占地面积，于是他在这栋实用的建筑上明智而审慎地设计了一个新的开口，还有一些景观元素，其中包括一个凉亭、一个长方形的草坪，还有一个碎石庭院。庭院的边缘立了两个陶土做的橄榄油坛子。格雷夫斯好像常去意大利，尤其是罗马。他在一次采访中说道："我从罗马学到的并不是古典主义或者巴洛克，甚至不是那里的中世纪建筑。在我看来，罗马的荣光之一是，它用一种流动和伟大的方式展现了每个时期的建筑。"这种流动性在他的自宅中也有所体现。这就是一个高度简化版的古典主义住宅，有着在立体主义启发下的设计形式和独特的柔和配色。格雷夫斯的设计有时候很像建筑的卡通版本，不过他的自宅不在这之列。这里没有玩笑，没有视觉上的双关语，也没有建筑上的文字游戏。这里有的只是平静、秩序，还有美。

住宅的室内则展现了约翰·索恩和19世纪新古典主义提倡的空间和光的设计方式（见图10-10）。这种印象尤其体现在毕德麦雅时期（Biedermeier）的家具和格雷夫斯游学旅行时收集的纪念品，其中包括一些画图的设备、维斯塔神庙的墨水池子，还有一些其他的建筑古董。屋内的那些画有些是真迹，有些是格雷夫斯临摹的。屋内的陈设有些是老的，有些是建筑师设计的。所有物件和装饰的风格都是一致的。在20世纪早期伟大的维也纳设计师约瑟夫·霍夫曼之后，再没有一个现代设计师能够将总体艺术如此协调地展示出来。

图 10-10　客厅，格雷夫斯自宅

博林自宅

彼得·博林为自己和妻子萨利在韦弗利（宾夕法尼亚州斯克兰顿附近的一个小镇）建造了一栋住宅（见图10-11）。在这里没有游学旅行的纪念品。客厅里挂了一幅装裱起来的瑞典建筑师艾瑞克·冈纳·阿斯普朗德（Erik Gunnar Asplund）在哥德堡卡尔·约翰小学（Karl Johan School）时的手稿。博林如是说："我很欣赏阿斯普朗德，还喜欢西格德·劳伦兹（Sigurd Lewerentz），因为他们看到了现代主义的陷阱，并避开了这些陷阱。"博林自宅（Bohlin House）乍看起来很普通，有着不起眼的灰色外墙和白色装饰。中间的部分是 19 世纪初期的山形屋顶结构，另外加了几个侧翼。再看一眼，你就会发现建筑师现代主义的情感慢慢地显现出来。传统的建筑细节被简化和提炼。飘窗的大小超出预期，一面墙与天窗奇怪地重叠在一起，高大独立的砖砌烟囱被漆成了白色，让人不禁想起路易斯·康或者马塞尔·布劳耶。看起来随意的入口序列也是经过精心设计的：从室内停车库开始，空间在格架下面，在住宅与附属小屋之间缓慢向下延伸。从附属小屋看出去就是草地。自始至终，建筑都在回应周围的景观。客房的平台悬挑于游泳池的上方，形成一个看上去很有禅意的平台。草地里干净的小泳池和旁边像粮仓一样的小木屋也构成了一种禅意。博林将这一组建筑称为"唤起童年回忆的地方，平静、舒适、朴实无华的房子，还有墙壁、树林、草地和水构成的一幅北方景致"。

图 10-11　博林、齐温斯基与杰克逊建筑事务所，博林自宅，宾夕法尼亚州韦弗利，2001

博林将自己称为"特别的现代主义建筑师"，也许是因为瑞典血统使他具有一种务实、不好辩、不多愁善感的斯堪的纳维亚式的设计态度。事情就是它们原本的样子。在他的自宅中，有一段水泥墙是早先扩建的时候多余的部分；有一段19世纪的木结构暴露在它不应该出现的地方；凸起的石头壁炉被一根小小的工字钢支撑着。厨房和客厅被随意地拼在了一起，而面积有两个工作室那么大的餐厅被安排在一个看起来像走廊的地方，与裸露的屋顶过梁和落地窗亲密接触。虽然他们各自设计的结果不尽相同，但博林像阿普尔顿和格雷夫斯一样，对尺度的把控非常果断。此尺度并非古典建筑语言中的那种尺度，而是影响室内空间体验的尺度感。

住宅的门廊正对着一片白桦林。这屋子的每一扇窗都有独特的视野。住宅中的硬件，比如照明灯具、门把手、抽屉的拉手，都不加修饰地露在外面，但是一点也不抢眼。墙壁和天花板几乎都是白色的，屋里到处是自然材料，其中包括再利用的南方松木地板、抛光的大理石操作台、一块剑麻地毯，还有就是20世纪20年代最为经典的托耐特（Thonet）餐椅。弯曲的木头搭配藤条，这可是建筑师长期以来的最爱。屋内的家具是一种折中主义的混合：一个相貌平平的沙发搭配上几个彩色的约瑟夫·弗兰克（Josef Frank）抱枕，还有几个阿尔托凳和几把蝴蝶椅，外加一把伊姆斯摇椅（见图10-12）。从建筑设计的角度来看，这栋低调的自宅很明显与耀眼的苹果玻璃盒子（纽约第五大道上的苹果零售店）不同。然而，它们都由简化的设计品位统领：明智、多少有些克己和苛刻、基于结构而不是理论。

图 10-12　客厅，博林自宅

盖里自宅

盖里自宅（Gehry House）同样也是由一栋老建筑扩建而成（见图 10-13）。原有的建筑是一间 20 世纪 20 年代的农舍，位于圣莫尼卡，复斜式的屋顶建筑就矗立在场地的角落。据盖里回忆："这栋老房子是我妻子发现的。我看着它心想，这就是一间小到不能再小的房子，我们必须做些什么。我无法忍受住在这样一栋房子里。"于是，他开始着手想办法让这栋房子更符合他的品位。

因为当时手上的资金不是很多，所以我决定在这栋老房子的基础上加建。通过两者之间的相互限定，尽量保持新与旧之间的冲突关系，同时给人一种老房子在新房子中完好无损的感觉，无论是从外部还是内部都应如此。以上就是设计这座住宅的基本目的。

从外部看，建筑给人的印象就是一个正在施工的场地：倾斜的瓦垅板搭成的墙体让它看起来像一个储备建筑材料的仓库，未上漆的胶合板看起来像一个临时的屏障，粉色农舍的一部分还被铁网栏杆围了起来。盖里最出名的玩杂耍般的设计方式可见一斑。老房子并不是被真正地留在了新建筑里面。许多墙壁和天花板上原本的灰板被拆了下来，这样做是为了将灰板里的木制龙骨和椽条露出来，而其他的灰板被换成了胶合板。

图 10-13　弗兰克·盖里联合建筑事务所，盖里自宅，
加利福尼亚州圣莫尼卡，1977—1978，1991—1994

继 20 世纪 90 年代的改建之后，建筑内部少了一些原本粗糙的细节：暴露的托梁已经被板条顶棚覆盖了，一些胶合板的墙面也被抹上了灰泥；原本厨房的地面是被碾平的沥青，现在变成了沥青混凝土铺装；餐厅的导演椅也被换成了盖里设计的弯木椅（见图 10-14）。但是这里依旧是一个放荡不羁的主人的家。书到处都是，现代艺术品也一样，有些挂在墙上，有些靠着墙堆放。

盖里使用这些低成本材料的原因不仅仅是资金有限。与福斯特和罗杰斯一样，盖里偏爱某些现代建筑形式，但是他倾向于那些日常生活中的形式，而不是某些先进技术的形式。盖里曾说过："选用铁网栏杆对我来说是显而易见的，因为它就是那种无处不在的材料。"这可能有些牵强，毕竟对大多数人来说，这个理由一点也不显而易见。盖里有一种明确的打破传统的倾向，那个像雕塑一样的铁网栏杆也算是对主流品位的公然挑衅了。还有建筑外立面未经处理的胶合板，再加上正门的那块未上漆且光滑的镀锌金属板，像仓库的消防出口一样平淡无奇。

图 10-14　餐厅和厨房，盖里自宅

20 世纪 70 年代晚期，盖里就在设计他的自宅了。那个时候其他建筑师在干吗呢？詹姆斯·斯特林和迈克尔·威尔福德刚刚通过拼贴历史的设计在扩建斯图加特州立绘画馆的竞赛中获胜，皮亚诺和罗杰斯在蓬皮杜艺术中心讴歌技术，贝聿铭在美国国家美术馆东馆中证明了如今主流的现代主义建筑尚有一席之地。盖里自宅没有分享他们任何一种建筑理念，这里没有对历史的借鉴，没有华丽的硬件，也没有讲究的细节。伴随着它对传统建筑细节的不屑，这栋住宅无论在建筑师的职业生涯中，还是在现代建筑品位的发展中，都是一个里程碑式的存在。[①]

英国设计评论家史蒂芬·贝利（Stephen Bayley）写道："每个年代都有自己表达事物的方法，我们把这种笃定接受或拒绝事物的能力叫作鉴赏力。"换句话说，鉴赏力就是做选择，关于我们喜欢什么和不喜欢什么的选择。阿普尔顿喜欢意大利农庄休闲的古典主义，并使之适应现代的生活方式；格雷夫斯倾心于相同的古典主义，但是有着他个人的方式；博林喜欢他那栋韦弗利的老房子，同时也接受它的种种限制；盖里不喜欢他那栋粉色的农舍，所以将之"推翻"。谦逊的阿普尔顿不喜欢突出自己的建筑，而盖里和格雷夫斯不喜欢融入环境。博林似乎介于这二者之间。

这四位建筑师的自宅和鉴赏力反映了现代建筑在表现方式上的广度。低调的乌鸦住宅提醒人们，古典主义就安静地待在这里。经过几个世纪的复兴，复兴再复兴，显然大家已经不再感到惊讶了。只要建筑师和甲方还对古老的传统念念不忘，那么古典主义就仍会继续存在下去，即便是设计一间精致的塔司干农舍。因为古典主义是一个靠时间积累起来的传统，所以它只会随着时间的推移，变得更加丰富，为建筑师提供一批批宏伟、端庄、精致、纯粹的案例。当代的古典主义建筑师可以说是基于约翰·拉塞尔·波普、埃德温·勒琴斯和安德烈亚·帕拉第奥发展起来的，或者说是基于塔司干的民间建筑风格。

没有人会将仓库住宅和塔司干农舍混淆在一起，因为建筑师的手法太明显了。格雷夫斯回避装饰，设计的一组体量完全是对称和轴对称组织的经典，但是又在其明显的简约中体现出了现代感。同时，格雷夫斯在颜色方面的品位削弱了整体的严肃。这种个人对古典主义的诠释是历史传统的一部分。在过去，你可以

---

① 　2012 年，美国建筑师协会授予盖里自宅"25 年大奖"。

在约翰·索恩和保罗·克雷的作品中看到这一特征，也可以从后来的阿尔多·罗西（Aldo Rossi）和列昂·克里尔的作品中发现。

喜欢打破传统的弗兰克·盖里突破了极限。但是这已然不是 1923 年勒·柯布西耶写关于革命和颠覆旧规则的那个时候了，盖里的探索更多是个人的，而非典型。与其说他是先锋派，预示着未来，还不如说他的眼光具有独特的个性。盖里 17 岁的时候居住在多伦多，他当时听了阿尔瓦尔·阿尔托的一个演讲，于是在几年后就去朝圣了阿尔托在芬兰赫尔辛基的办公室。盖里说："当我去参观的时候，阿尔托并不在办公室，但是我被允许坐在他的椅子上。如果我对一个设计有过多的想法，那我通常会放弃它。"盖里和阿尔托一样，是一个直觉强烈的现代主义者。

彼得·博林似乎有些瞻前顾后。与大部分的古典主义者不同，他接受了现代主义的革命，但是又不愿意屈从于规则的限制，他将这些限制称为"陷阱"。他不迎合历史，却喜欢时不时地回头看看。他不愿意把建筑作为一个表达个性的媒介，更倾向于基于场地、材料和结构的设计。我不想把博林说得太羞怯。他在韦弗利设计的一面用来限定场地前沿的墙，是我见过最笔直、最精确、最完美的干砌石墙。像盖里自宅在圣莫尼卡的安静街角的非传统立面一样，它展现了建筑师自宅的那种确定和无误。

改变品位

1972 年，罗伯特·文丘里，丹妮丝·斯科特·布朗，还有史蒂文·艾泽努尔（Steven Izenour）共同出版了一本书——《向拉斯维加斯学习》（*Learning from Las Vegas*）。这是一本引发论战的书，书的主题是呼吁建筑师们应该与美国的主流审美更加一致。他们声称"广告牌是几乎可以接受的"，并在情感上支持波普艺术。这一点有些让人难以信服，因为他们将高雅与低俗混在了一起。几年后，迈克尔·格雷夫斯在接受宾夕法尼亚大学的学生刊物 *VIA* 采访时提到了文丘里的这本书。为什么格雷夫斯的建筑语言与美国大众的品位不同？人们称之为一种突破，他们想知道其中的原因。格雷夫斯当时的风格刚刚从勒·柯布西耶的现代主义转向更为形象的古典主义，他给出了一个很有意思的答案：

> 我想通过讨论大众文化问题来对此做出回应。在我看来，大众文化通过短暂的特质就可以获得属于自己的力量。我们之所以对它感兴趣，可能只是因为它是短暂的，是时尚或趋势的一部分，还可能是以商业化为基础的。它必将改变或被其他的趋势和潮流所取代。它必须满足其商业定位。它之所以获得力量，是因为它今天存在，明天就没有了。事实上，它的标志就是短暂。想对流行文化元素进行编码就要使它们变得静止，这与它们短暂的本性刚好相反。

格雷夫斯在建筑品位和流行品位之间做了明显的区分，但是他做的区分不是那种伊迪丝·华顿可能会提出的好品位与坏品位的区分。相反，他含蓄地将短暂的大众文化和建筑的永恒价值进行了区分。

无论是建筑师本人还是采访他的编辑都不会想到这个做出区分的人竟然是格雷夫斯，而不是文丘里。要知道，格雷夫斯可是一个吹捧大众文化的人。几年后，在《纽约时报杂志》（*The New York Times Magazine*）的一篇专题文章中，建筑评论家保罗·戈德伯格称格雷夫斯为"时间的建筑师"。戈德伯格没有用"品位"这个词，但是明确表示了格雷夫斯的主题与美国公众已经建立了深刻的联系。戈德伯格在文中写道："格雷夫斯突然变成了一个没有其他同龄的建筑师跟他分享的名人。我们正处于一个拒绝优美且朴素的现代主义的时刻。这是一种从来没有很好地服务大众的风格，一个不知名的商业符号罢了。我们想让建筑作为一种标志来服务大众，代表文化价值和城市的壮丽，但我们对与现代主义明显相反的风格，对历史风格的刻板重现感到不舒服。如果我们非要找出个英雄，那一定是一个能够带来一些我们从未见过的事物的人。"

格雷夫斯就是那位英雄。他被委托设计公共图书馆和博物馆，办公大楼和市政中心，并且成为迪士尼公司的建筑师。当华盛顿纪念碑被翻修时，格雷夫斯设计了一个特别的脚手架，在晚上还可以发光。脚手架自身倒成了当时的旅游胜景。他还设计了一款笛音壶，大获成功。为了将产品面向大众，他并没有把它设计成类似于水晶玻璃类的高端餐具，而是像厨房笤帚和簸箕一样的日常用品。格雷夫斯并没有如文丘里建议的那样选择流行文化，但是流行文化选择了他。

到 20 世纪 90 年代末，毕尔巴鄂古根海姆博物馆激发了公众的想象力，弗兰克·盖里成为新的时间的建筑师。而且，戈德伯格的分析也被颠覆了，"优美且朴素的现代主义"来了一个反响巨大的复出。这次复出以诺曼·福斯特设计的伦敦的瑞士再保险公司大楼为首，民间俗称"小黄瓜"，很商业，但也是知名的。还有众多的博物馆建筑，其中许多是由周游世界的伦佐·皮亚诺设计的，其优美和朴素成为新博物馆设计的风向标。正当理查德·迈耶在纽约掀起一阵全玻璃公寓塔楼的浪潮时，一些目击者宣称现代主义将在新公寓风格的战役中获胜。随后，罗伯特·斯特恩设计的中央公园西 15 号成为城市历史上最成功的房地产住宅项目，从而说明了"历史风格的刻板重现"距离结束还有很久。几年后，盖里用纽约最高的住宅塔楼及其最为抽象的曲线重新证明了自己。

这些大众流行品位的改变让格雷夫斯远离了舞台中央的位置。然而，理查德·罗杰斯依旧忠于自己的个人意愿，这也是最重要的一课：公众的品位可能会改变，但是建筑师应该坚持。事实上，正是这种意识深处的个人信念才是对最好建筑的考验，而不是风格、建造工艺或品位。路易斯·康从来没有被归为流行，他设计的建筑就是他想要它成为的样子。不轻易妥协的保罗·鲁道夫甚至在他喜欢的风格不再流行之后，依旧追随着自己的建筑灵感。还有，冷漠的密斯·凡德罗明确表示："我不想要成为有意思的那个，而是想要成为优秀的那个。"

优秀的方法有很多。建筑不是宗教，更没有对错之分，尽管有着某种程度上的好与坏、实际与不切实际、美与丑的分别。但是品位这个问题是很难逃避的，无论我们接受还是拒绝。也正因为如此，才会有 19 世纪关于哥特式与古典主义，20 世纪初期关于古典主义与现代主义，以及今天关于现代主义与传统的困境的争论。建筑不是自然科学，没有什么最终的证据，这也许可以解释为什么这样的争论总是如此激烈。

拉斯姆森曾说过："像所有的艺术品一样，每一栋有价值的建筑都有自己的标准。如果我们带着无所不知的态度，用吹毛求疵的精神来思考建筑的话，那它将会把自己封闭起来，什么也不会告诉我们了。"这段文字是他在 50 多年前写下的，在一个有着多元文化和多种品位混杂的世界里。这句话已然成为前所未有的真理。多样性不仅仅是被公众接受的，同样，公众也需要这种多样性的出现，在科幻小说、电影、音乐、食物上都需要，为什么在建筑上就不需要了呢？我们很乐意看到极简主义的办公大楼和表现主义的音乐厅，还有传统主义的住宅。也许还可以换一种组合，极简主义的住宅、传统主义的音乐厅和表现主义的办公楼。这些都应视情况而定。

我发现自己很难去原谅一栋糟糕的建筑，不论是其在功能上的失败，还是其平面布局的不合理。但是这并不意味着我不能欣赏各式各样的设计方法。因此，这本工具书就是用来帮助我们理解这种多样性的。这本书倾向于关注那些新鲜和意想不到的设计方法。同时你也要明白，不管什么样式的建筑创新都不是无中生有的，不管是采纳旧规则还是质疑旧规则，都是一样的。建筑师是一种对历史和风格、细节和结构、平面和布局都很看重的职业。这个职业可以非常多样化，正如我所试图展示的那样。但是这并不意味着它总是能获得成功，这个世界有的是自负或平庸的建筑作品。然而，建筑多样性是一件好事。一个建筑师必须要有坚定的信念，才能进行创作。作为建筑使用者的我们应该打开思维，拓宽眼界，感受我们周围的这种丰富多彩，让建筑与我们对话。

　　本书中的许多术语都与古典主义建筑有关。古典主义建筑在其悠久的历史中积累了非常丰富的术语，读者可能并不熟悉。现代主义建筑没有那么多时间来发展词汇，尽管一些建筑师试图发明新的术语，但他们往往只局限于专业术语的范畴。我已经尽量避免用当代的潮流对新的风格做出定义，比如常常出现的"主义"。哥特式、巴洛克式、洛可可式，甚至装饰艺术等风格标签，都是在他们所描述的时期之后很久才被创造出来的。在任何情况下，尝试理解一座建筑总是比仅仅满足于将设计师归类要好。

　　饰物台座（acroterion）： 一种建筑装饰或雕塑，放置在山形墙的顶点或末端。例如，芝加哥的哈罗德·华盛顿图书馆的饰物台座上雕刻着一只猫头鹰，这是智慧的象征。

花状饰纹（anthemion）：一种以植物为基础的古典装饰图案，如卷曲的叶子或花瓣。

校友（ancien élève）：巴黎的美术学院的毕业生。

柱顶过梁（architrave）：古典建筑的檐部最底端的部分。使用相同的图案围绕着门或窗，也称作框缘。

装饰艺术（Art Deco）：这个名字来源于 1925 年的国际装饰艺术与工业博览会。在这次展会上，爵士乐时代的家具和装饰风格被引进，其中保罗·波雷特（Paul Poiret）和埃米尔-雅克·罗尔曼（Émile-Jacques Ruhlmann）是当时的代表设计师。这种迷人又老练的风格给保罗·克雷的福尔杰莎士比亚图书馆项目带来了灵感，同样受到影响的还有雷蒙德·胡德设计的洛克菲勒中心，以及威廉·范·阿伦（William Van Alen）设计的克莱斯勒大厦。北美最伟大的装饰艺术城市之一是蒙特利尔。大肆宣传的迈阿密南部海滩的装饰艺术建筑是蒙特利尔城市风格的廉价及商业化的版本。

工艺美术运动（Arts and Crafts）：工艺美术运动是 19 世纪下半叶起源于英国的一场设计改良运动，由威廉·莫里斯和查尔斯·沃赛（Charles Voysey）领导。这种风格在美国有时被称为工匠风格，它与陶工、织布工和家具制造商有关，代表人物是古斯塔夫·斯蒂克利（Gustav Stickley）。工艺美术风格的房子通常是木瓦风格建筑，主要实践者包括弗兰克·劳埃德·赖特（在他的草原时期）、加利福尼亚的查尔斯和亨利·格林兄弟（Charles and Henry Greene）、伯纳德·梅贝克、朱莉娅·摩根（Julia Morgan）和欧内斯特·科克斯黑德（Ernest Coxhead）。

工作室（atelier）：从字面上看，它与 stuido 意思相同。艺术学院被划分为竞争激烈的若干工作室，每个工作室都由一位杰出的执业建筑师领导。这个词之所以有幸存活下来，是因为一些颇具影响力的建筑事务所将其运用到自己的名字中，比如让·努维尔工作室和丹尼尔·利贝斯金德工作室。

阁楼（attic）：一个位于倾斜的屋顶下的储存空间，多用于保存老旧物品。在古典建筑中，阁楼通常被加在檐口之上，它的作用是降低建筑物的表观高度。方形的柱墩，加上简化的柱头，这是基于雅典不复存在的塞拉西鲁斯（Thrasyllus）合唱纪念碑的柱式，有时被称为阁楼柱式。

栏杆（baluster）：指栏杆中的垂直主轴或细棍，可以是简单的，也可以是精心塑造的。自 20 世纪 70 年代以来，玻璃制造技术的进步使栏杆完全由钢化玻璃制成。玻璃栏杆在视觉上是整洁的，但是很容易被多动的儿童弄脏。另外，拉线也可以代替栏杆。

阳台或楼梯的栏杆（balustrade）：楼梯或走廊的栏杆，包括支撑扶栏的栏杆。

扶栏（banister）：栏杆的扶手。最好适合手的形状。

巴洛克式（Baroque）：巴洛克时期始于 16 世纪晚期，这个时候建筑师们以戏剧和夸张的形式对待文艺复兴时期的古典主义。这个时代恰逢巴洛克音乐流行，但如果正如歌德所宣称的那样，建筑真的是凝固的音乐，那么我不确定博罗米尼（Borromini）和贝尔尼尼（Bernini）与珀塞尔和巴赫之间到底有什么共同之处。

包豪斯（Bauhaus）：著名的德国艺术设计学院，从
1919 年盛行至 1933 年，校区先搬到德绍，最后转移至柏林。
这所学校由瓦尔特·格罗皮乌斯创办，教师包括保罗·克利、
瓦西里·康定斯基和约瑟夫·亚伯斯等著名艺术家。虽然包豪
斯有时被称为建筑学派，但建筑这门学科直到 1927 年才被教
授。在包豪斯教书的建筑师包括马塞尔·布劳耶、汉尼斯·梅
耶（Hannes Meyer）和密斯·凡德罗。

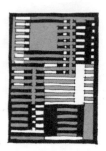

砌式（bond）：砖墙由"顺面"（纵向铺设的砖）和"丁面"（砖块横向放
置）组成。顺砖砌合，仅由顺面组成，用于一砖厚的单板墙
体。对于较厚的墙壁，可以使用不同的砖砌组合。在佛兰德
斯或荷兰砌式中，顺面和丁面交替出现，创造出一种装饰图
案（见插图）。在英国砌式中，一排顺面与一排丁面交替出
现，而在美国或普遍砌式中，每 5～7 层顺面才有一层丁面。

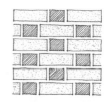

粗野主义（Brutalism）：来自法语的 béton brut，意思是生混凝土。这个词
是由艾莉森和彼得·史密森创造的，指的是一种倾向于暴露的混凝土、沉重的纪
念碑形式和坚固的细节的风格。该风格中著名的建筑包括保罗·鲁道夫的耶鲁大
学艺术和建筑学院大楼、格哈特·卡尔曼（Gerhardt Kallmann）和迈克尔·麦
金内尔（Michael Mckinnell）的波士顿市政厅。1950 至 1970 年，粗野主义在
建筑师中很流行，尽管公众并不知情。如今使用裸露混凝土的建筑师，如安藤忠
雄和摩西·萨夫迪，更倾向于给它一种光滑的表面。

悬臂（cantilever）：简支梁两端支撑，悬臂梁只在一端支撑，像跳板一样突
出。砌体结构不适合悬臂结构。木悬臂相对较小（阳台和画廊）。钢和钢筋混凝土
使大悬臂成为可能。夸张的悬臂是许多近期建筑的标志，比如克林顿总统图书馆。

设计研讨会（charrette）：起源于巴黎美术学院的专业术语。当时在美术学院，学生用手推车把图从工作室运到波拿巴街的主楼，供教授点评。迟到的学生在运送图纸的路途中完成了未完成的绘画，就是所谓的"最后的收尾"的工作。这个术语现在指的是任何最后期限即将到来的紧张的设计会议。

古典主义（Classicism）：古典建筑中使用的建筑词汇源于希腊－罗马的建筑传统。古典主义与哥特式是西方文化的两大建筑传统。

殖民复兴风格（Colonial Revival）：一种以美国独立战争前新英格兰白板建筑为基础的风格。殖民时代的复兴是受到费城世界博览会（百年独立纪念）的刺激，其中包括重建殖民地家园。在 1877 年一次著名的旅行中，4 位年轻的建筑师朋友查尔斯·福伦·麦基姆、威廉·卢瑟福·米德（William Rutherford Mead）、斯坦福·怀特和威廉·毕格罗（William Bigelow）在马萨诸塞州和新罕布什尔州绘制殖民时期的房屋草图。由前三名建筑师创立的著名建筑公司在推广殖民风格方面做了很多工作。直到今天，殖民风格仍然是美国国内建筑的主要组成部分。

混合柱式（Composite order）：一种综合了科林斯柱（叶形装饰）和爱奥尼柱（涡形花样）特征的柱头。这种柱式是五柱式中最华丽的一种，由古罗马人发明。现存最古老的例子是在提图斯拱门上发现的。

科林斯柱式（Corinthian order）：科林斯柱的柱头由两排独具风格的毛茛叶组成，有些人认为这种设计代表的是女性化的特征，而不像粗壮且阳刚之气的多立克柱式。亨利·沃顿爵士（Henry Wotton）曾说过这样一句关于建筑的名言："优秀的建筑有三个条件：方便、坚固和愉悦。"他把科林斯柱式描述为"淫荡……打扮得像个肆意的妓女"。

檐口（cornice）：古典建筑中檐部最高的部分。通俗地讲，就是居于建筑物、门或窗户顶部的突出的部分。檐口的作用是让水不在建筑物的墙壁上流淌。从视觉上看，檐口为建筑物提供了一种令人满意的终止感。

幕墙（curtain wall）：挂在建筑物外部的非承重墙。第一面玻璃和金属幕墙可以追溯到 19 世纪 60 年代，但独特的现代风格的幕墙出现在芝加哥湖滨大道 860 号和 880 号的双子塔公寓楼，由密斯·凡德罗于 1948 年设计。

解构主义（Deconstructivism）："解构主义"一词在 20 世纪 80 年代末出现，部分原因是菲利普·约翰逊和马克·韦格利（Mark Wigley）组织了一个现代艺术博物馆展览，展出了彼得·艾森曼、雷姆·库哈斯、丹尼尔·利贝斯金德、弗兰克·盖里、扎哈·哈迪德（Zaha Hadid）等人的作品。解构主义与法国文学理论关系模糊，与 20 世纪 20 年代苏俄建构主义运动的关系更为模糊。虽然上面提到的建筑师拒绝了这个标签，但这个术语至少在一段时间内被使用了，可能是因为它所描述的建筑看起来确实是被解构了——也就是说，它们好像在瓦解。评论家查尔斯·詹克斯（Charles Jencks）将解构主义与后朋克音乐相提并论，"一种非正式的风格，呼吁不和谐和短暂、朴实和强硬……提升到一种高级艺术的城市失范的实质性品位"。

齿状装饰（dentils）：从字面上看，其实就是牙齿。古希腊庙宇中的装饰小块，位于古典建筑的檐上，其起源很可能是古希腊用木材建造寺庙时使用的椽的突出端。齿状装饰经常出现在爱奥尼柱式、科林斯柱式和混合柱式中，有时在"简约古典主义"的风格中被单独使用。

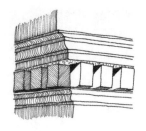

多立克柱式（Doric order）：由于其坚固的比例，这种严格的柱式往往被描述为具备阳刚之气的柱式，与娇柔的科林斯柱形成鲜明对比。极简单的多立克柱式类似于一个倒置的汤盘。古希腊多立克柱式被认为是所有古典柱式的基础。古罗马多立克柱式有时会在柱子上加一个底座。

美术学院（École des Beaux-Arts）：巴黎的建筑学派，可追溯到1671年，在 19 世纪晚期和 20 世纪早期主导建筑教育。来自世界各地的学生进入巴黎的美术学院。这些学院教授一种利用对称、轴和分层构图来设计建筑的方法。美国受过巴黎美术学院教育的有理查德·莫里斯·亨特、亨利·霍布森·理查森（Henry Hobson Richardson）、路易斯·沙利文、查尔斯·麦基姆、托马斯·黑斯廷斯、伯纳德·梅贝克和朱莉娅·摩根。

檐部（entablature）：一种横梁状的元素，横跨在古典庙宇的柱子之间，被细分为框檐、雕带和檐板。

卷杀（entasis）：古典柱的由粗渐细的做法。锥状线不是直线而是曲线，通常在柱子的 1/3 处开始。现代主义建筑中指笔直的柱子，因此艾伦·格林伯格说："那不是柱子，而是杆。"

草图（esquisse）：巴黎美术学院要求学生在 12 小时内独立创造的一种表达初步设计的素描。在重要的设计作业中，老师给学生额外两个月的时间来完善设计，但不允许与前期的草图有实质上的偏差。

建筑正立面（façade）：建筑物的正面。正面图是一幅建筑图，描绘的是一个严格的二维投影的立面。

联邦风格（Federal）： 亚当风格的美国版本，而亚当风格由苏格兰兄弟罗伯特和詹姆斯·亚当推广而来。虽然联邦的鼎盛时期是从 1780 年到 1820 年，但这种风格在 19 世纪末的殖民复兴时期再次出现。联邦建筑类似于乔治亚风格，通常使用砖块装饰石材，但古典细节更少。

槽沟（flutes）： 古典柱的浅凹槽称为槽沟。柱子表面可以是带凹槽的，也可以是光滑的。凹槽通常是竖直向上的。但是，还有一些现存的带有螺旋凹槽的罗马柱的例子，如土耳其的阿弗罗狄西亚（Aphrodisias）和萨迪斯（Sardis）遗迹中的那些柱式。

檐壁（frieze）： 古典建筑檐部的中间部分，在多立克柱式中包含三联浅槽饰和柱间壁。一般情况下，檐壁是装饰性的水平带，通常在眼睛上方，或涂漆或雕刻。维也纳奥托·瓦格纳设计的圣利奥波德（St. Leopold）教堂的檐壁由交替的青铜花环和十字架组成。

乔治亚风格（Georgian）： 乔治一世到四世统治时期（1720—1840）的英国建筑风格。在很大程度上受帕拉第奥简单古典主义的影响，这些高雅的砖砌建筑主要依靠比例和对称性来产生建筑效果。在美国，许多殖民地建筑都是乔治亚式的，在 20 世纪初复兴之后，这种风格从未过时。

格贝尔悬臂梁（gerberette）： 一种由 19 世纪德国桥梁工程师海因里希·格贝尔（Heinrich Gerber）发明的短支撑悬臂梁。彼得·赖斯（Peter Rice）在蓬皮杜艺术中心的结构设计中引进了用铸钢制成的现代版本。

哥特式（Gothic）： 12 世纪在中世纪欧洲发展起来的大教堂建筑，以尖顶拱为特征。哥特式建筑代表了西方的"其他"建筑传统。到目前为止，建筑已经有了几次哥特式复兴，教堂和校园建筑中的哥特式建筑仍然保留了原始风格。

高技派建筑（high tech）： 与其说它是一种风格，不如说它是一种对建筑的态度。高技派建筑出现在 20 世纪 70 年代，代表性建筑师有诺曼·福斯特、理查德·罗杰斯和伦佐·皮亚诺。高技派建筑往往是钢结构，强调轻型结构和结构连接，往往跨度很长，并采用新的建筑材料和技术。虽然这些建筑物以显示结构为特征，但它们并不是简单的裸露建筑。英国工程师弗兰克·纽比（Frank Newby）曾讽刺地将高技派建筑描述为"为装饰目的使用冗余结构"。

国际风格（International Style）： 现代主义建筑的形成时代。这个词是亨利 – 罗素·希区柯克（Henry-Russell Hitchcock）和菲利普·约翰逊在 1932 年创造的，是各种方法的松散集合，从此引起了一些混淆。国际风格的典型特点是混凝土结构、模块化结构和平顶，所有这些在勒·柯布西耶的 1914 年多米诺项目（见插图）中已经使用了。

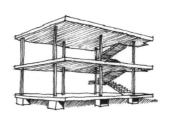

爱奥尼柱式（Ionic order）： 据说起源于公元前 6 世纪中叶的小亚细亚。其特点是柱头有两个螺旋形（涡形），类似于公羊角或贝壳。与多立克柱式相比，爱奥尼柱式被认为是稳重的，尽管没有科林斯柱式那样女性化。

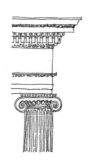

风格主义（Mannerism）： 在文艺复兴和巴洛克之间的时期（1520—1560），当时像米开朗基罗和朱利奥·罗马诺这样的建筑师把古典主义的界限推向了一个不和谐、夸张的方向。从那以后，风格主义指的是任何故意违反规则的建筑，罗伯特·文丘里一直称自己为"现代风格主义者"。

初步设计的模型（maquette）： 一种尺度模型。建筑师用各种尺度和材料制作模型：黏土、纸张、木材、塑料。研究模型并不精致，通常在设计过程中使用；展示模型更详细，用于向客户或公众展示；建筑物的某一部分的全尺度实物模型用于测试细节、外观和性能。

地中海复兴风格（Mediterranean Revival）： 一种现代的折中主义风格，融合了西班牙和意大利国内建筑的特点：拱门、粗略的抹灰的墙壁、瓷砖。第一次出现在 20 世纪 20 年代的加利福尼亚南部。

巨型结构（megastructure）： 一个 20 世纪 60 年代的设计概念，将住宅综合体、大学校园，甚至部分城市设计为单一的结构，整合功能空间、流线和基础设施。事实证明，城市巨型建筑是不可能实现的，但是的确建造了一些大型大学：丹尼斯·拉斯顿设计的英国东安格利亚大学，阿瑟·埃里克森设计的加拿大西蒙弗雷泽大学和约翰·安德鲁斯设计的加拿大斯卡伯勒学院，坎迪利斯、乔西克和伍兹事务所（Candilis, Josic & Woods）设计的柏林大学。尽管巨型建筑本应控制未来的发展，但随着成功的建筑师倾向于走自己的路，这个想法就动摇了。

柱间壁（metope）： 多立克柱式中与三联浅槽饰交替出现的平面。柱间壁有时画有装饰性的图形，或像帕特农神庙一样，雕刻了半人马与拉庇泰人之间的战斗。

现代主义（Modernism）： 20 世纪初开始的建筑运动，彻底打破了塑造西方建筑几个世纪的古典和哥特式传统。现代主义以其最初的形式持续了不到 50 年。后现代主义使其短暂脱轨，但后来的复兴使现代主义重获青睐。

新古典主义（Neoclassicism）： 从 18 世纪中叶开始的一场建筑运动，为应对洛可可风格，转向了古希腊和罗马更为严苛的古典建筑。德国的卡尔·弗里德里希·申克尔（Karl Friedrich Schinkel）和英国的约翰·索恩是两位著名的新古典主义者。新古典主义持续了很长一段时间，并发展成为希腊复兴和联邦风格。

穹顶圆窗（oculus）： 字面意思是"眼睛"。指圆形窗户或开口，尤其是在穹顶，如罗马万神庙、安德烈亚·帕拉第奥的圆厅别墅和约翰·拉塞尔·波普的国家美术馆。

柱式（order）： 柱式由柱座、柱身、柱头组成。一共有五种柱式：其中多立克柱式和爱奥尼柱式起源于古希腊，科林斯柱式起源于古罗马，塔司干柱式和混合柱式都是文艺复兴时期产生的，其起源也是古罗马。柱式的比例、柱头的设计以及相关细节各不相同。几个世纪以来，有许多非正统的柱式产生，比如本杰明·拉特罗布设计的美国国会大厦的玉米芯柱头，以及埃德温·勒琴斯为新德里总督宅邸设计的受显要人物影响的柱式。

总体构图（parti）： 字面意思是"决定"。这最初是出自巴黎的美术学院的术语，指的是建筑师对特定建筑项目的解决方案所采取的立场。例如，保罗·克雷描述了他的泛美联盟大楼的总体构图："总之，在大型住宅里，公众更像是客人，而不是在公共大厅里参加有偿活动的人群。"今天，这个词被更广泛地用来描述设计背后的想法。

山花（pediment）：古庙的山墙。这种三角形常用于古典建筑，无论是在凉亭或柱廊上，还是在较小的门窗上。山花的形式存在许多变体：断山花（见右侧插图）、弧形山墙、节段山形墙、开放的山形墙，以及天鹅颈山形墙。大型山花有时刻满雕塑人物。冈纳·阿斯普朗德设计的位于瑞典哥德堡的卡尔·约翰学校的山花上有着顽皮的人物；迈克尔·格雷夫斯设计的位于加利福尼亚州伯班克的迪士尼总部大楼的山花上有七个小矮人之一的多比。

列柱围廊（peristyle）：一种连续的柱廊，围绕着古典建筑，如林肯纪念堂，或围绕着庭院，如白宫玫瑰园。回廊就是中世纪版本的列柱围廊。

壁柱（pilaster）：一列在墙上的柱子。壁柱被用来在视觉上打破墙壁或强调门窗开口，但它们常常纯粹是装饰性的，只是暗示结构。壁柱是矩形的，半圆或四分之三圆的壁柱称为附加柱。

后现代主义（Postmodernism）：20 世纪 70 年代的一场短暂的建筑运动，将历史元素或夸大或扭曲地引入现代建筑中。早期的从业者包括查尔斯·穆尔和罗伯特·文丘里。第一批大型后现代建筑是波特兰大厦（迈克尔·格雷夫斯）和美国电话电报公司大楼（菲利普·约翰逊和约翰·伯奇）。

钢筋混凝土（reinforced concrete）：最常见的现代建筑材料，由钢筋加固的波特兰水泥混凝土组成。钢筋混凝土具有造价低廉、耐火、施工简单等优点。它可以在现场浇铸，也可以在工厂预制。钢筋混凝土发明于 19 世纪末。早期先驱者大多是法国人：工程师弗朗索瓦·埃内比克（François Hennebique）和欧仁·弗雷西内（Eugéne Freyssiner）以及建筑师奥古斯特·佩雷。混凝土建筑的高潮出现在粗野主义。

复兴（revival）：据罗伯特·亚当说，建筑复兴是"建筑师想要特别提醒公众一种历史建筑形式的愿望的实际表现，因为它存在于过去"。复兴在建筑史上经常出现。

洛可可式（Rococo）：在巴洛克时代末期出现的一种非常华丽的18世纪风格。洛可可既轻松又亲密，在天主教盛行的欧洲最受欢迎，但从未在英国获得过青睐，那里的洛可可意味着老式或过度装饰。

罗马式建筑（Romanesque）：哥特式之前的中世纪建筑风格，以圆形拱门为特征。除了名字，这种风格与古罗马几乎没有关系，在北欧独立发展（在英国，它被称为诺曼）。罗马风格的复兴发生在19世纪。这种沉重的风格不仅用在了教堂，还有图书馆、市政厅和百货公司。"罗马式复兴"中最重要的美国实践者是亨利·霍布森·理查森，他的众多追随者的作品被称为理查森式的罗马风格。

尺度（scale）：在建筑术语中，尺寸和尺度是不一样的。尺寸是某物的实际尺寸，而尺度则是该物体与人类观察者之间的视觉关系。因此，一栋小的建筑物可能有一个大的尺度，也就是看起来比实际大，反之亦然。

木瓦风格（Shingle Style）：这种风格由文森特·斯卡利命名，指的是19世纪最后15年的美国本土建筑。这种风格受到了美国殖民地建筑的影响，代表性建筑师有亨利·霍布森·理查森，麦基姆、米德与怀特，皮博迪和斯泰恩斯（Peabody & Stearns）。建造散乱的夏季房屋，有大屋顶、简单的体块和简单的细节，屋顶和墙壁上覆盖着木瓦。20 世纪 80 年代的木瓦风格的复兴在很大程度上是由罗伯特·斯特恩领导的。

西班牙殖民复兴风格（Spanish Colonial Revival）：一种基于加利福尼亚南部早期西班牙建筑的风格，典型特点有红黏土瓦屋顶、凉廊、庭院、拱廊、锻造铁制品和图案化的瓷砖（见右侧插图）。1915 年在圣地亚哥举办的巴拿马－加利福尼亚博览会上由伯特伦·古德休引进。随后由乔治·华盛顿·史密斯在圣巴巴拉推广，华莱士·内夫（Wallace Neff）在洛杉矶推广。佛罗里达的西班牙殖民风格有着不同的根源，更多的是西班牙风格，殖民风格更少。约翰·卡雷和托马斯·黑斯廷斯在圣奥古斯丁建造度假酒店时，采用了西班牙文艺复兴风格，摩尔人的西班牙建筑对阿迪森·米兹纳（Addison Mizner）在棕榈滩上的折中主义作品产生了主要的影响。早期传记作家阿尔瓦·约翰斯顿（Alva Johnston）将米兹纳的建筑描述为"杂种的、西班牙的、摩尔人的、罗马风格的、哥特式的、文艺复兴的、牛市的、可恶的、花钱的风格"。

简约古典主义（Stripped Classicism）：这种简约的风格省去了柱式，并将古典的构图和简化的细节结合起来，在 20 世纪 30 年代的美国公共建筑中可以见到，有时被称为 WPA 现代或大萧条现代。主要的实践者是保罗·克雷，他的作品包括福尔杰莎士比亚图书馆和美国联邦储备委员会大楼。简约古典主义被战前德国和意大利的一些建筑师所采用，因此常常被错误地与法西斯主义和纳粹主义联系在一起。

圆底线脚（torus）：拉丁语的意思是"坐垫"。一种大型的凸模，常出现在柱子的底部。

棚架（trelliage）：作为室内装饰的格子，指的是藤架或格子结构，由装饰设计师埃尔西·德·沃尔夫推广。

三联浅槽饰（triglyph）：多立克柱式中三联浅槽饰与柱间壁交替出现。三联浅槽饰有竖直的凹槽，被认为代表梁的末端，暗示着希腊庙宇最初是由木材建造的。

塔司干柱式（Tuscan order）：最朴素的柱式，由古罗马人创造并发展，是一个简化版本的多立克柱式，没有凹槽。事实上，很难把两者区分开来。塔司干柱式常用于谷仓和马厩，或军事建筑。

乡土建筑（vernacular）：用来区分未经指导的建筑师和受过正式训练的建筑师的作品的术语。乡土建筑可以是传统建筑（震教徒式的谷仓），也可以是现代建筑（高速公路餐厅）。现代乡土建筑意识中的一个里程碑事件是伯纳德·鲁道夫斯基（Bernard Rudofsky）的《无建筑师的建筑》（*Architecture Without Architects*），这是一本以 1964 年现代艺术博物馆展览为基础的书。

维特鲁威（Vitruvius）：马库斯·维特鲁威·波利奥是公元前 1 世纪默默无闻的古罗马建筑师，他的《建筑十书》（*Ten Books on Architecture*）于 15 世纪在圣加伦修道院被重新发现。这一独特的古罗马建筑艺术手册成为文艺复兴时期的建筑者寻求复兴古建筑的无价工具。该书通常被简称为"维特鲁威"，是历史上最古老和最有影响力的建筑书。

HOW
ARCHITECTURE
WORKS

参考资料

　　考虑到环保的因素，也为了节省纸张、降低图书定价，本书编辑制作了电子版的参考资料。请扫描下方二维码，下载"湛庐阅读"App，搜索"如何理解建筑"，即可获取参考资料。

未来，属于终身学习者

我这辈子遇到的聪明人（来自各行各业的聪明人）没有不每天阅读的——没有，一个都没有。巴菲特读书之多，我读书之多，可能会让你感到吃惊。孩子们都笑话我。他们觉得我是一本长了两条腿的书。

——查理·芒格

互联网改变了信息连接的方式；指数型技术在迅速颠覆着现有的商业世界；人工智能已经开始抢占人类的工作岗位……

未来，到底需要什么样的人才？

改变命运唯一的策略是你要变成终身学习者。未来世界将不再需要单一的技能型人才，而是需要具备完善的知识结构、极强逻辑思考力和高感知力的复合型人才。优秀的人往往通过阅读建立足够强大的抽象思维能力，获得异于众人的思考和整合能力。未来，将属于终身学习者！而阅读必定和终身学习形影不离。

很多人读书，追求的是干货，寻求的是立刻行之有效的解决方案。其实这是一种留在舒适区的阅读方法。在这个充满不确定性的年代，答案不会简单地出现在书里，因为生活根本就没有标准确切的答案，你也不能期望过去的经验能解决未来的问题。

湛庐阅读App：与最聪明的人共同进化

有人常常把成本支出的焦点放在书价上，把读完一本书当作阅读的终结。其实不然。

时间是读者付出的最大阅读成本
怎么读是读者面临的最大阅读障碍
"读书破万卷"不仅仅在"万"，更重要的是在"破"！

现在，我们构建了全新的"湛庐阅读"App。它将成为你"破万卷"的新居所。在这里：

- 不用考虑读什么，你可以便捷找到纸书、有声书和各种声音产品；
- 你可以学会怎么读，你将发现集泛读、通读、精读于一体的阅读解决方案；
- 你会与作者、译者、专家、推荐人和阅读教练相遇，他们是优质思想的发源地；
- 你会与优秀的读者和终身学习者为伍，他们对阅读和学习有着持久的热情和源源不绝的内驱力。

从单一到复合，从知道到精通，从理解到创造，湛庐希望建立一个"与最聪明的人共同进化"的社区，成为人类先进思想交汇的聚集地，与你共同迎接未来。

与此同时，我们希望能够重新定义你的学习场景，让你随时随地收获有内容、有价值的思想，通过阅读实现终身学习。这是我们的使命和价值。

湛庐阅读App玩转指南

湛庐阅读App 结构图:

12+图书订阅服务
纸质书
有声书
电子书

读什么

湛庐阅读App

怎么读

泛读：一书一课
通读：通识课
精读：精读班

优秀的读者和终身学习者

与谁共读

跟谁读

作者、译者、专家、推荐人和阅读教练

三步玩转湛庐阅读App:

读一读 ▼

湛庐纸书一站买，
全年好书打包订

书城

听一听 ▼

泛读、通读、精读，
选取适合你的阅读方式

一书一课
精读班
通识课

扫一扫 ▼

买书、听书、讲书、
拆书服务，一键获取

扫一扫

App获取方式：
安卓用户前往各大应用市场、苹果用户前往 App Store
直接下载"湛庐阅读"App，与最聪明的人共同进化！

湛庐CHEERS

使用App扫一扫功能，
遇见书里书外更大的世界！

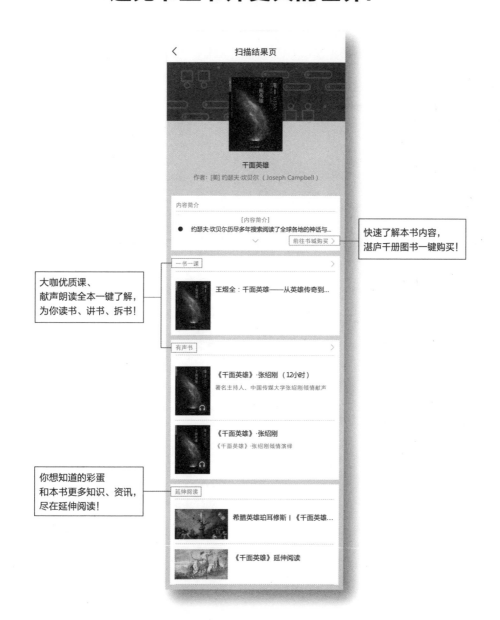

快速了解本书内容，
湛庐千册图书一键购买！

大咖优质课、
献声朗读全本一键了解，
为你读书、讲书、拆书！

你想知道的彩蛋
和本书更多知识、资讯，
尽在延伸阅读！

延 伸 阅 读

《苏富比的早餐》

◎ 苏富比拍卖行资深董事，印象派与现代艺术总监、高级专家菲利普·胡克，揭示了艺术品与金钱之间复杂且微妙的关系，用一个全新的视角窗口，展现了一个不一样的艺术世界。

◎《苏富比的早餐》荣获《星期日泰晤士报》《旁观者》《金融时报》《卫报》《星期日邮报》等媒体"年度最佳图书"之一。

ISBN 978-7-5596-2411-6

《制造音乐》

◎ 从演奏音乐的场所对音乐的呈现方式、技术变革对音乐创作及整个音乐产业发展的影响，到音乐的神经学基础，这本书将会改变你听音乐的方式！

◎《时代周刊》盛赞"摇滚的文艺复兴人"、摇滚史上极具影响力的乐队"传声头像"（Talking Heads）主唱大卫·拜恩重磅力作！

◎ "中国摇滚之父"崔健、"中国极具影响力DJ"张有待鼎力推荐！

ISBN 978-7-213-07315-1

《千面英雄》

◎ 20世纪神话学大师、拯救人类心灵的哲学家与心理学家，西方流行文化的一代宗师约瑟夫·坎贝尔奠基之作。

◎ 新添84张精美插图，包含200余人的神话故事人物谱，随书赠送坎贝尔神话系列作品独家藏书票一枚。

◎ 时代杂志评选的自创刊以来最具影响力的100本英文好书之一。

ISBN 978-7-213-06947-5

《想象：创造力的艺术与科学》

◎《普鲁斯特是个神经学家》作者乔纳·莱勒强势力作，将艺术与科学相结合，以神经科学为依据，生动阐述文学艺术世界的灵感来源！

◎ 财讯传媒集团首席战略官段永朝、中山大学教授李淼、清华大学教授陈劲、互联时代未来趋势专家王煜全、畅销书《引爆点》《异类》作者马尔科姆·格拉德威尔联袂推荐！

ISBN 978-7-213-06288-9

图书在版编目（CIP）数据

如何理解建筑 /（美）维托尔德·雷布琴斯基
(Witold Rybczynski) 著；金政延译. -- 杭州：浙江
教育出版社，2019.11
　　ISBN 978-7-5536-7856-6

　　Ⅰ．①如… Ⅱ．①维… ②金… Ⅲ．①建筑学 Ⅳ.
①TU-0

中国版本图书馆CIP数据核字(2018)第217498号

上架指导：建筑 / 艺术

浙 江 省 版 权 局
著作权合同登记号
图字：11-2018-322

如何理解建筑
RUHE LIJIE JIANZHU

[美] 维托尔德·雷布琴斯基　著

金政延　译

责任编辑：赵清刚
美术编辑：韩　波
封面设计：ablackcover.com
责任校对：马立改
责任印务：时小娟
出版发行：浙江教育出版社（杭州市天目山路40号 邮编：310013）
　　　　　　电话：（0571）85170300-80928　　网址：www.zjeph.com
印　　刷：石家庄继文印刷有限公司
开　　本：710mm × 965mm 1/16　　　　**成品尺寸**：170mm × 230mm
印　　张：21　　　　　　　　　　　　　**字　　数**：300千字
版　　次：2019年11月第1版　　　　　　**印　　次**：2019年11月第1次印刷
书　　号：ISBN 978-7-5536-7856-6　　　**定　　价**：89.90元

如发现印装质量问题，影响阅读，请致电 010-56676359 联系调换。